GRAN GUÍA VISUAL DEL COSMOS

Título original: *Uchu yogo zukan*

Diseño de colección y cubierta: Sergi Puyol

© del texto: Toshifumi Futamase
Con la colaboración de Toshihiro Nakamura
© de las ilustraciones: Yu Tokumaru
Derechos de traducción al castellano cedidos por MAGAZINE HOUSE, LTD. a través de Japan UNI Agency, Inc., Tokio
© de la traducción: Jesús Espí, 2022
© de la edición: Blackie Books S.L.U.
Calle Església, 4-10
08024, Barcelona
www.blackiebooks.org
info@blackiebooks.org

Maquetación: Daruma
Impresión: Talleres Gráficos Soler
Impreso en España

Primera edición: septiembre de 2022
Tercera edición: octubre de 2024
ISBN: 978-84-19172-39-6
Depósito legal: B 5519-2022

Todos los derechos están reservados.
Queda prohibida la reproducción total o parcial de este libro
por cualquier medio o procedimiento, comprendidos la reprografía
y el tratamiento informático, la fotocopia o la grabación sin
el permiso expreso de los titulares del copyright.

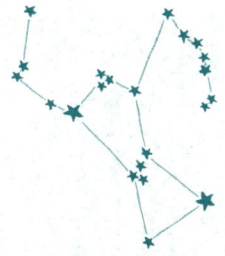

TOSHIFUMI FUTAMASE
TOSHIHIRO NAKAMURA
ILUSTRACIONES DE YU TOKUMARU

GRAN GUÍA VISUAL DEL COSMOS

Traducción de Jesús Espí

ÍNDICE

Cómo utilizar este libro 12

CAPÍTULO 1

OBJETOS ASTRONÓMICOS

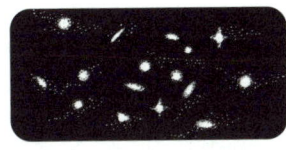

Estrella, estrella fija 16	Nebulosa 26
Planeta 18	Cúmulo estelar 27
Satélite, luna 19	Cometa 28
Estrella enana 20	Estrella fugaz, meteoro 29
Estrella gigante 21	Galaxia 30
Supernova 22	Grupo de galaxias 31
Estrella de neutrones 24	Cúmulo galáctico 31
Agujero negro 25	

Científicos y filósofos relacionados con el universo
- **01** Platón y Aristóteles 32
- **02** Aristarco de Samos 32

CAPÍTULO 2

EL SOL, LA LUNA Y LA TIERRA

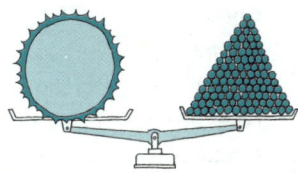

Sol 34	Luna 44
Fotosfera 36	Tierras altas 46
Mancha solar 37	Mares lunares 46
Fulguración 38	Cráter 47
Fusión nuclear 40	Agujero vertical 47
Viento solar 41	Cara oculta de la Luna 48
Eclipse total 42	Fuerza de marea 49
Eclipse anular 43	Fase lunar 50

Eclipse lunar	51
Tierra	52
Rotación	53
Traslación, revolución	54
Perihelio	55
Eclíptica	56
Los equinoccios	57
Culminación	58
Los solsticios	59
Protosol	60
Gran impacto	62
Kaguya	64
SLIM	65

Científicos y filósofos relacionados con el universo

03 Claudio Ptolomeo	66
04 Nicolás Copérnico	66

CAPÍTULO 3

EL SISTEMA SOLAR Y SUS PLANETAS

El sistema solar	68
Planeta inferior/superior	70
Gigante gaseoso	71
Unidad astronómica	72
Conjunción	73
Máxima elongación	73
Oposición	74
Cuadratura	74
Movimiento retrógrado	75
Leyes de Kepler	76
Mercurio	78
BepiColombo	79
Venus	80
Lucero vespertino, lucero matutino	81
Superrotación	82
Akatsuki	83
Marte	84
Mayor acercamiento de Marte	85
Viking	86
Curiosity	86
Fobos y Deimos	87
MMX	87
Júpiter	88
La Gran Mancha Roja	89
Satélites galileanos	90
Europa Clipper	91
Saturno	92
Sistema de anillos	93
Encélado	94
Cassini-Huygens	94
Titán	95
Urano	96
Neptuno	97
Cometa Halley	98
Lluvia de estrellas, lluvia de meteoros	99
Asteroide	100
Cinturón de asteroides	101
Ceres	102

Dawn 102	Cinturón de
Hayabusa y Hayabusa 2 103	Edgeworth-Kuiper 108
Meteorito 104	Objeto transneptuniano 108
Objeto próximo a la Tierra 105	Nube de Oort 109
Bólido de Tunguska 105	El noveno planeta 110
Plutón 106	Heliosfera 111
New Horizons 106	Voyager 1 111
Planeta enano 107	Disco protosolar 112
	Hipótesis del gran viraje 114

Científicos y filósofos relacionados con el universo

05 Johannes Kepler 116
06 Galileo Galilei 116

CAPÍTULO **4**

ESTRELLAS

Año luz 118	Medio interestelar 140
Alfa Centauri 120	Nube interestelar 141
Breakthrough Starshot 121	Objeto Messier 141
Estrella de primera magnitud .. 122	Nebulosa oscura 142
Magnitud absoluta 123	Nebulosa de la Cabeza de Caballo 142
Nombre propio 124	
Denominación de Bayer 125	Nebulosa del Saco de Carbón .. 143
Movimiento diurno 126	Los Pilares de la Creación 143
Estrella Polar, Polaris 128	Nebulosa de emisión 144
Movimiento anual 130	Nebulosa de reflexión 144
Las doce constelaciones de la eclíptica 131	Nebulosa de Orión 145
	Nube molecular 146
Constelación 132	Núcleo de nube molecular 146
Gran curva de primavera 134	Protoestrella 147
Triángulo estival 135	Estrella T Tauri 148
Cuadrado de Pegaso 136	Estrella enana marrón 149
Hexágono invernal 137	Estrella de la secuencia principal 150
Cruz del Sur 138	
Constelaciones chinas 139	Cúmulo abierto 151
Constelaciones oscuras de los incas 139	Pléyades 151

Tipo espectral 152	Movimiento propio 180
Diagrama HR 154	Aberración de la luz 181
Gigante roja 156	Descomposición de la luz 182
UY Scuti 157	Espectro 182
Estrella RAG 158	Línea de emisión, línea
Enana blanca 159	de absorción 183
Nebulosa planetaria 160	Planeta extrasolar,
Nova 161	exoplaneta 184
Colapso gravitatorio 162	51 Pegasi b 185
Betelgeuse 164	Espectroscopia Doppler 186
Remanente de supernova 165	Método de tránsito 186
Nebulosa del Cangrejo 165	Kepler (telescopio espacial) 187
Púlsar 166	Método de la imagen directa 187
SN 1987A 167	Júpiter caliente 188
Horizonte de sucesos 168	Planeta excéntrico 188
Cygnus X-1 169	Planeta globo ocular 189
Paralaje anual 170	Microlente gravitatoria 189
Parsec 171	Zona de habitabilidad 190
Estrella variable 172	Biomarcador 191
Variable cefeida 174	Borde rojo 191
KIC 8462852 175	Astrobiología 192
Estrella binaria 176	Ecuación de Drake 193
Estrella doble 177	SETI 194
Binaria cercana 178	Señal Wow! 194
Nova roja luminosa 179	

Científicos y filósofos relacionados con el universo

07 Isaac Newton 196
08 Edmond Halley 196

CAPÍTULO 5

LA VÍA LÁCTEA Y EL ESPACIO GALÁCTICO

Vía Láctea 198	
Galaxia de la Vía Láctea 199	Brazo espiral 201
Disco galáctico 200	Sagitario A* 202
Bulbo galáctico,	Agujero negro supermasivo 203
núcleo galáctico 200	Cúmulo globular 204

Halo galáctico 205
Población estelar 205
Galaxia espiral 206
Galaxia elíptica 206
Galaxia lenticular 207
Galaxia irregular 207
Galaxia enana 207
Gran Nube de Magallanes 208
Pequeña Nube de Magallanes 208
Galaxia de Andrómeda 209
Grupo Local 210
Lactómeda 211
Galaxias de las Antenas 212
Galaxia de la Rueda de Carro 212
Brote estelar 213
Cúmulo de Virgo 214
M87 214
Materia oscura 216
Lente gravitatoria 218
Supercúmulo 220
Supercúmulo de Laniakea 221
Vacíos 221
Estructura a gran escala del universo 222
Gran Muralla 223
Cartografiado digital del cielo Sloan 223
Supernova de tipo Ia 224
Relación de Tully-Fisher 225
Desplazamiento al rojo 226
Quásar 227

Científicos y filósofos relacionados con el universo
- 09 William Herschel 228
- 10 Albert Einstein 228

CAPÍTULO 6

HISTORIA DEL UNIVERSO

Cosmología 230
Paradoja de Olbers 231
Universo en expansión 232
Universo estático de Einstein 233
Ley de Hubble-Lemaître 234
Constante de Hubble 235
Teoría del Big Bang 236
Teoría del estado estacionario 237
Radiación de fondo de microondas cósmicas 238
Recombinación 239
Teoría inflacionaria 240
Creación cuántica del universo a partir de la nada 242
Propuesta de ausencia de contornos de Hartle-Hawking 243
Expansión acelerada del universo 244
Energía oscura 245
Cosmología de branas 246
Multiverso 248
Universo ecpirótico 249

Curvatura del universo 250
Big Crunch 252
Big Rip 253

Científicos y filósofos relacionados con el universo
- **11** Edwin Hubble 254
- **12** George Gamow 254

CAPÍTULO **7**

CONCEPTOS BÁSICOS RELACIONADOS CON EL UNIVERSO

Elemento químico 256
Átomo 258
Molécula 258
Protón, neutrón y electrón 259
Isótopo 259
Quark 260
Neutrino 261
Antipartícula, antimateria 262
Teoría de Kobayashi-Maskawa 263
Las cuatro fuerzas fundamentales 264
Modelo estándar de partículas 266
Bosón de Higgs 267
Partícula supersimétrica 268
Neutralino 269
Acelerador de partículas 270
Electronvoltio 270
LHC 271
Teoría de la relatividad especial 272
Teoría de la relatividad general 274
Física cuántica 276
Teoría cuántica de la gravedad 278
Teoría de las supercuerdas 278
Onda electromagnética 280
Luz visible 281
Ondas de radio 282
Radiación infrarroja 284
Radiación ultravioleta 285
Rayos X y rayos gamma 286
Explosión de rayos gamma 286
Ventana atmosférica 287
Onda gravitatoria 288
GW150914 289
Ondas gravitatorias primordiales 290
Cuerda cósmica 291
JAXA 292
NASA 292
ESA 292
Estación Espacial Internacional 293
Observatorio Astronómico Nacional de Japón 294
Telescopio Subaru 295
Telescopio de Treinta Metros 295
Telescopio ALMA 296
Telescopio espacial Hubble 297
Telescopio espacial James Webb 297

Índice analítico 299

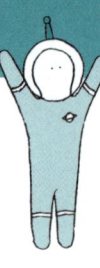

Cómo utilizar este libro

Este libro explica de forma sencilla y fácil de entender conceptos básicos y términos importantes relacionados con la astronomía y el universo. Puedes darle los siguientes usos:

1   COMO DICCIONARIO

Si en un libro, en las noticias o en un museo de ciencias encuentras un término que no entiendes, localízalo en el índice analítico que encontrarás al final y lee su explicación en la página correspondiente.

2   COMO LIBRO PARA DISFRUTAR

Cada término se presenta de forma independiente, por lo que puedes empezar a leer el libro por donde quieras. Los términos relacionados están próximos entre sí, de modo que, si los lees juntos, adquirirás una comprensión más profunda. El libro consta de siete capítulos; puedes empezar por el que prefieras.

3   COMO LIBRO DE DIVULGACIÓN

Recomendado para personas que tienen ganas de aprender sobre el cosmos o para leérselo a los niños antes de dormir.

Término
Se puede localizar en el índice analítico para saber la página en la que se encuentra.

Concepto
Explicación clara y sucinta. Los términos clave aparecen en negrita.

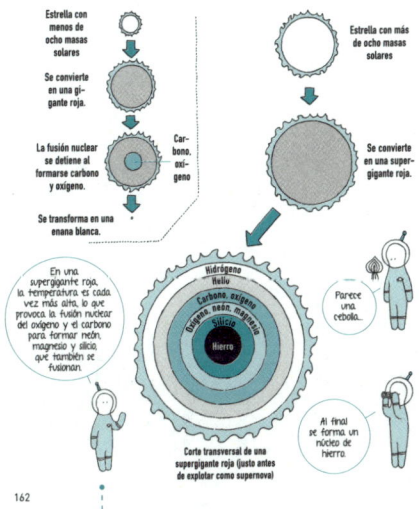

COLAPSO GRAVITATORIO

El colapso gravitatorio es un fenómeno por el cual una estrella masiva y vieja no puede resistir su propia gravedad y se desploma sobre sí misma. Las estrellas con más de ocho masas solares sufren un colapso gravitatorio al final de su vida y liberan todas sus capas al explotar. Estas explosiones son supernovas (p. 22).

EL DESTINO DE UNA ESTRELLA DEPENDE DE SU MASA

Titular
Está en negrita, para captar lo importante de un vistazo, como en los titulares de las noticias.

Pepo
Simpático extraterrestre que ha llegado a la Tierra tras viajar millones de años luz y que te explica el universo. Conoce 100 millones de idiomas y le gusta disfrazarse.

CAPÍTULO 1
OBJETOS ASTRONÓMICOS

ESTRELLA, ESTRELLA FIJA

Una **estrella**, a veces llamada también «estrella fija», es un astro que brilla y emite su propia luz. Está formada por gas y, como su superficie alcanza una temperatura de varios miles de grados, presenta un brillo luminoso. Casi todos los objetos celestes que resplandecen en el cielo nocturno son estrellas.

El Sol también es una estrella.

¿POR QUÉ SE LLAMAN TAMBIÉN «ESTRELLAS FIJAS»?

Cuando se observan desde la Tierra, las estrellas del firmamento nocturno no cambian su posición unas con respecto a otras. Al mantener una posición invariable, reciben el adjetivo de «fijas».

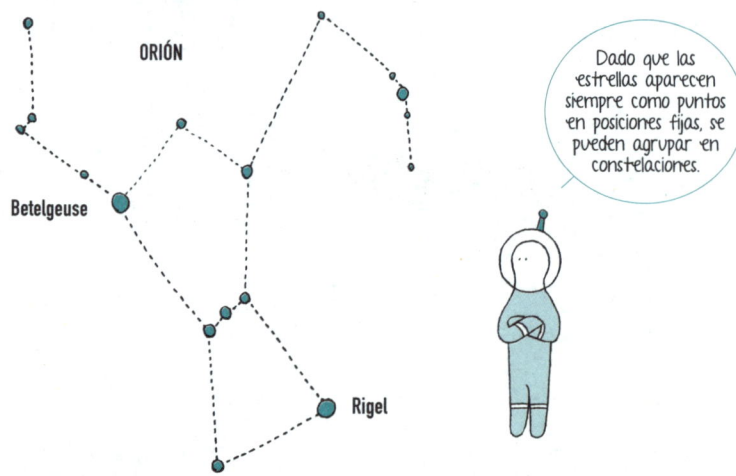

Dado que las estrellas aparecen siempre como puntos en posiciones fijas, se pueden agrupar en constelaciones.

¿LAS ESTRELLAS TIENEN «FORMA ESTRELLADA»?

Las estrellas tienen, por lo general, una forma esférica.
El equilibrio entre la fuerza de expansión —provocada por la liberación de energía durante las reacciones de fusión—, y la fuerza de contracción —debida a la propia masa de la estrella (gravedad)—, hace que mantenga una forma esférica.

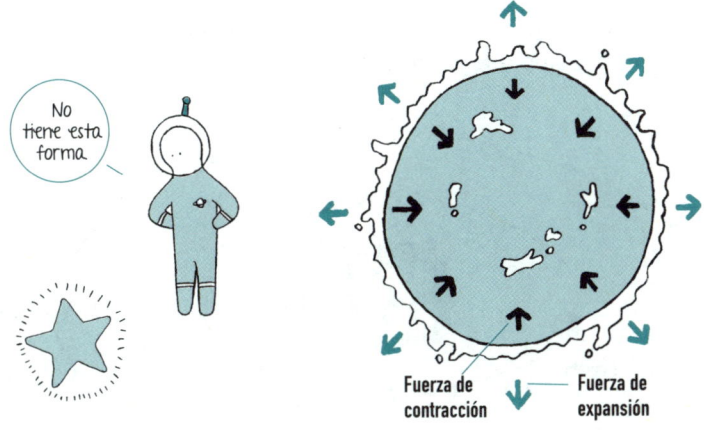

¿CUÁNTAS ESTRELLAS TIENE EL UNIVERSO?

Las estrellas se agrupan formando **galaxias** (p. 30). Una galaxia tiene unos 100 000 millones (10^{11}) de estrellas.
Por otra parte, se estima que en el universo hay más de 100 000 millones de galaxias.
En resumidas cuentas, en el universo hay más de $10^{11} \times 10^{11} = 10^{22}$ (10 000 trillones) de estrellas.

PLANETA

Un **planeta** es un cuerpo celeste que gira alrededor de una estrella.
Al tener una temperatura más baja que la de la estrella, no brilla con luz propia, sino que refleja la luz de esta.

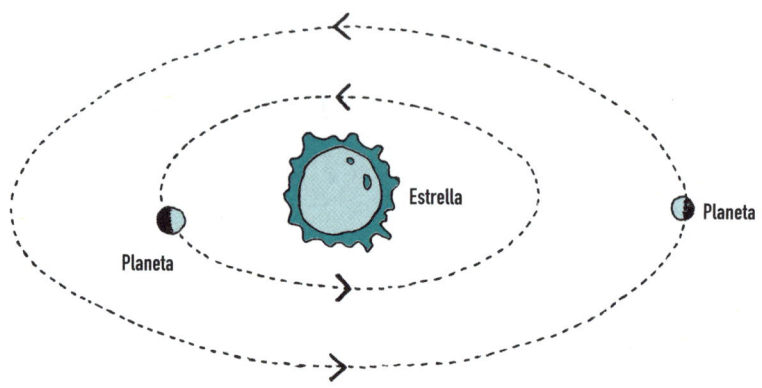

¿CUÁNTOS PLANETAS TIENE EL SISTEMA SOLAR?

El sistema solar (p. 68) tiene ocho planetas. La Tierra es el tercero.

Por orden de cercanía al Sol...

Hay planetas de tamaños diversos.

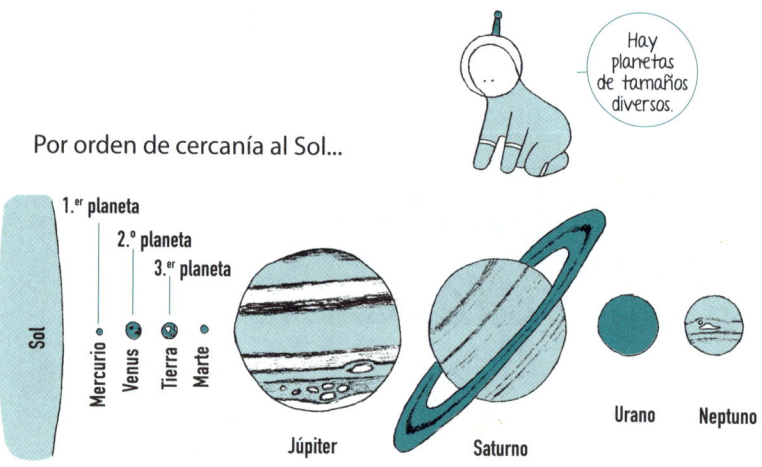

¿POR QUÉ SE LLAMAN «PLANETAS»?

El mismo planeta que aparece una noche en el cielo nocturno en las proximidades de una estrella, se encontraba la semana anterior cerca de otra estrella. Al ser astros que se mueven de un lado a otro, sin tener una posición fija, en griego recibieron el nombre de *asteres planetai* («estrellas errantes»), que acabó reduciéndose a *planetes* («errante»), de donde deriva la palabra «planeta».

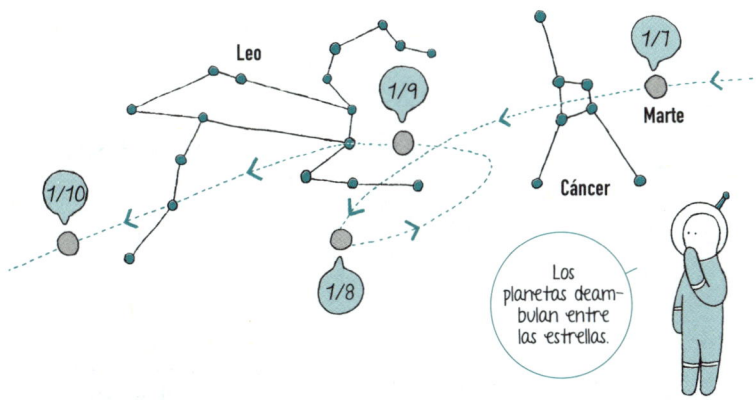

Los planetas deambulan entre las estrellas.

SATÉLITE, LUNA

Un **satélite** o **luna** es un cuerpo celeste que gira en torno a un planeta.
No brilla con luz propia, sino que refleja la luz de su estrella.

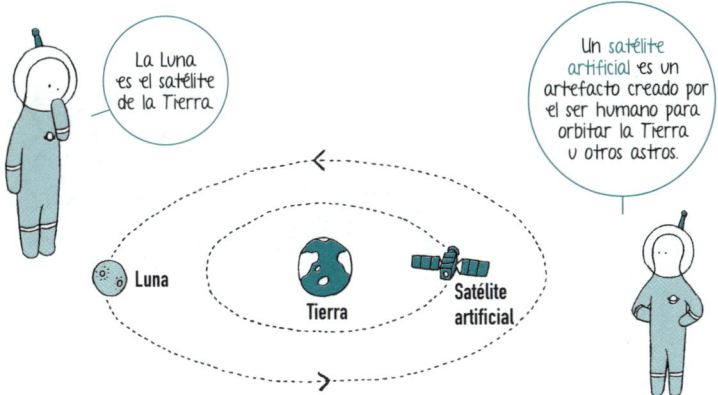

La Luna es el satélite de la Tierra.

Un satélite artificial es un artefacto creado por el ser humano para orbitar la Tierra u otros astros.

ESTRELLA ENANA

Una **estrella enana** es, básicamente, una estrella pequeña. Existen diversos tipos, como las **enanas rojas**, las **enanas marrones** y las **enanas blancas**, que se diferencian por sus características físicas.

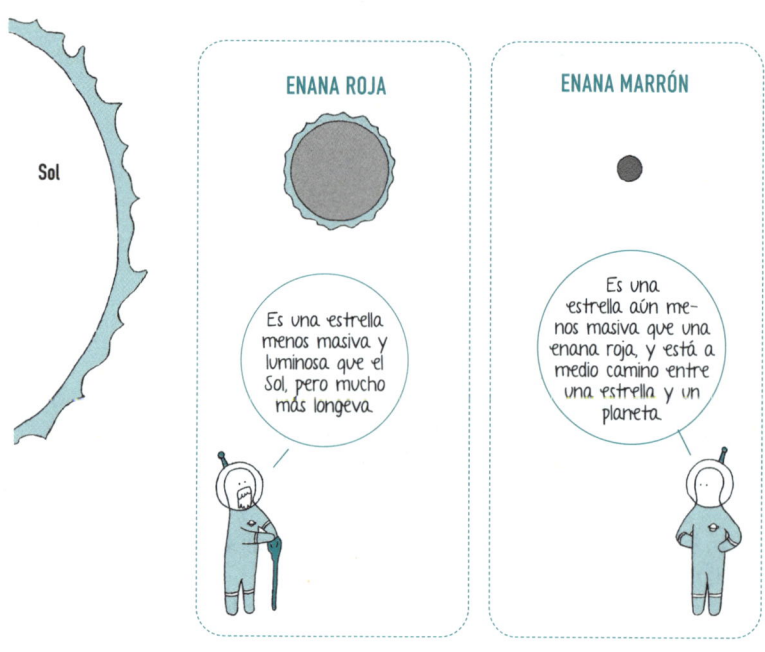

Sol

ENANA ROJA
Es una estrella menos masiva y luminosa que el Sol, pero mucho más longeva.

ENANA MARRÓN
Es una estrella aún menos masiva que una enana roja, y está a medio camino entre una estrella y un planeta.

ENANA BLANCA
Cuando una estrella similar al Sol llega al final de su vida, lo que queda es una estrella muy caliente de un tamaño similar al de la Tierra.

Tierra

ESTRELLA GIGANTE

Una **estrella gigante** es una estrella brillante y colosal que tiene un tamaño comprendido entre los 10 y los 100 diámetros solares. Las más grandes reciben el nombre de **supergigantes** e **hipergigantes**.

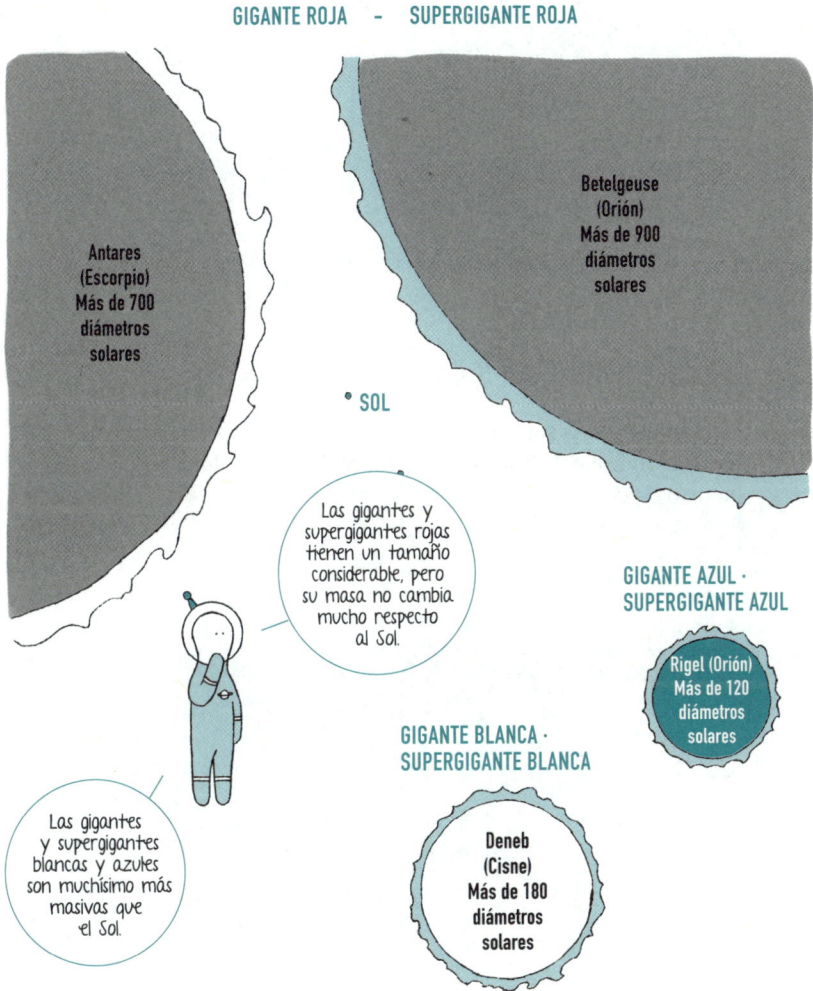

GIGANTE ROJA - SUPERGIGANTE ROJA

Antares (Escorpio) Más de 700 diámetros solares

Betelgeuse (Orión) Más de 900 diámetros solares

SOL

Las gigantes y supergigantes rojas tienen un tamaño considerable, pero su masa no cambia mucho respecto al Sol.

GIGANTE AZUL · SUPERGIGANTE AZUL

Rigel (Orión) Más de 120 diámetros solares

GIGANTE BLANCA · SUPERGIGANTE BLANCA

Deneb (Cisne) Más de 180 diámetros solares

Las gigantes y supergigantes blancas y azules son muchísimo más masivas que el Sol.

SUPERNOVA

Una **supernova** (explosión de supernova) es la explosión con la que una estrella masiva llega al final de su vida.
Las estrellas con más de ocho masas solares explotan como supernovas.

Brilla como si se hubiera formado una nueva estrella, pero en realidad son los fuegos artificiales en su lecho de muerte.

¿CUÁN LUMINOSA ES UNA SUPERNOVA?

Si apareciera una supernova en nuestra galaxia, la Vía Láctea (p. 199), tendría un brillo 100 veces superior al de la luna llena y podría verse incluso de día.

Liberaría en un instante una cantidad de energía comparable a la que emite el Sol en toda su vida (unos 10 000 millones de años).

¿CUÁNDO APARECEN LAS SUPERNOVAS?

En la Vía Láctea se estima un ritmo de aparición de una cada siglo, pero en los últimos 400 años no se ha visto ninguna.

¿QUÉ DIFERENCIA HAY ENTRE UNA NOVA Y UNA SUPERNOVA?

Una nova es una enana blanca (p. 159) que brilla repentinamente y por un corto período de tiempo a causa de una explosión en su superficie.
Una nova y una supernova no implican el nacimiento de una nueva estrella.

ESTRELLA DE NEUTRONES

Una **estrella de neutrones** es una estrella pequeña, masiva y muy densa, residuo de la explosión de una supernova (p. 22). Como su nombre indica, está compuesta principalmente por neutrones, una de las partículas que forman los átomos, densamente empaquetados.

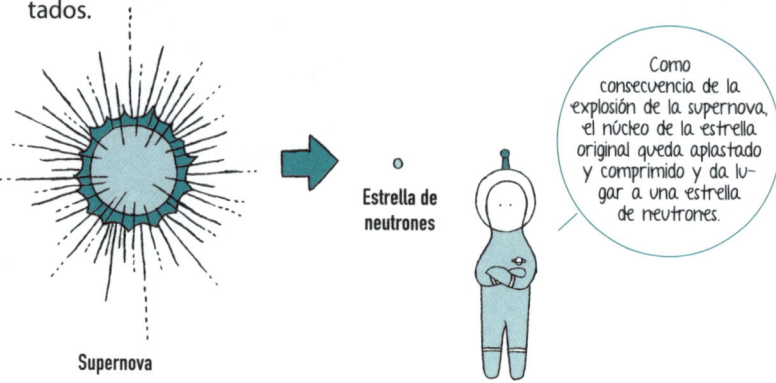

Como consecuencia de la explosión de la supernova, el núcleo de la estrella original queda aplastado y comprimido y da lugar a una estrella de neutrones.

¿CUÁNTO PESARÍA UN TROZO DE ESTRELLA DE NEUTRONES DEL TAMAÑO DE UN TERRÓN DE AZÚCAR?

Dada la enorme densidad que tiene una estrella de neutrones, un trozo del tamaño de un terrón de azúcar pesaría cientos de millones de toneladas. Por lo tanto, una estrella de neutrones con la misma masa que el Sol tendría una setentamilésima (1/70 000) de su tamaño (unos 10 kilómetros de radio).

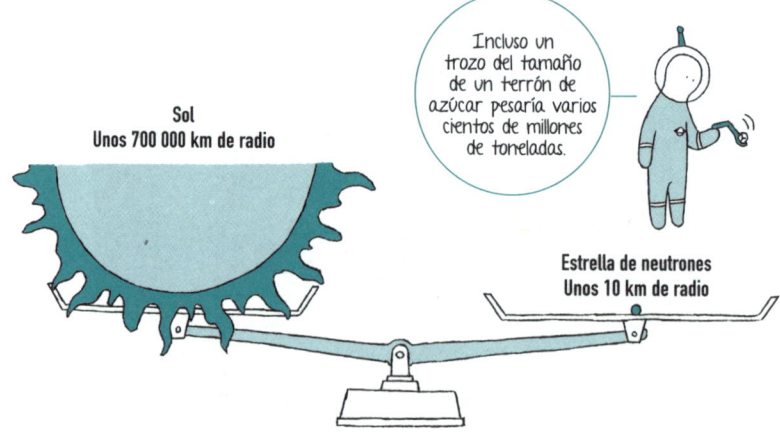

Incluso un trozo del tamaño de un terrón de azúcar pesaría varios cientos de millones de toneladas.

AGUJERO NEGRO

Un **agujero negro** es un objeto aún más denso que una estrella de neutrones.
Se cree que cuando una estrella varias decenas de veces más masiva que el Sol explota como supernova origina un agujero negro.

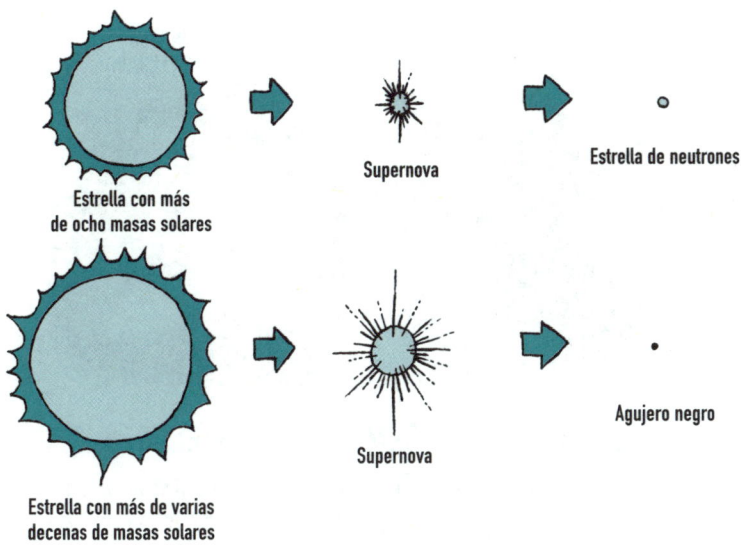

Un agujero negro genera un campo gravitatorio a su alrededor de tal magnitud que ni siquiera la luz puede escapar. Por ello se ve negro.

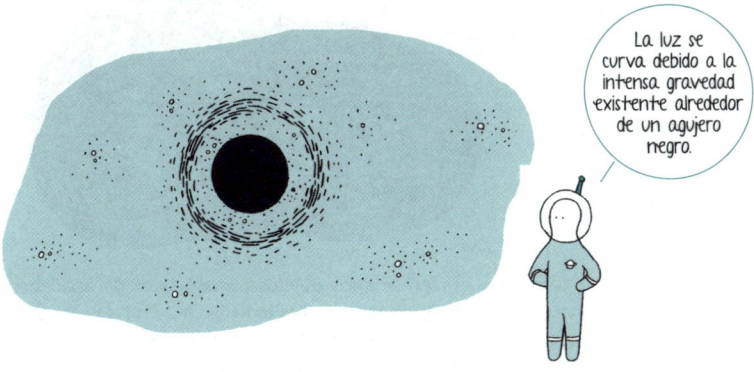

La luz se curva debido a la intensa gravedad existente alrededor de un agujero negro.

NEBULOSA

Una **nebulosa** es un objeto astronómico formado por gas y polvo, y con forma de nube.

En el espacio, la densidad de gas y polvo es muy baja (a esto se le llama **medio interestelar**, p. 140); sin embargo, hay regiones donde se acumulan y tienen la apariencia de nubes.

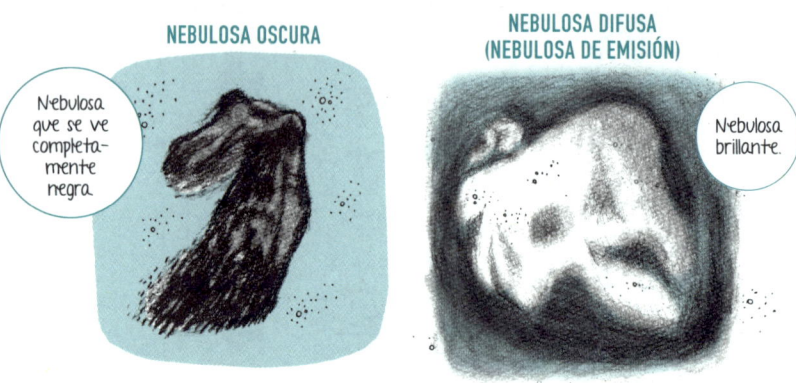

NEBULOSA OSCURA: Nebulosa que se ve completamente negra.

NEBULOSA DIFUSA (NEBULOSA DE EMISIÓN): Nebulosa brillante.

¿LAS NEBULOSAS SON «SEMILLEROS ESTELARES»?

Las estrellas se forman en el interior de las nebulosas y, cuando llegan al final de sus vidas, se transforman en nebulosas de las que surgen nuevas estrellas. Por ello, se pueden considerar «semilleros estelares».

Las estrellas nuevas nacen en el interior de nebulosas, que contienen todos los materiales para su formación.

Antiguamente se llamaba «nebulosas» a los objetos astronómicos de apariencia difusa en los que no era posible distinguir estrellas individuales. En esta categoría, también se incluía lo que hoy llamamos «galaxias» (p. 30). El término que se explica en esta entrada se llama actualmente «nube interestelar» (p. 141).

CÚMULO ESTELAR

Un **cúmulo estelar** es un grupo de estrellas que se encuentra dentro de una galaxia (p. 199).
El número de estrellas en un cúmulo estelar se comprende entre las varias decenas de los cúmulos más pequeños y los varios millones de los más grandes.

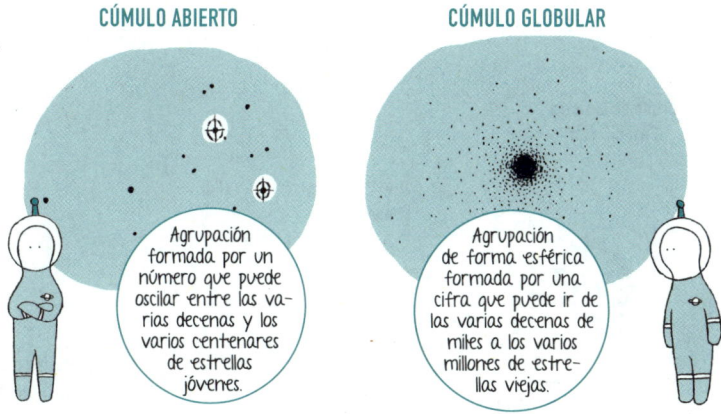

CÚMULO ABIERTO: Agrupación formada por un número que puede oscilar entre las varias decenas y los varios centenares de estrellas jóvenes.

CÚMULO GLOBULAR: Agrupación de forma esférica formada por una cifra que puede ir de las varias decenas de miles a los varios millones de estrellas viejas.

¿EL SOL PERTENECIÓ A UN CÚMULO ESTELAR EN EL PASADO?

Se cree que las muchas estrellas que nacen simultáneamente dentro de las nebulosas crean cúmulos estelares. Hoy en día el Sol no está asociado a ningún cúmulo estelar, pero en el pasado quizá formó uno junto con otras estrellas hermanas.

¿Dónde estarán ahora las estrellas hermanas que nacieron al mismo tiempo que el Sol?

COMETA

Un cometa es un cuerpo que gira alrededor del Sol y al que le sale una «cola» cada vez que se aproxima a él. La palabra procede del griego *kometēs*, derivada de *kómē* («cabellera»).

La mayoría de los cometas describen una órbita muy alargada y pueden tardar desde varios años hasta varios siglos en dar una vuelta completa al Sol.

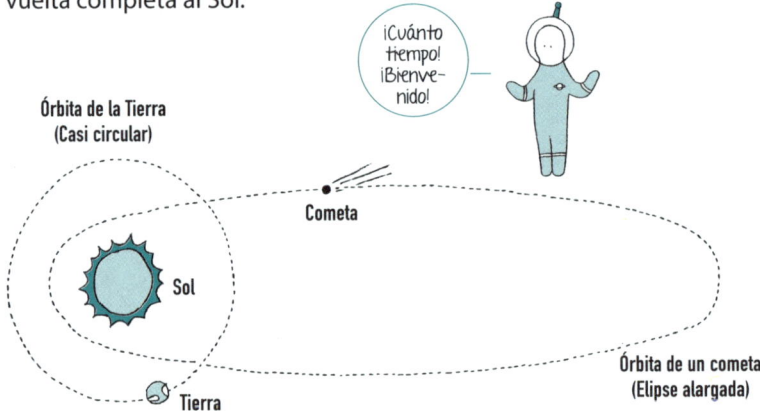

¿LOS COMETAS SON «BOLAS DE NIEVE SUCIAS»?

El centro sólido de un cometa (**núcleo**) tiene un diámetro de varios kilómetros y está formado por una mezcla de hielo, rocas y polvo metálico, por lo que a los cometas también se los llama «bolas de nieve sucias».

Cuando un cometa se acerca al Sol, sus componentes volátiles (hielo, gas y polvo) se vaporizan y se desprenden en dirección contraria al Sol en forma de una hermosa cola.

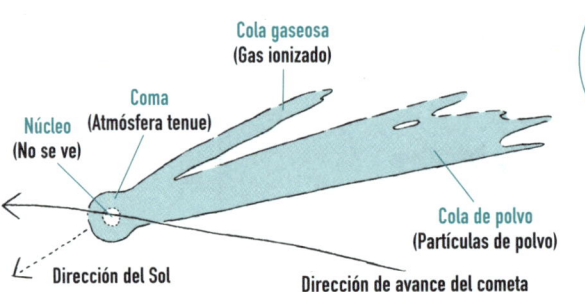

ESTRELLA FUGAZ / METEORO

Una **estrella fugaz** o **meteoro** es un rastro luminoso que se produce cuando las partículas que orbitan el Sol (principalmente las desprendidas por un cometa) penetran en la atmósfera de la Tierra y se calientan hasta ponerse incandescentes debido al rozamiento. Las estrellas fugaces muy luminosas se llaman **bolas de fuego** o **bólidos**.

Las estrellas fugaces no son objetos del espacio, sino un fenómeno luminoso que tiene lugar en la atmósfera de la Tierra.

¿LAS LLUVIAS DE ESTRELLAS SON UN REGALO DE DESPEDIDA DE LOS COMETAS?

Las partículas de polvo que desprenden los cometas se esparcen a lo largo de sus órbitas formando corrientes. Cuando la Tierra atraviesa esas zonas, una gran cantidad de polvo penetra en la atmósfera y crea numerosas estrellas fugaces. A este fenómeno se le llama **lluvia de estrellas** o **lluvia de meteoros** (p. 99).

Ciertamente, es como si llovieran estrellas.

GALAXIA

Una **galaxia** es una agrupación de entre varios millones y varios cientos de miles de millones de estrellas. Las estrellas no se distribuyen uniformemente por todo el universo, sino que forman grupos llamados galaxias.
Se cree que el universo contiene centenares de miles de millones de galaxias.

GALAXIA ESPIRAL: Es una galaxia con una bonita forma de espiral.

GALAXIA ELÍPTICA: Es una galaxia donde las estrellas se agrupan en forma circular o elíptica.

El sistema solar se encuentra en la Vía Láctea, que es una galaxia espiral barrada (p. 206).

Posición del sistema solar

GRUPO DE GALAXIAS

Del mismo modo que las estrellas se juntan en galaxias, las galaxias forman conjuntos de galaxias. Los conjuntos pequeños (entre unas pocas y varias decenas) se llaman **grupos de galaxias**.

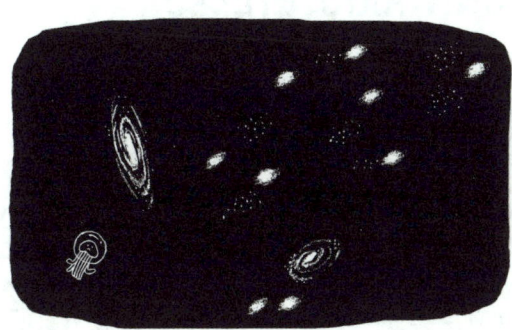

La Vía Láctea se encuentra en un grupo formado por una treintena de galaxias.

CÚMULO GALÁCTICO

A los conjuntos grandes de galaxias (entre una centena y varios miles) se los denomina **cúmulos galácticos**.

Sobre las agrupaciones aún más grandes de galaxias hablaremos más adelante.

CIENTÍFICOS Y FILÓSOFOS RELACIONADOS CON EL UNIVERSO

01

PLATÓN Y ARISTÓTELES

427 a.C.–347 a.C., 384 a.C.–322 a.C.

Junto con Sócrates, son conocidos como «los tres grandes filósofos de la Antigua Grecia», y el universo también fue objeto de sus reflexiones. Platón propuso un modelo geocéntrico según el cual «la Tierra es una esfera que descansa en el centro del universo y a su alrededor giran la Luna, el Sol, las estrellas y los planetas en esferas celestes (p. 56)». Aristóteles heredó el pensamiento de Platón y consideró la existencia de un «primer motor inmóvil» que movía esas esferas celestes.

02

ARISTARCO DE SAMOS

310 a.C.–alrededor de 230 a.C.

Este astrónomo de la Antigua Grecia usó un ingenioso método para medir el tamaño de la Luna y el Sol y determinó que este último era mucho más grande que la Tierra. También propuso que el centro del universo podría ser el Sol en lugar de la Tierra. Consideró el heliocentrismo 1800 años antes que Copérnico. Por ello se le considera también «el Copérnico de la Antigüedad».

CAPÍTULO 2
EL SOL, LA LUNA Y LA TIERRA

SOL

El **Sol** es la estrella más próxima a la Tierra. Es una colosal masa de gas formada fundamentalmente por hidrógeno y helio.
El Sol no es ni muy grande ni muy pequeño, por lo que se puede considerar una «estrella típica».

TAMAÑO, MASA Y TEMPERATURA SUPERFICIAL

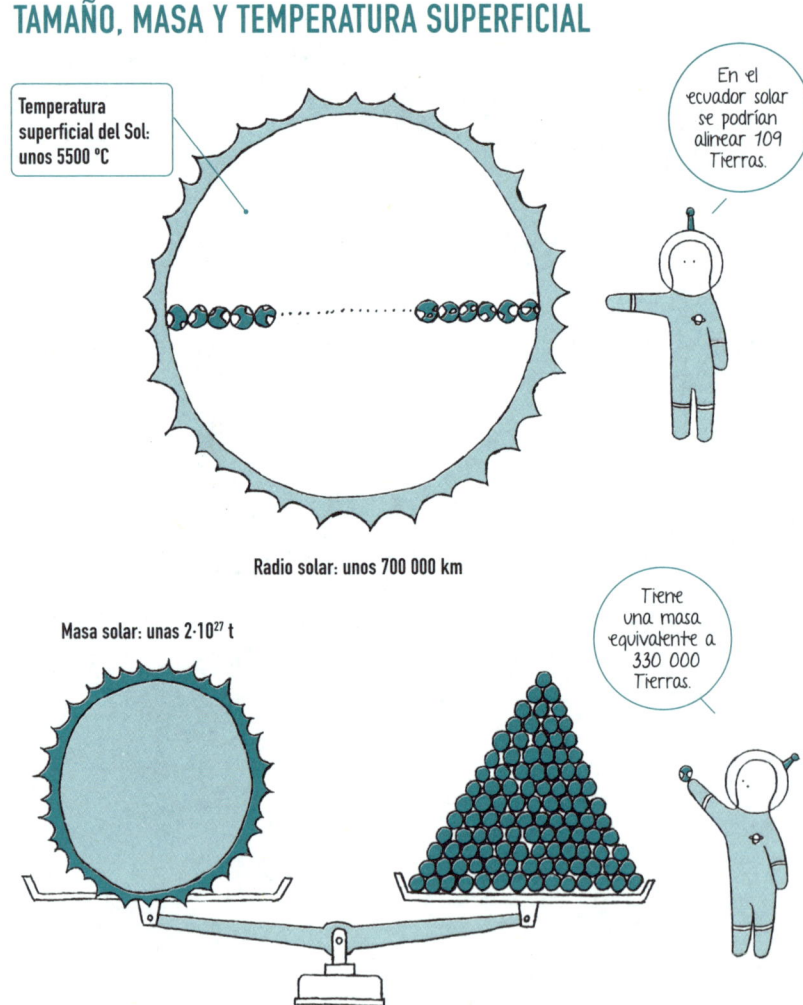

Temperatura superficial del Sol: unos 5500 °C

En el ecuador solar se podrían alinear 109 Tierras.

Radio solar: unos 700 000 km

Masa solar: unas $2 \cdot 10^{27}$ t

Tiene una masa equivalente a 330 000 Tierras.

¿EL SOL TAMBIÉN ROTA?

Los polos tardan más de 30 días terrestres en dar una vuelta.

El ecuador tarda unos 24 días terrestres en dar una vuelta.

Al estar formado por gas, la velocidad de rotación del Sol es diferente según las zonas.

¿QUÉ DISTANCIA HAY ENTRE EL SOL Y LA TIERRA?

La Tierra tarda un año en dar una vuelta al Sol (traslación o revolución). La distancia media entre la Tierra y el Sol es de unos 149 600 000 kilómetros. A esta distancia se la llama «unidad astronómica» (p. 72).

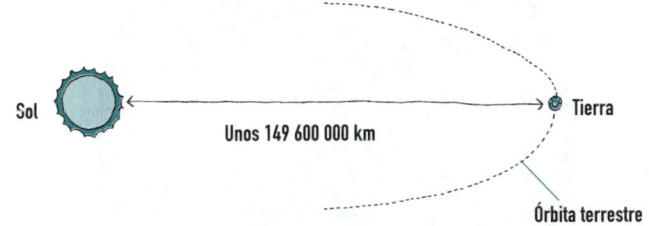

Sol — Unos 149 600 000 km — Tierra

Órbita terrestre

¿CUÁNTA ENERGÍA EMITE EL SOL?

Energía que emite el Sol en un segundo: unos $3,8 \cdot 10^{26}$ julios.

Esa energía equivale a quemar 10^{16} (10 000 billones) toneladas de petróleo.

FOTOSFERA

La **fotosfera** es la capa superficial del Sol o de otras estrellas que emite luz.

Al estar formado por gas, el Sol no tiene una superficie definida. A efectos prácticos, la región del Sol de la que proviene la luz visible se considera la superficie, y a esta se la denomina fotosfera.

ASPECTO DE LA SUPERFICIE SOLAR

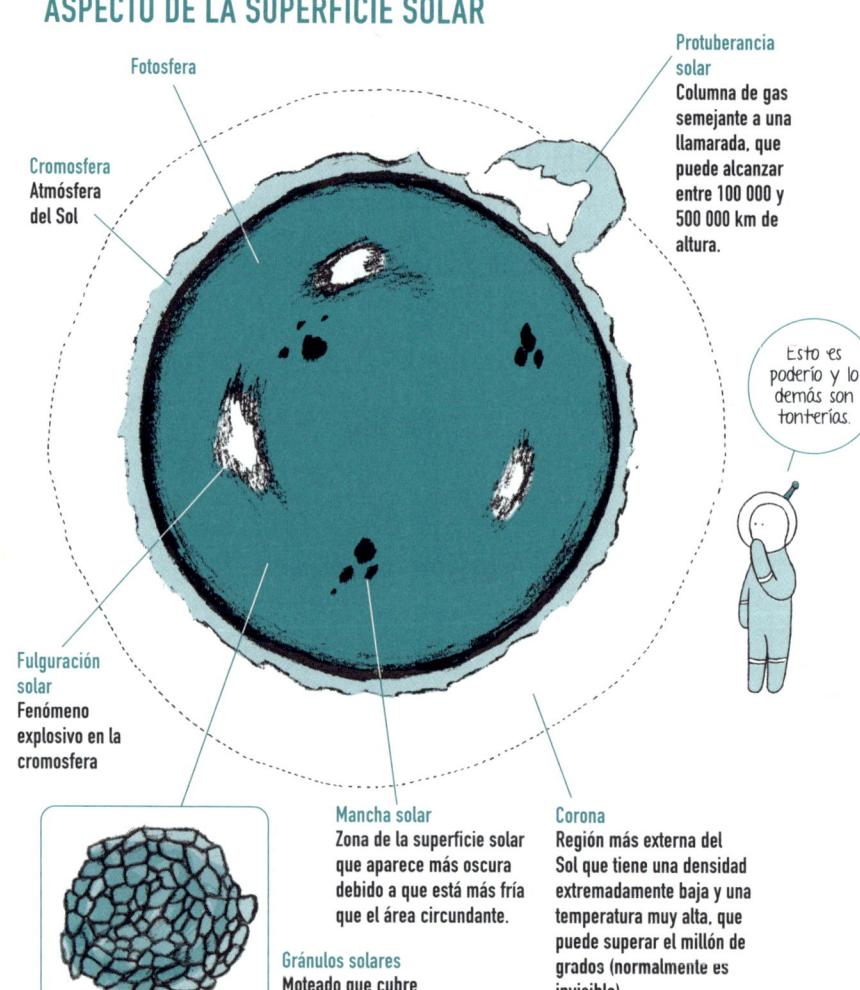

Fotosfera

Cromosfera
Atmósfera del Sol

Protuberancia solar
Columna de gas semejante a una llamarada, que puede alcanzar entre 100 000 y 500 000 km de altura.

Esto es poderío y lo demás son tonterías.

Fulguración solar
Fenómeno explosivo en la cromosfera

Mancha solar
Zona de la superficie solar que aparece más oscura debido a que está más fría que el área circundante.

Gránulos solares
Moteado que cubre la superficie del Sol.

Corona
Región más externa del Sol que tiene una densidad extremadamente baja y una temperatura muy alta, que puede superar el millón de grados (normalmente es invisible).

MANCHA SOLAR

Una **mancha solar** es una zona de la superficie solar que se ve más oscura porque tiene una temperatura unos 1000 o 2000 grados más baja que el área circundante, aunque también brilla.

Se sabe que las manchas solares tienen una intensa actividad magnética.

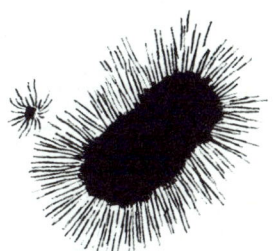

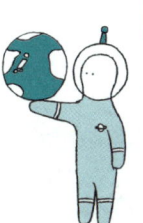

Las manchas solares grandes son de mayor tamaño que la Tierra.

¿EL NÚMERO DE MANCHAS SOLARES ESTÁ RELACIONADO CON LA ACTIVIDAD SOLAR?

Se sabe que el número de manchas solares experimenta una variación cíclica de 11 años.

La actividad solar alcanza su máximo cuando hay más manchas solares y son frecuentes las fulguraciones. Por el contrario, cuando hay menos manchas solares, la actividad solar es mínima.

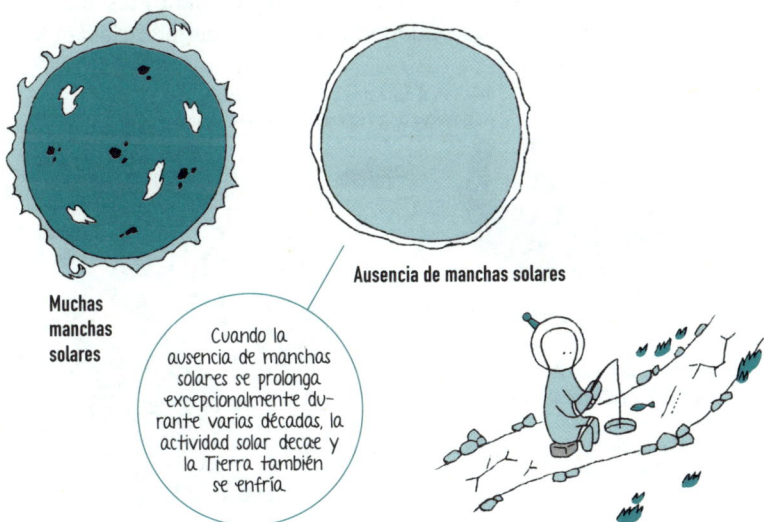

Muchas manchas solares

Ausencia de manchas solares

Cuando la ausencia de manchas solares se prolonga excepcionalmente durante varias décadas, la actividad solar decae y la Tierra también se enfría.

FULGURACIÓN

Una **fulguración** es un fenómeno explosivo que se produce en la superficie de las estrellas.

Las que se producen en el Sol se denominan **fulguraciones solares** o **explosiones solares**. Las fulguraciones solares son las explosiones más poderosas del sistema solar.

Cuanto mayor es el número de manchas solares, más intensas son las fulguraciones.

La energía que se libera en una de estas violentas explosiones es comparable a la que producen entre 100 000 y 100 millones de bombas de hidrógeno.

¿LAS FULGURACIONES PROVOCAN AURORAS Y TORMENTAS MAGNÉTICAS?

Las fulguraciones liberan de forma súbita e intensa radiación electromagnética (en forma de rayos X y rayos gamma) y partículas cargadas (partículas con carga eléctrica) de alta energía. Cuando estas llegan a la Tierra, provocan auroras en latitudes altas y tormentas magnéticas que pueden ocasionar interferencias en las telecomunicaciones.

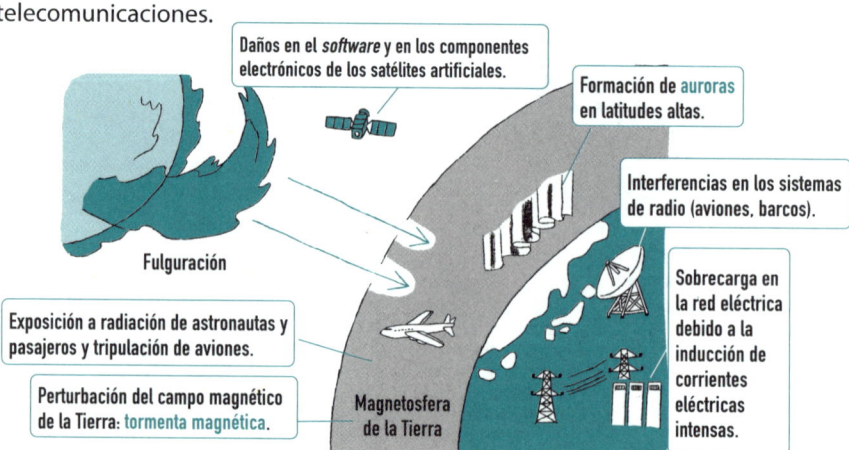

- Daños en el *software* y en los componentes electrónicos de los satélites artificiales.
- Formación de auroras en latitudes altas.
- Interferencias en los sistemas de radio (aviones, barcos).
- Sobrecarga en la red eléctrica debido a la inducción de corrientes eléctricas intensas.
- Exposición a radiación de astronautas y pasajeros y tripulación de aviones.
- Perturbación del campo magnético de la Tierra: tormenta magnética.
- Fulguración
- Magnetosfera de la Tierra

¿UNA SUPERFULGURACIÓN PODRÍA COLAPSAR LA TIERRA?

Las fulguraciones más violentas que se producen en el Sol, del orden de 100 a 1000 veces más intensas que una normal, reciben el nombre de **superfulguraciones**. Se estima que pueden producirse una vez cada varios miles de años.

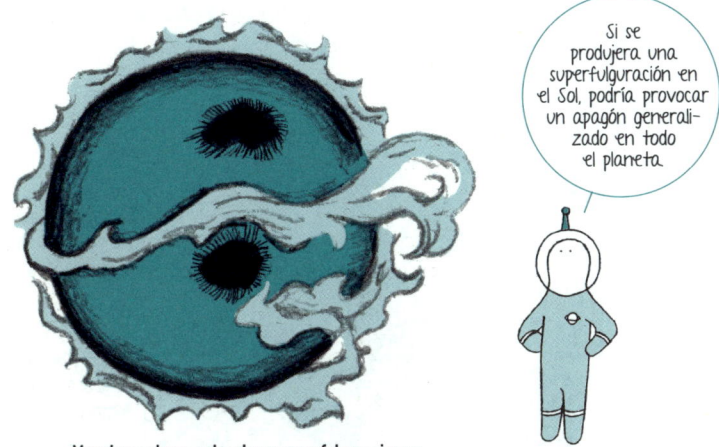

Si se produjera una superfulguración en el Sol, podría provocar un apagón generalizado en todo el planeta.

Manchas solares colosales y superfulguraciones

¿UN «SERVICIO METEOROLÓGICO DEL ESPACIO» PODRÍA PREDECIR LA FORMACIÓN DE FULGURACIONES?

Los satélites artificiales y los observatorios astronómicos de todo el mundo que estudian el Sol están realizando un esfuerzo para coordinar un servicio meteorológico del espacio cuyo objetivo sería alertar en caso de que se produjeran fulguraciones u otros fenómenos generados por la actividad solar.

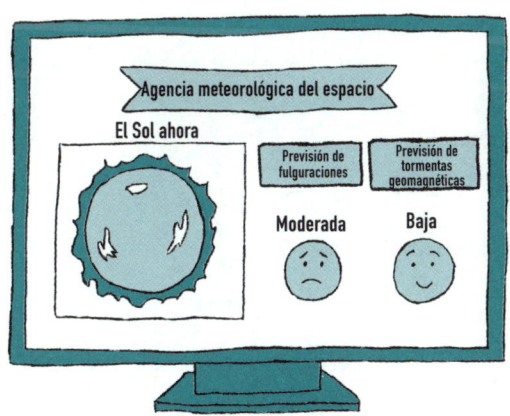

En la era de la información, un servicio que haga previsiones del tiempo relativas al espacio es imprescindible.

FUSIÓN NUCLEAR

Las reacciones de **fusión nuclear** que se producen en el Sol y en otras estrellas liberan cantidades ingentes de energía.
La fusión nuclear ocurre en el **núcleo** del Sol, y la energía, luz y calor que se generan se transportan al exterior.

INTERIOR DEL SOL

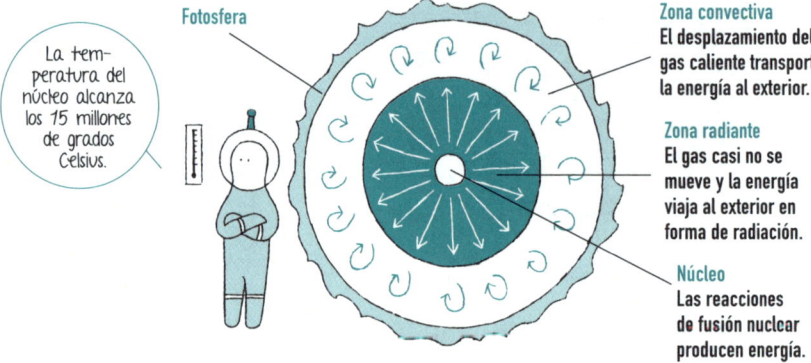

La temperatura del núcleo alcanza los 15 millones de grados Celsius.

Fotosfera

Zona convectiva
El desplazamiento del gas caliente transporta la energía al exterior.

Zona radiante
El gas casi no se mueve y la energía viaja al exterior en forma de radiación.

Núcleo
Las reacciones de fusión nuclear producen energía.

¿POR QUÉ LA FUSIÓN NUCLEAR PRODUCE ENERGÍA?

En el núcleo del Sol, cuatro núcleos atómicos de hidrógeno (protones) producen un núcleo de helio. Durante el proceso, la masa disminuye un poco y, a cambio, se genera una gran cantidad de energía. Esto se basa en el principio básico de la «equivalencia entre masa y energía» de la **teoría de la relatividad** (p. 272).

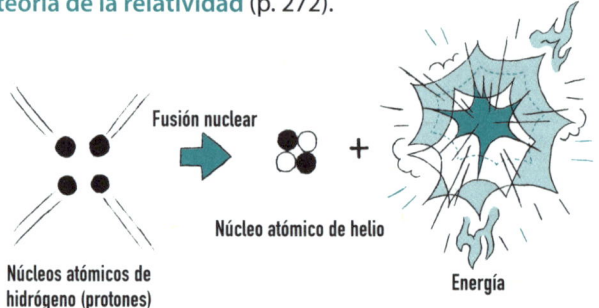

Núcleos atómicos de hidrógeno (protones) → Fusión nuclear → Núcleo atómico de helio + Energía

Cuatro núcleos atómicos de hidrógeno no forman repentinamente un núcleo de helio. El proceso de la reacción es en realidad mucho más complejo.
No solo se forma un núcleo de helio, sino que también se liberan simultáneamente dos tipos de partículas: positrones (p. 262) y neutrinos (p. 261).

VIENTO SOLAR

El Sol no solo emite luz, sino que también libera al espacio protones y electrones de alta energía a gran velocidad y a un ritmo de un millón de toneladas por segundo. A esta corriente de partículas se la denomina **viento solar**.
El viento solar alcanza la Tierra en unos pocos días y fluye hasta los confines del sistema solar.

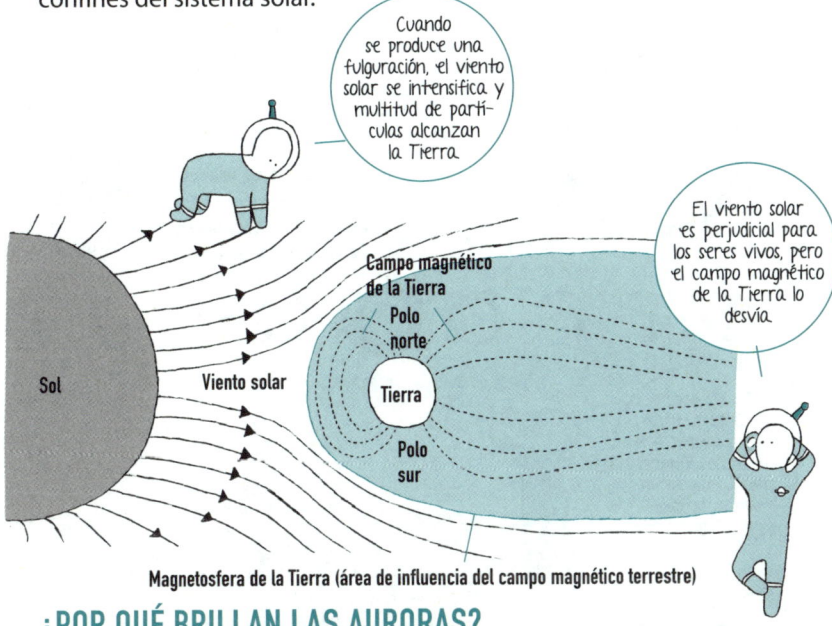

Magnetosfera de la Tierra (área de influencia del campo magnético terrestre)

¿POR QUÉ BRILLAN LAS AURORAS?

Parte de las partículas del viento solar son conducidas hacia los polos magnéticos de la Tierra a lo largo de las líneas del campo magnético y penetran en la atmósfera. Al colisionar con el oxígeno y el nitrógeno de la atmósfera, emiten luz en tonos rojizos y verdosos. Este resplandor fluctuante es lo que conocemos como **auroras**.

ECLIPSE TOTAL

Un **eclipse solar** se produce cuando la Luna cubre el Sol. Si el Sol queda completamente oculto por la Luna, se llama **eclipse total**; si el disco lunar solo cubre parte del Sol, se llama **eclipse parcial**.

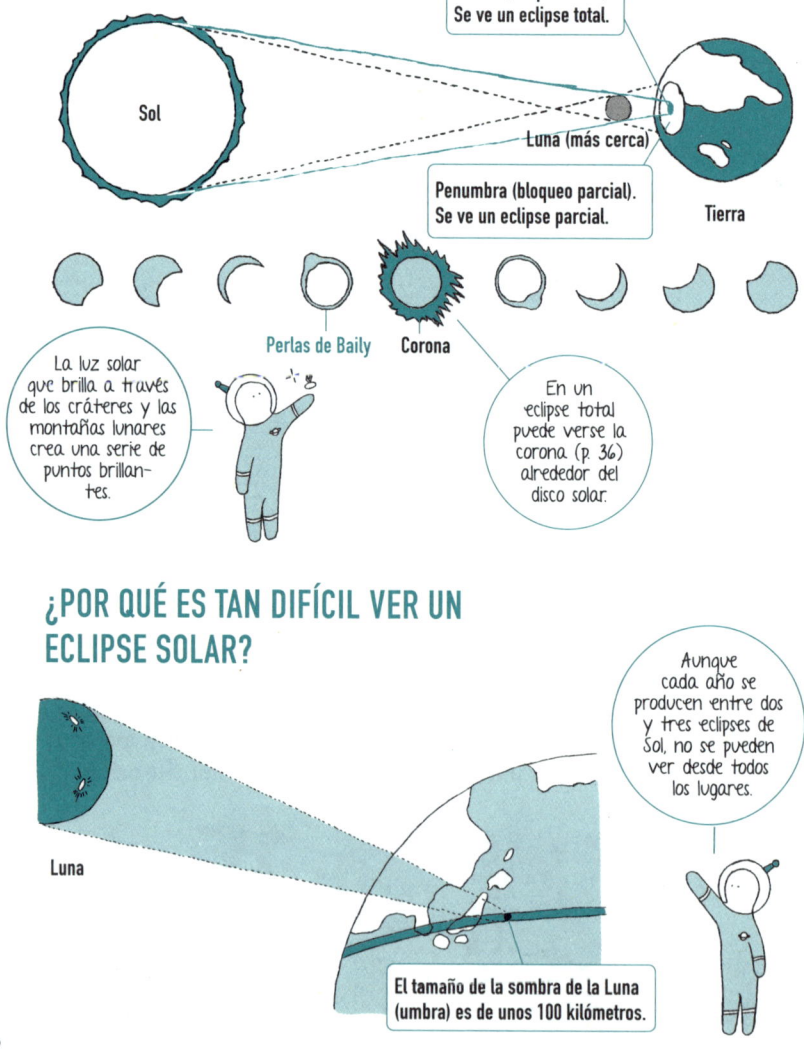

Umbra (bloqueo total). Se ve un eclipse total.

Sol

Luna (más cerca)

Penumbra (bloqueo parcial). Se ve un eclipse parcial.

Tierra

Perlas de Baily

Corona

La luz solar que brilla a través de los cráteres y las montañas lunares crea una serie de puntos brillantes.

En un eclipse total puede verse la corona (p. 36) alrededor del disco solar.

¿POR QUÉ ES TAN DIFÍCIL VER UN ECLIPSE SOLAR?

Luna

Aunque cada año se producen entre dos y tres eclipses de Sol, no se pueden ver desde todos los lugares.

El tamaño de la sombra de la Luna (umbra) es de unos 100 kilómetros.

ECLIPSE ANULAR

Cuando el tamaño aparente de la Luna es ligeramente menor que el del Sol, durante el eclipse permanece visible un anillo del disco solar. Cuando esto ocurre, se produce un **eclipse anular**.

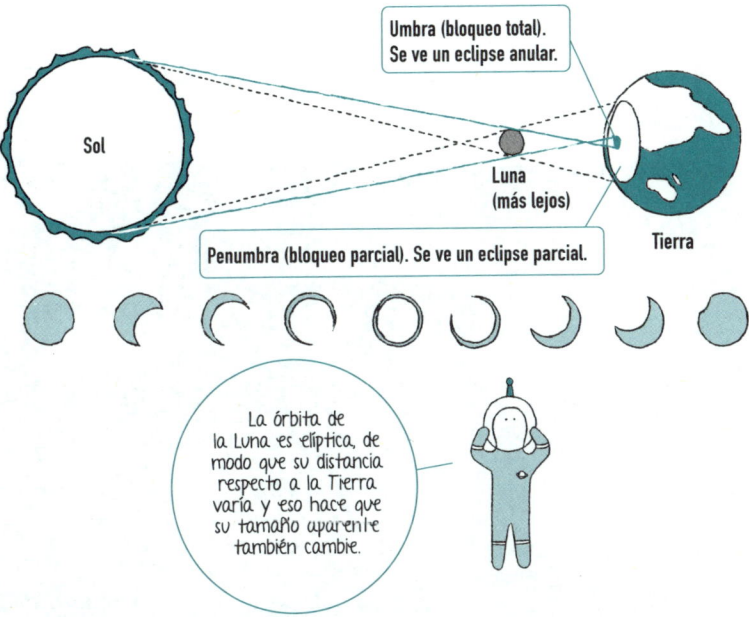

La órbita de la Luna es elíptica, de modo que su distancia respecto a la Tierra varía y eso hace que su tamaño aparente también cambie.

¿CUÁNDO SE VERÁN LOS PRÓXIMOS ECLIPSES EN JAPÓN?

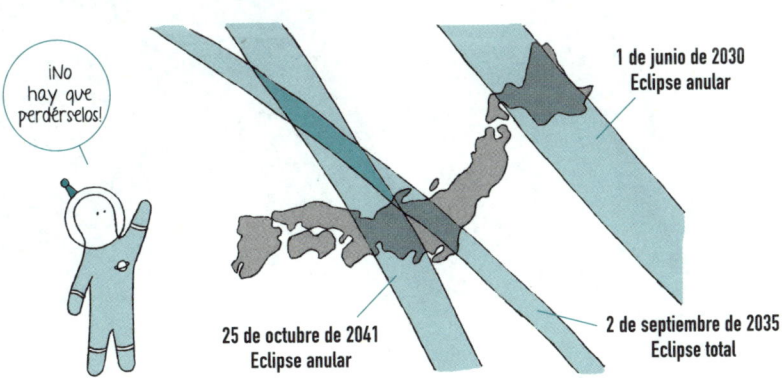

¡No hay que perdérselos!

1 de junio de 2030
Eclipse anular

2 de septiembre de 2035
Eclipse total

25 de octubre de 2041
Eclipse anular

LUNA

La **Luna** es un satélite (p. 19) que gira alrededor de la Tierra. Su radio es, aproximadamente, un cuarto del terrestre. Si se compara con los demás planetas del sistema solar, la Tierra tiene un satélite de un tamaño desproporcionado.

COMPARACIÓN DE LOS TAMAÑOS DE LA TIERRA Y DE LA LUNA

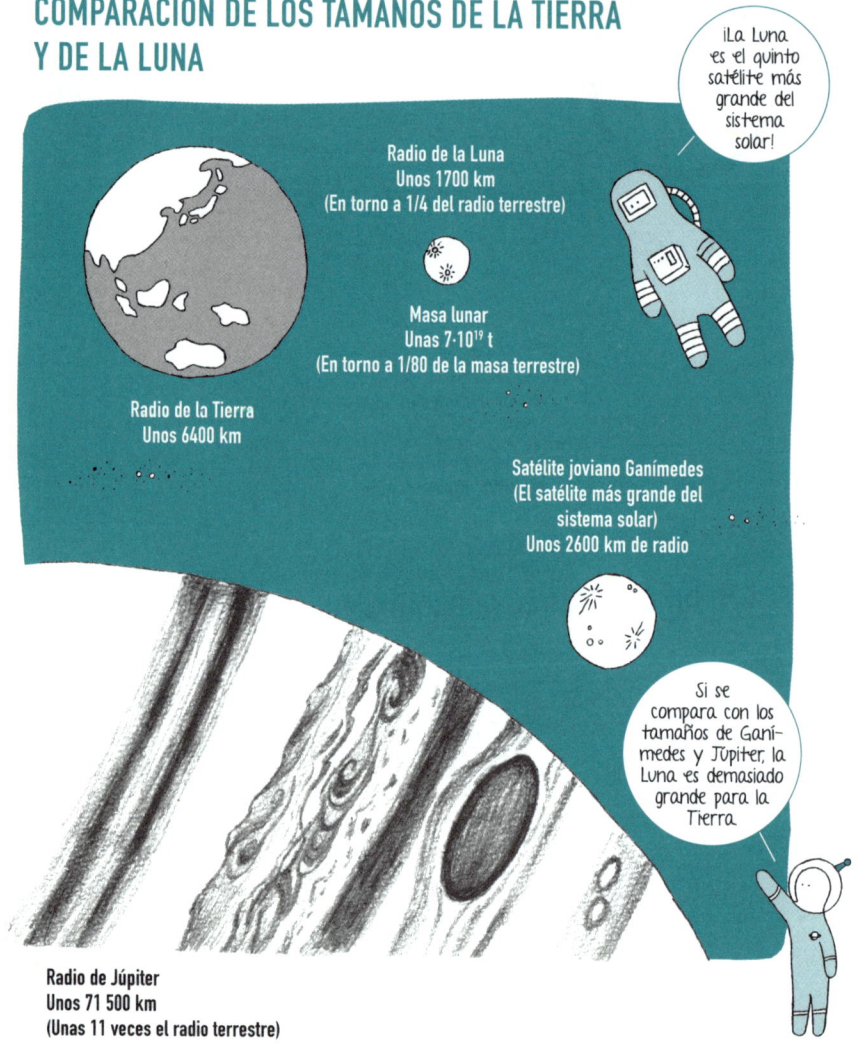

Radio de la Luna
Unos 1700 km
(En torno a 1/4 del radio terrestre)

Masa lunar
Unas $7 \cdot 10^{19}$ t
(En torno a 1/80 de la masa terrestre)

Radio de la Tierra
Unos 6400 km

Satélite joviano Ganímedes
(El satélite más grande del sistema solar)
Unos 2600 km de radio

Radio de Júpiter
Unos 71 500 km
(Unas 11 veces el radio terrestre)

¡La Luna es el quinto satélite más grande del sistema solar!

Si se compara con los tamaños de Ganímedes y Júpiter, la Luna es demasiado grande para la Tierra.

¿LA DISTANCIA ENTRE LA TIERRA Y LA LUNA CAMBIA MUCHO?

La distancia media entre la Luna y la Tierra es de 380 000 kilómetros. Sin embargo, como la órbita de la Luna no es un círculo perfecto, sino una elipse, la distancia varía unos 40 000 kilómetros.

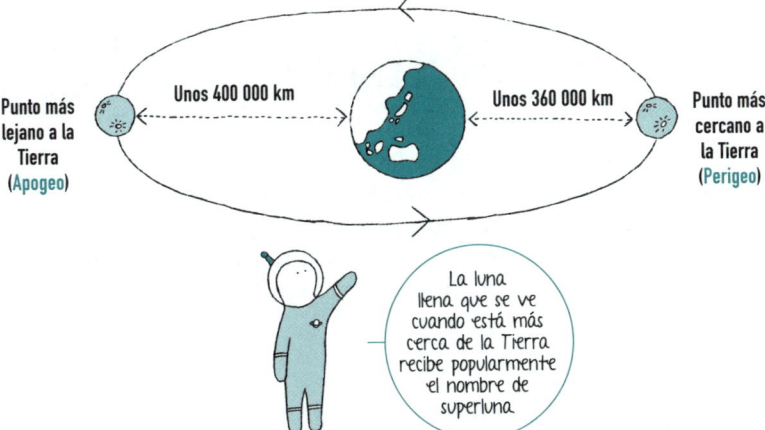

La luna llena que se ve cuando está más cerca de la Tierra recibe popularmente el nombre de superluna.

¿POR QUÉ VEMOS SIEMPRE LA MISMA CARA DE LA LUNA?

La Luna siempre muestra la misma cara (la «cara de la Luna» o el «conejo de la Luna», dependiendo de la cultura) cuando la vemos desde la Tierra. Esto se debe a que la Luna da una vuelta alrededor de la Tierra en unos 27 días, el mismo tiempo que tarda en rotar sobre sí misma.

La cara que se ve desde la Tierra se llama **cara visible**. No obstante, debido al movimiento de cabeceo de la Luna (**libración**) podemos observar un 60 % de su superficie.

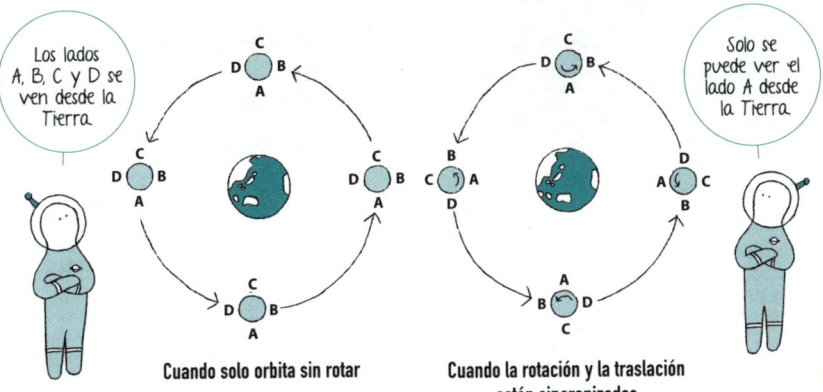

TIERRAS ALTAS

Las **tierras altas** son terrenos lunares elevados y escarpados, salpicados de cráteres (p. 47) y de aspecto brillante. Están formados por **anortosita**, una roca ligera y de color claro.

MARES LUNARES

Los **mares lunares** (o *maria* en latín, plural de *mare*) son llanuras amplias y oscuras con pocos cráteres. A decir verdad, en la Luna no existe el agua en estado líquido, pero estas zonas reciben nombres tan acuáticos como «océano», «mar», «lago», «pantano» o «bahía», según su extensión. Están formados por **basalto**, una roca pesada y oscura.

CRÁTERES Y MARES MÁS LLAMATIVOS DE LA CARA VISIBLE

CRÁTER

Un **cráter** (de impacto) es una depresión cóncava en la superficie provocada por el impacto de un cuerpo celeste.
Se cree que los cráteres de la Luna fueron provocados por el choque de meteoritos (p. 104) y otros cuerpos. Como la Luna no tiene atmósfera, está sometida a un bombardeo continuo de meteoritos y, al carecer de actividad tectónica o procesos erosivos provocados por la lluvia o el viento, conserva un gran número de ellos.

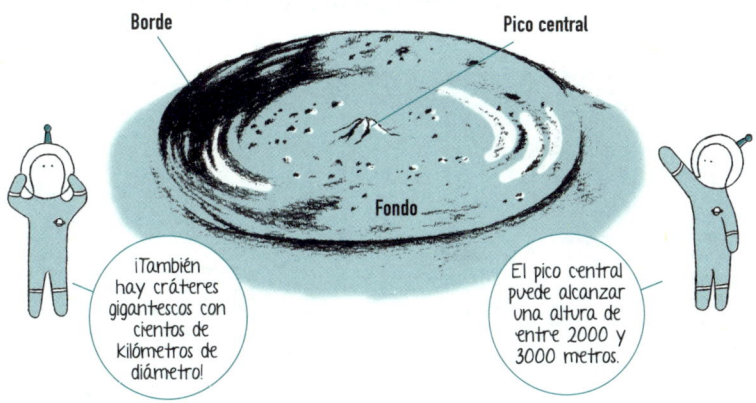

¡También hay cráteres gigantescos con cientos de kilómetros de diámetro!

El pico central puede alcanzar una altura de entre 2000 y 3000 metros.

AGUJERO VERTICAL

Un **agujero vertical** es un socavón en la superficie lunar de varias decenas de metros de profundidad y más de 50 metros de diámetro. Fueron descubiertos gracias a las imágenes de la sonda lunar japonesa **Kaguya** (p. 64).

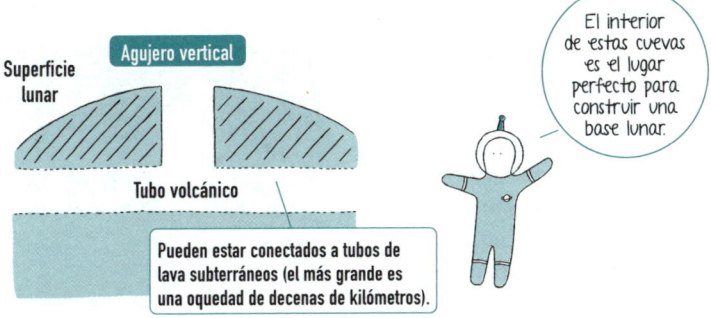

El interior de estas cuevas es el lugar perfecto para construir una base lunar.

Pueden estar conectados a tubos de lava subterráneos (el más grande es una oquedad de decenas de kilómetros).

CARA OCULTA DE LA LUNA

La **cara oculta de la Luna** es el hemisferio lunar que no se puede ver desde la Tierra.

La humanidad no supo cómo era hasta que envió sondas para observarla. De aspecto brillante y casi sin mares, muestra una superficie bastante diferente a la de la cara visible.

CRÁTERES Y MARES MÁS LLAMATIVOS DE LA CARA OCULTA

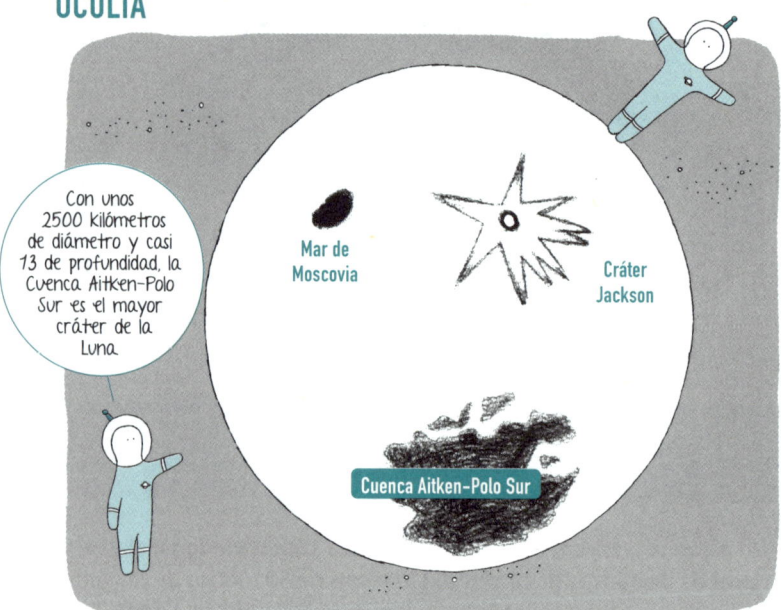

Con unos 2500 kilómetros de diámetro y casi 13 de profundidad, la Cuenca Aitken-Polo Sur es el mayor cráter de la Luna.

Mar de Moscovia

Cráter Jackson

Cuenca Aitken-Polo Sur

¿SE PODRÍA CONSTRUIR UN OBSERVATORIO ASTRONÓMICO EN LA CARA OCULTA DE LA LUNA?

La cara oculta de la Luna queda completamente fuera del alcance de las ondas de radio y de la luz de la Tierra. Además, carece de atmósfera, el mayor enemigo de la astronomía. Por todo ello, es un lugar óptimo para realizar observaciones astronómicas.

FUERZA DE MAREA

La **fuerza de marea** es la fuerza que origina el flujo y reflujo de los mares terrestres.

Las fuerzas causantes de las mareas son dos: la atracción gravitatoria de la Luna, cuya intensidad depende de su cercanía a la Tierra, y la fuerza centrífuga, causada por el «bamboleo» de la Tierra, provocado por la gravedad lunar.

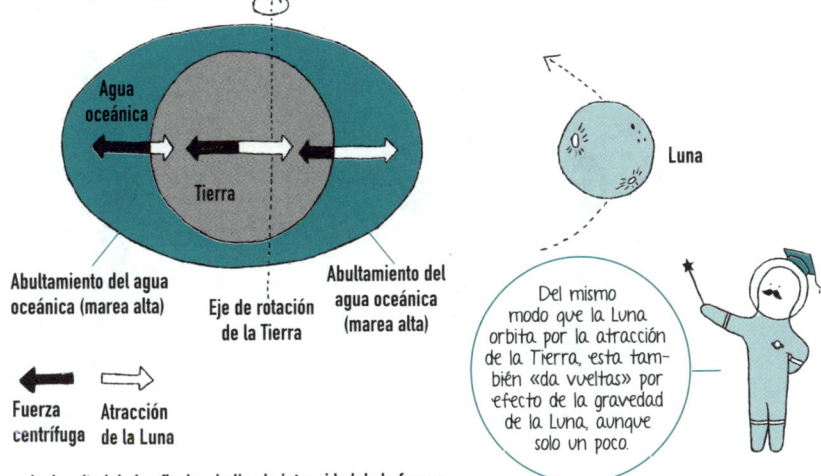

Del mismo modo que la Luna orbita por la atracción de la Tierra, esta también «da vueltas» por efecto de la gravedad de la Luna, aunque solo un poco.

La longitud de las flechas indica la intensidad de la fuerza.

¿LA LUNA SE ESTÁ ALEJANDO DE LA TIERRA POR EFECTO DE LA FUERZA DE MAREA?

La fricción del flujo y reflujo de las mareas oceánicas con el lecho marino hace que la velocidad de rotación de la Tierra se ralentice (a un ritmo de un segundo cada 100 000 años). Como contrapartida, el radio orbital de la Luna aumenta y esta se aleja de la Tierra.

Cada año, la Luna se aleja entre dos y tres centímetros de la Tierra.

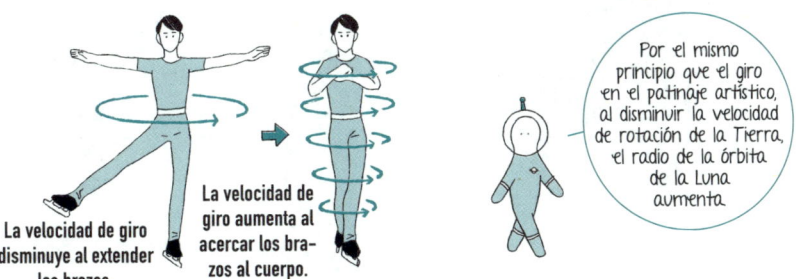

Por el mismo principio que el giro en el patinaje artístico, al disminuir la velocidad de rotación de la Tierra, el radio de la órbita de la Luna aumenta.

FASE LUNAR

La Luna no brilla con luz propia, sino que refleja la luz del Sol.
Y como la Luna gira alrededor de la Tierra, al verla desde nuestro planeta, la porción de la Luna iluminada por el Sol varía. A esto se le llama **fase lunar**.

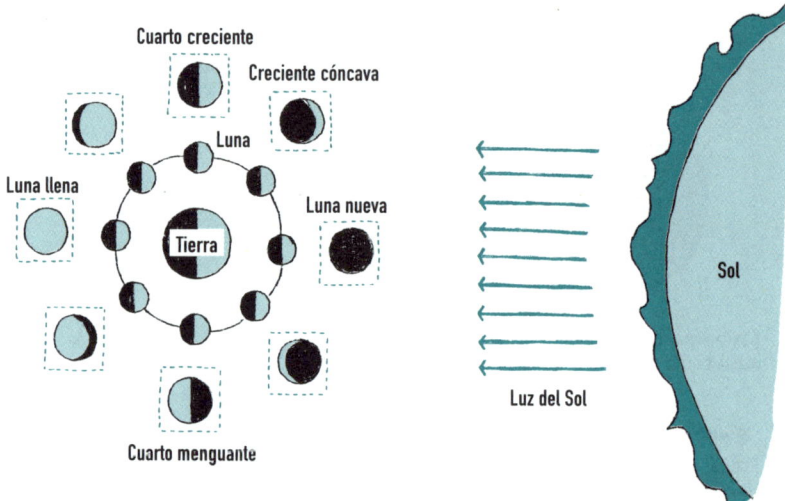

¿LA PARTE DE LA LUNA NO ILUMINADA POR EL SOL SE PUEDE VER DE FORMA TENUE?

Hay ocasiones en las que la parte del disco lunar no bañada por la luz solar aparece iluminada débilmente. Se produce cuando la luz del Sol reflejada por la Tierra alcanza la Luna, y se llama **luz cenicienta**.

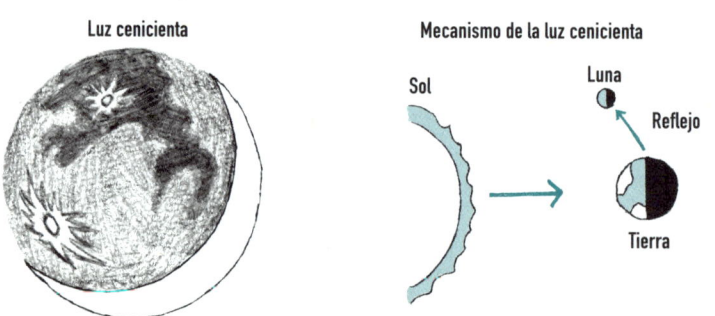

ECLIPSE LUNAR

Un **eclipse lunar** es un fenómeno por el cual la sombra de la Tierra oculta la Luna.

Cuando la Luna queda completamente tapada por la sombra de la Tierra se llama **eclipse lunar total**, y cuando solo es una parte se llama **eclipse lunar parcial**.

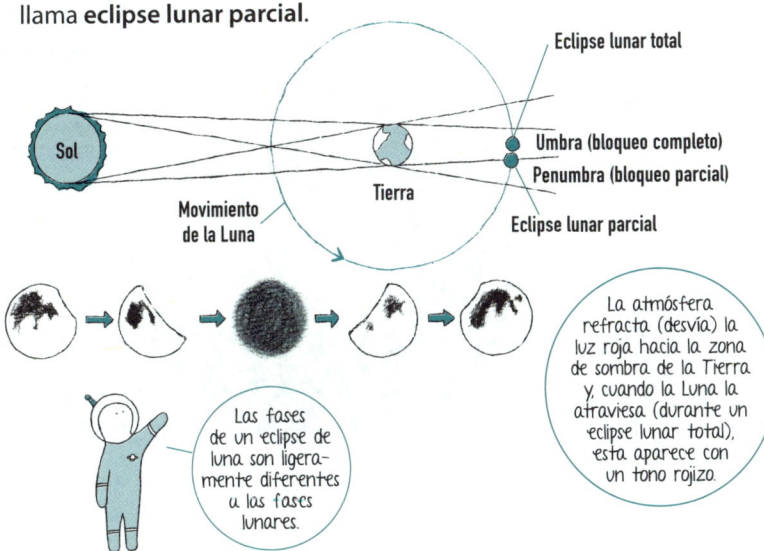

Las fases de un eclipse de luna son ligeramente diferentes a las fases lunares.

La atmósfera refracta (desvía) la luz roja hacia la zona de sombra de la Tierra y, cuando la Luna la atraviesa (durante un eclipse lunar total), esta aparece con un tono rojizo.

¿POR QUÉ NO OCURREN ECLIPSES DE LUNA CADA VEZ QUE HAY LUNA LLENA?

Vista desde la Tierra, siempre hay luna llena cuando se produce un eclipse lunar. No obstante, dado que la órbita de la Luna está inclinada cinco grados con respecto a la de la Tierra (la órbita con la que gira en torno al Sol), la sombra de la Tierra no siempre se proyecta directamente sobre nuestro satélite cuando hay luna llena. En otras palabras, solo se producen los eclipses lunares cuando la Luna y la sombra de la Tierra se solapan.

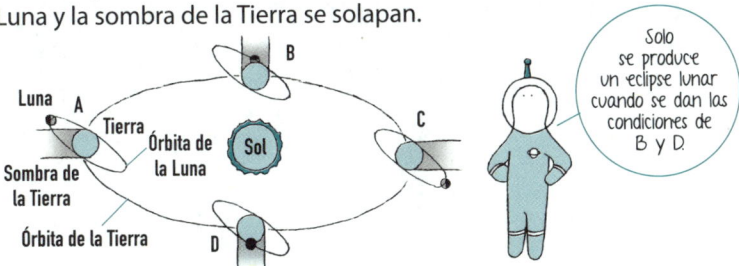

Solo se produce un eclipse lunar cuando se dan las condiciones de B y D.

TIERRA

La **Tierra**, nuestro hogar, es el tercer planeta más cercano al Sol (tercer planeta del sistema solar) y se encuentra a una distancia de una unidad astronómica (p. 72), es decir, unos 150 millones de kilómetros.

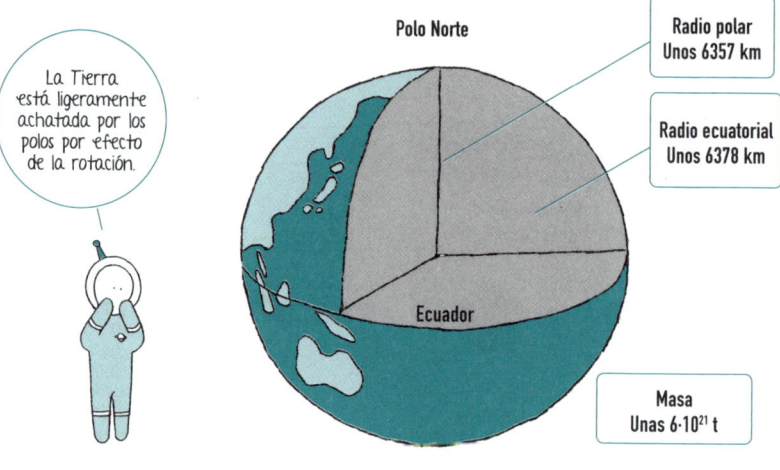

La Tierra está ligeramente achatada por los polos por efecto de la rotación.

Polo Norte
Radio polar — Unos 6357 km
Radio ecuatorial — Unos 6378 km
Ecuador
Masa — Unas $6 \cdot 10^{21}$ t
Polo Sur

¿CÓMO ES LA TIERRA POR DENTRO?

El interior de la Tierra está compuesto por tres capas. Desde el centro al exterior: **núcleo**, **manto** y **corteza**.

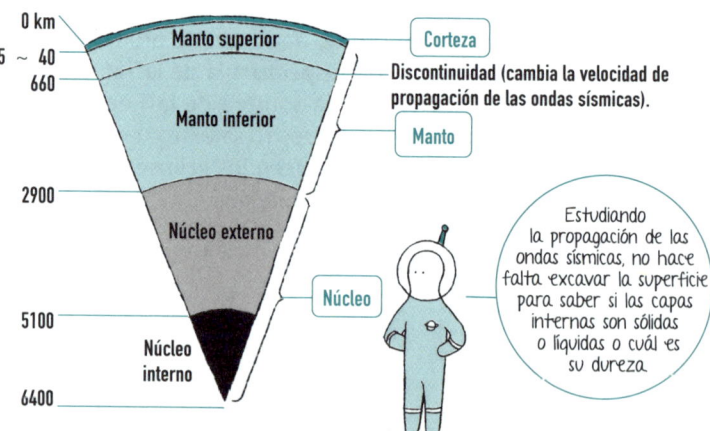

0 km
5 ~ 40
660
2900
5100
6400

Manto superior
Manto inferior
Núcleo externo
Núcleo interno

Corteza
Discontinuidad (cambia la velocidad de propagación de las ondas sísmicas).
Manto
Núcleo

Estudiando la propagación de las ondas sísmicas, no hace falta excavar la superficie para saber si las capas internas son sólidas o líquidas o cuál es su dureza.

ROTACIÓN

La Tierra gira sobre su **eje** en dirección este. A este movimiento se le llama *rotación*. El **período de rotación** terrestre es de 86 164 segundos (23 horas, 56 minutos y 4 segundos).

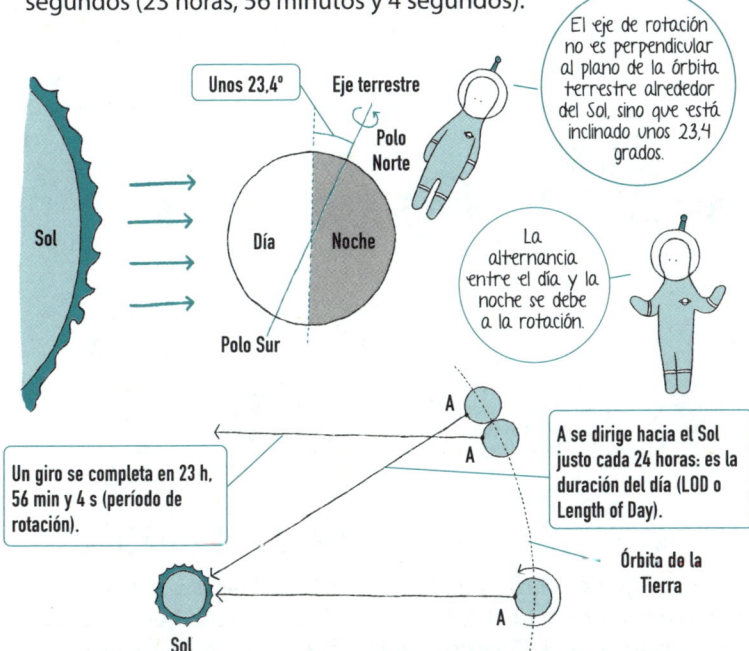

¿POR QUÉ SE INTRODUCE EL «SEGUNDO BISIESTO»?

La velocidad de rotación de la Tierra es bastante irregular. Por ello, cuando la diferencia entre un día en términos de la rotación de la Tierra y un día medido por relojes atómicos (un tipo de reloj extremadamente preciso) se aproxima al segundo, se intercala un segundo adicional para corregir el desfase y sincronizar el tiempo atómico con el tiempo solar.

TRASLACIÓN, REVOLUCIÓN

La Tierra tarda un año en girar alrededor del Sol. A este movimiento de la Tierra a lo largo de su órbita se le llama **traslación** o **revolución**. La velocidad de traslación (o velocidad orbital) es de unos 30 kilómetros por segundo (alrededor de 110 000 kilómetros por hora).

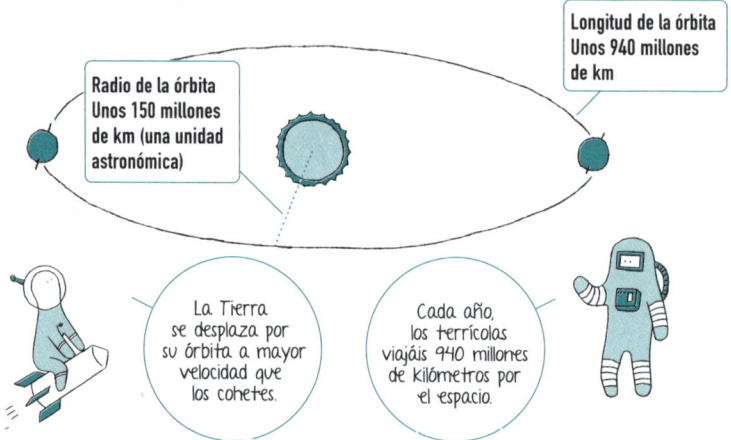

Radio de la órbita
Unos 150 millones de km (una unidad astronómica)

Longitud de la órbita
Unos 940 millones de km

La Tierra se desplaza por su órbita a mayor velocidad que los cohetes.

Cada año, los terrícolas viajáis 940 millones de kilómetros por el espacio.

¿POR QUÉ SE PRODUCEN LOS CAMBIOS DE ESTACIÓN?

Como el eje de rotación de la Tierra está inclinado con respecto al plano de su órbita (p. 53), la altura del Sol sobre el horizonte varía según la época del año y eso origina los cambios de estación.

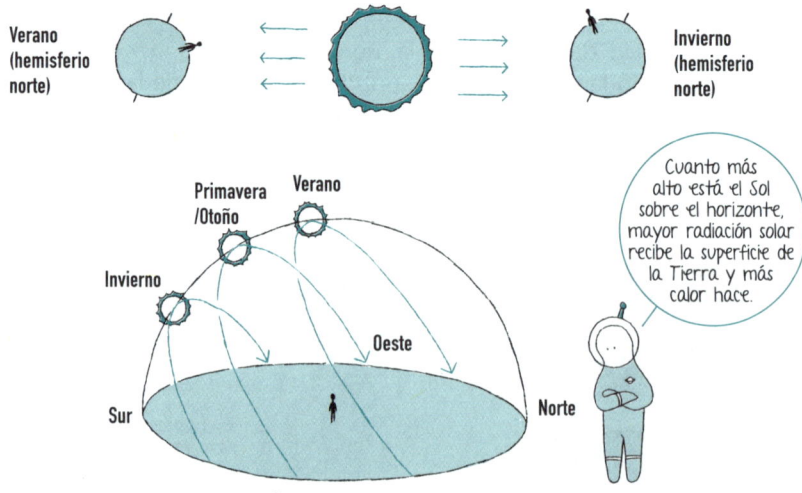

Verano (hemisferio norte)

Invierno (hemisferio norte)

Primavera/Otoño
Verano
Invierno
Oeste
Sur
Norte
Este

Cuanto más alto está el Sol sobre el horizonte, mayor radiación solar recibe la superficie de la Tierra y más calor hace.

PERIHELIO

La órbita terrestre no es circular, sino que tiene forma elíptica, de modo que la Tierra no se encuentra siempre a la misma distancia del Sol. El punto de la órbita más cercano al Sol se llama **perihelio**, y el más lejano se llama **afelio**.

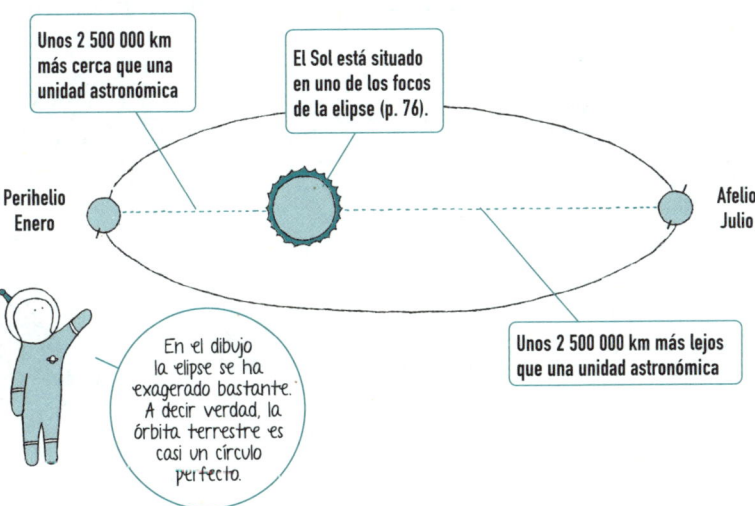

¿POR QUÉ NO ES VERANO DURANTE EL PERIHELIO?

ECLÍPTICA

La **eclíptica** es la trayectoria que parece recorrer el Sol en la esfera celeste.

Aunque la Tierra gira alrededor del Sol, visto desde la Tierra el Sol parece desplazarse a lo largo del año en relación con las estrellas de fondo (a decir verdad, la luz del Sol oculta a las demás estrellas). Este recorrido es la eclíptica.

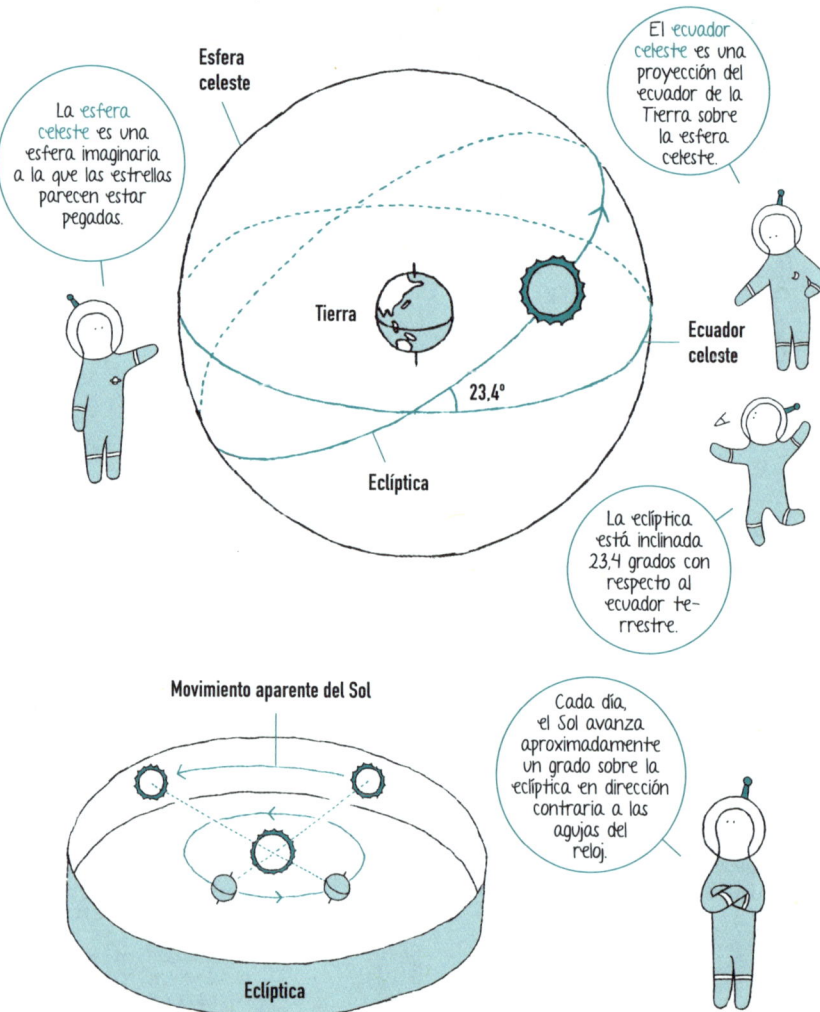

LOS EQUINOCCIOS

A las intersecciones entre la eclíptica y el ecuador celeste se las denomina **primer punto de Aries** y **primer punto de Libra**. Los momentos en los que el Sol cruza esos puntos se llaman, respectivamente, **equinoccio de primavera** y **equinoccio de otoño**.

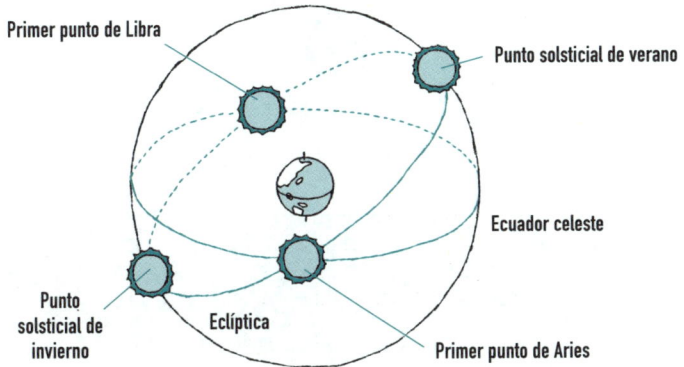

¿POR QUÉ EL DÍA Y LA NOCHE DURAN LO MISMO DURANTE EL EQUINOCCIO DE PRIMAVERA?

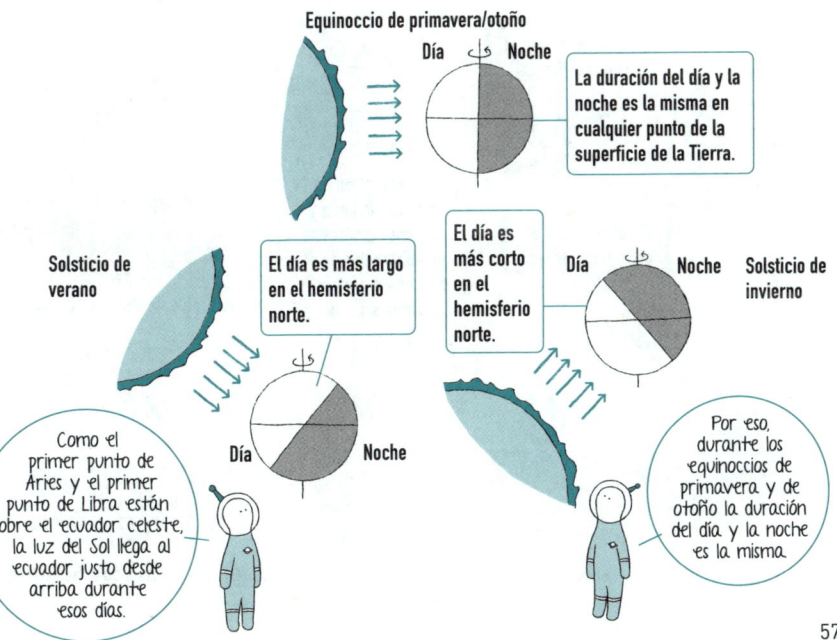

CULMINACIÓN

La **culminación** es el momento en que el Sol, la Luna y otros astros ocupan la posición más meridional del cielo.
Durante la culminación, los astros se encuentran en el punto más alto sobre el horizonte.

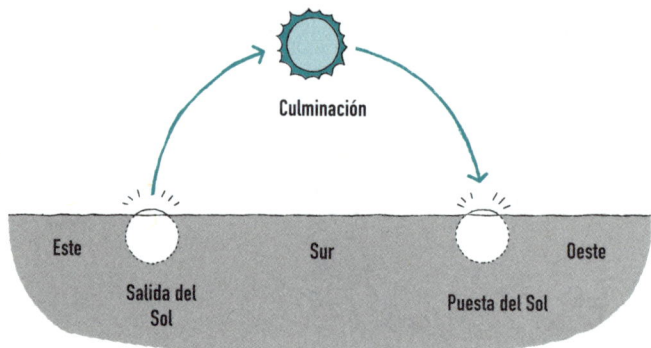

¿EN EL HEMISFERIO SUR OCURRE ALGO PARECIDO?

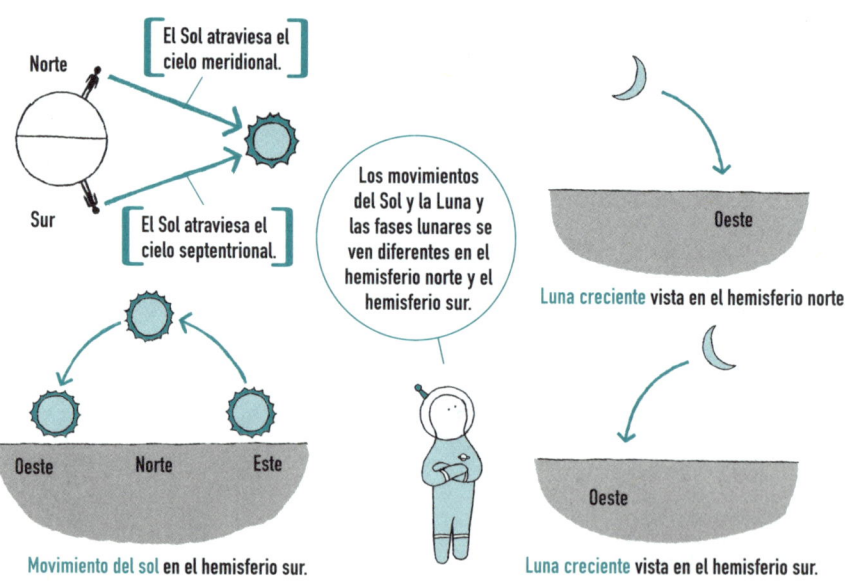

LOS SOLSTICIOS

En el hemisferio norte, el **solsticio de verano** es el momento en que el Sol se encuentra en el punto más alto sobre el horizonte durante la culminación, y la duración del día es la máxima del año. Por el contrario, el **solsticio de invierno** es el momento en que el Sol se encuentra en su punto más bajo sobre el horizonte durante la culminación, y es el día más corto del año.

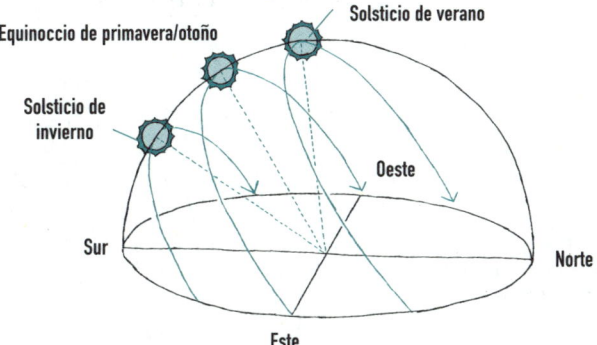

¿EL SOLSTICIO DE VERANO ES CUANDO EL SOL SALE MÁS PRONTO?

El día en que el Sol sale más pronto precede al solsticio de verano cerca de una semana, y el día en que el Sol se pone más tarde ocurre una semana después. El día en que el Sol sale más tarde es unas dos semanas posterior al solsticio de invierno, y el día en que el Sol se pone más pronto es unas dos semanas anterior.

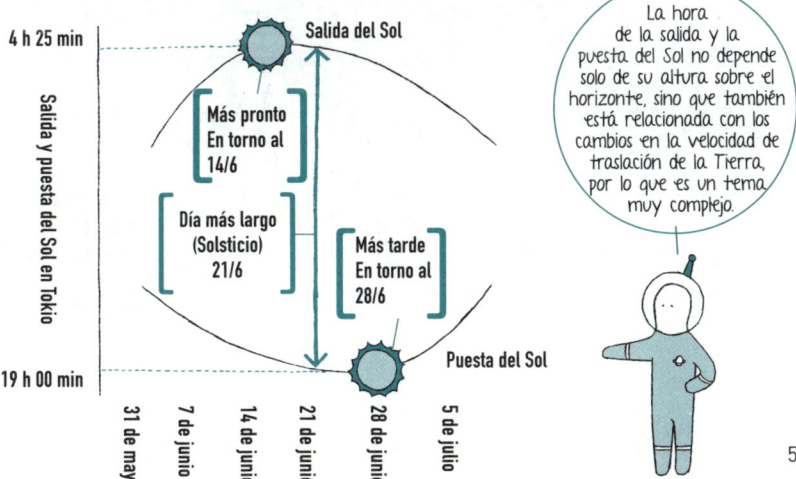

La hora de la salida y la puesta del Sol no depende solo de su altura sobre el horizonte, sino que también está relacionada con los cambios en la velocidad de traslación de la Tierra, por lo que es un tema muy complejo.

PROTOSOL

El **protosol** es la fase de «Sol bebé» previa a la de convertirse en una auténtica estrella.

Hace 4600 millones de años, una región especialmente densa del interior de una nube de gas y polvo (**nube interestelar**, p. 141) que flotaba en el espacio empezó a contraerse y a comprimirse a causa de la explosión de una supernova cercana (p. 22). Esa acumulación de materia formó el protosol que, finalmente, dio lugar al Sol.

Al principio, el protosol tenía una temperatura de unos mil grados, y todavía no se producían reacciones de fusión nuclear (p. 40).

Protosol
Está oculto en el interior del disco de gas.

Disco de gas
Rodea al protosol.

El disco de gas acumulaba cada vez más gas y el embrión solar iba incrementando su masa.

Radio: unas 1000 unidades astronómicas

Flujo bipolar
El disco de gas expulsa chorros de materia por los polos.

EL RECORRIDO DEL SOL HASTA CONVERTIRSE EN UNA «ESTRELLA ADULTA»

Se cree que transcurrieron unos 100 millones de años desde que la nube de gas y polvo empezó a comprimirse, surgió el embrión solar (protosol) y creció hasta que se convirtió en una estrella adulta capaz de realizar la fusión nuclear (**estrella de la secuencia principal**, p. 150).

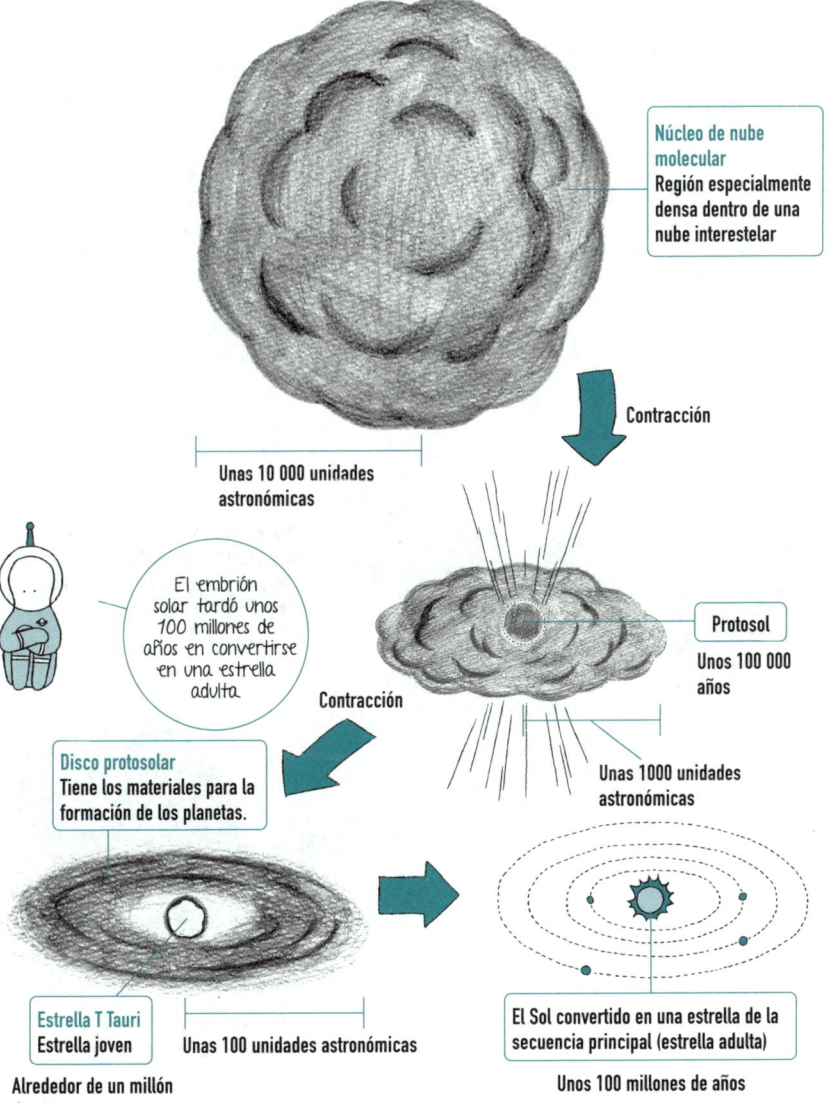

GRAN IMPACTO

Nadie sabe exactamente cómo se formó la Luna.
La teoría más aceptada sobre su formación es la del **gran impacto**, según la cual la Tierra embrionaria chocó con un protoplaneta del tamaño de Marte y los fragmentos que salieron despedidos al espacio volvieron a agregarse para formar la Luna.

DIFERENTES TEORÍAS PARA EXPLICAR EL ORIGEN DE LA LUNA

Teoría de la formación conjunta

La Luna y la Tierra se formaron al mismo tiempo por agregación de polvo del disco protoplanetario del sistema solar.

Teoría de la fisión lunar

La acelerada rotación de la Tierra durante su proceso de formación hizo que se desgajara un fragmento que dio origen a la Luna.

Cada una de estas tres teorías tiene sus pros y sus contras y no son concluyentes.

Teoría de la captura

La Luna se formó en otro lugar y la gravedad de la Tierra la capturó.

¿LA LUNA SE FORMÓ EN UN MES?

De acuerdo con una simulación realizada por ordenador, las rocas que salieron despedidas durante el gran impacto formaron la Luna en un período de tiempo muy corto, entre un mes y un año.

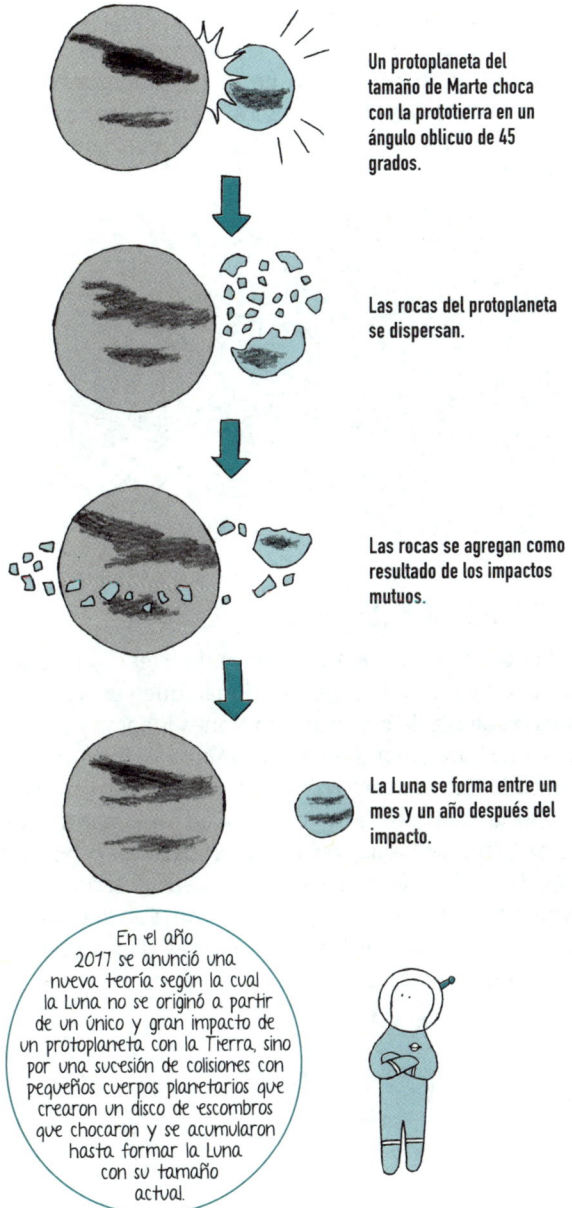

Un protoplaneta del tamaño de Marte choca con la prototierra en un ángulo oblicuo de 45 grados.

Las rocas del protoplaneta se dispersan.

Las rocas se agregan como resultado de los impactos mutuos.

La Luna se forma entre un mes y un año después del impacto.

En el año 2017 se anunció una nueva teoría según la cual la Luna no se originó a partir de un único y gran impacto de un protoplaneta con la Tierra, sino por una sucesión de colisiones con pequeños cuerpos planetarios que crearon un disco de escombros que chocaron y se acumularon hasta formar la Luna con su tamaño actual.

KAGUYA

«**Kaguya**» es el apodo de un orbitador lunar lanzado en 2007 por la agencia espacial japonesa JAXA (p. 292). Su nombre oficial fue SELENE (*SELenological and ENgineering Explorer* o Explorador Selenológico y de Ingeniería). En su casi año y medio de vida dio 6500 vueltas a la Luna y, con sus 14 instrumentos científicos, realizó un estudio global de nuestro satélite, el más ambicioso desde las misiones Apolo.

¿QUÉ DESCUBRIMIENTOS HIZO KAGUYA?

El altímetro láser de Kaguya permitió crear un detallado mapa topográfico de toda la superficie lunar, que servirá para decidir los lugares de alunizaje de futuras misiones lunares y para la construcción de una base lunar. Asimismo, descubrió diferencias en el campo gravitatorio entre la cara visible y la cara oculta, y averiguó que una parte de la cara oculta tuvo actividad magmática desde mucho antes de lo que se había considerado. Los datos proporcionados por Kaguya han ofrecido nuevos conocimientos sobre el nacimiento y la evolución lunar. Otra importante contribución fue el descubrimiento de agujeros verticales (p. 47), cavidades que dan acceso a tubos de lava bajo la superficie.

Aunque Kaguya hace tiempo que terminó su misión, sus datos todavía siguen analizándose.

SLIM

SLIM (*Smart Lander for Investigating Moon* o Aterrizador Inteligente para la Investigación Lunar) es una pequeña sonda de aterrizaje que está desarrollando la agencia espacial japonesa JAXA. Su objetivo es perfeccionar la tecnología para realizar «aterrizajes lunares precisos», algo crucial para futuras sondas lunares y planetarias. Tras sufrir múltiples retrasos, su lanzamiento está previsto durante el 2022.

¿CÓMO SERÁ EL FUTURO DESARROLLO DE SONDAS LUNARES?

En la actualidad, muchos países mantienen programas de exploración lunar más o menos ambiciosos. Entre ellos, China es el que está desarrollando más activamente sondas lunares. En 2013 se convirtió en el tercer país, después de Estados Unidos y la Unión Soviética, en aterrizar con éxito sondas no tripuladas en la superficie lunar. Por su parte, Estados Unidos está construyendo la estación orbital lunar **Gateway**, como escala para futuras misiones tripuladas a Marte. Japón también participa en su construcción y la JAXA ha mostrado su voluntad de mandar astronautas japoneses a la Luna. En lo referente a la actividad privada, el **Google Lunar X PRIZE** fue una competición organizada para mandar sondas robóticas a la superficie lunar.

CIENTÍFICOS Y FILÓSOFOS RELACIONADOS CON EL UNIVERSO

03

CLAUDIO PTOLOMEO

Alrededor de 83-168 d.C.

Claudio Ptolomeo fue un astrónomo griego que desarrolló su actividad en la ciudad egipcia de Alejandría en tiempos del Imperio romano. Realizó observaciones astronómicas precisas, calculó las trayectorias del Sol, la Luna y los planetas alrededor de la Tierra, y construyó un modelo astronómico que estableció las bases del sistema geocéntrico. Recopiló sus observaciones en un tratado de astronomía conocido como *Almagesto* («el gran tratado»). La cosmología ptolemaica dominó el mundo occidental durante 1400 años.

04

NICOLÁS COPÉRNICO

1473-1543

Nicolás Copérnico fue un médico y clérigo polaco que desarrolló un gran interés por la astronomía. No le satisfacían los complicados movimientos de las esferas celestes con los que el geocentrismo explicaba el movimiento retrógrado de los planetas, e investigando obras antiguas «redescubrió» el modelo heliocéntrico de Aristarco. Como el heliocentrismo explicaba de forma simple y sencilla el movimiento de los planetas, Copérnico decidió adoptarlo.

CAPÍTULO 3
EL SISTEMA SOLAR Y SUS PLANETAS

EL SISTEMA SOLAR

El **sistema solar** es un sistema planetario en el que la influencia gravitatoria del Sol mantiene a los planetas y otros cuerpos girando alrededor de él. En otras palabras, es la «familia del Sol».
Es una familia formada por una estrella (el Sol), ocho planetas, varios **planetas enanos** y numerosos satélites, **asteroides** y cometas.

ÓRBITAS DE LOS PLANETAS DEL SISTEMA SOLAR (DESDE MERCURIO A MARTE)

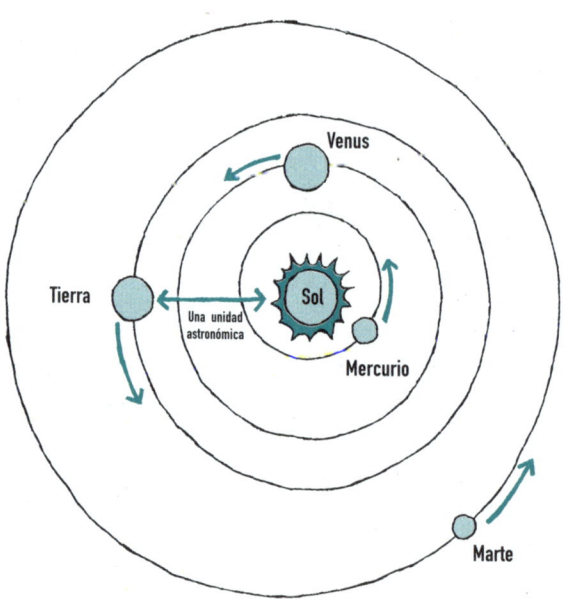

La distancia entre las órbitas de la Tierra y Marte no es fija, debido a que Marte tiene una órbita elíptica bastante achatada.

ÓRBITAS DE LOS PLANETAS Y OTROS OBJETOS DEL SISTEMA SOLAR (DESDE MARTE)

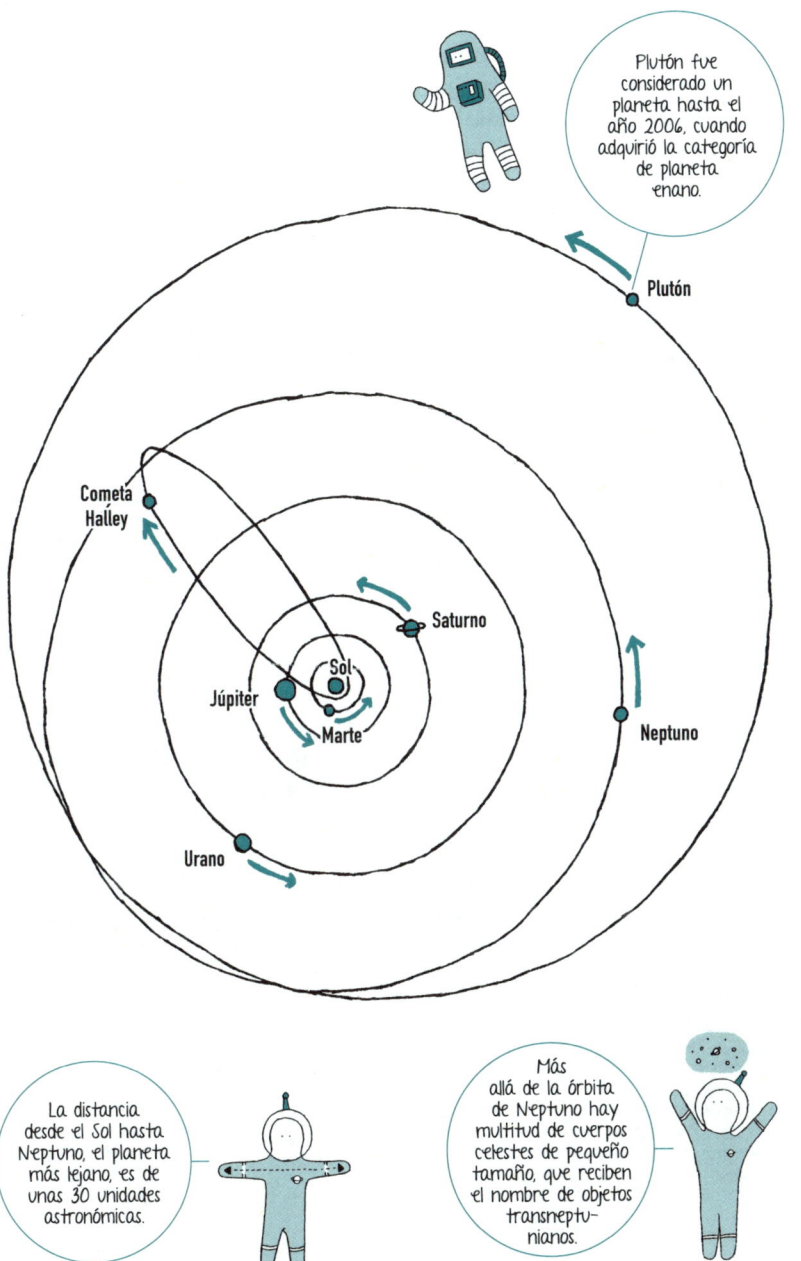

PLANETA INFERIOR / SUPERIOR

Estableciendo la Tierra como referencia, los planetas que giran en órbitas más cercanas al Sol, como Mercurio y Venus, reciben el nombre de **planetas inferiores**. Del mismo modo, los planetas que giran en órbitas más allá de la Tierra, como Marte, Júpiter, Saturno, Urano y Neptuno, se denominan **planetas superiores**.

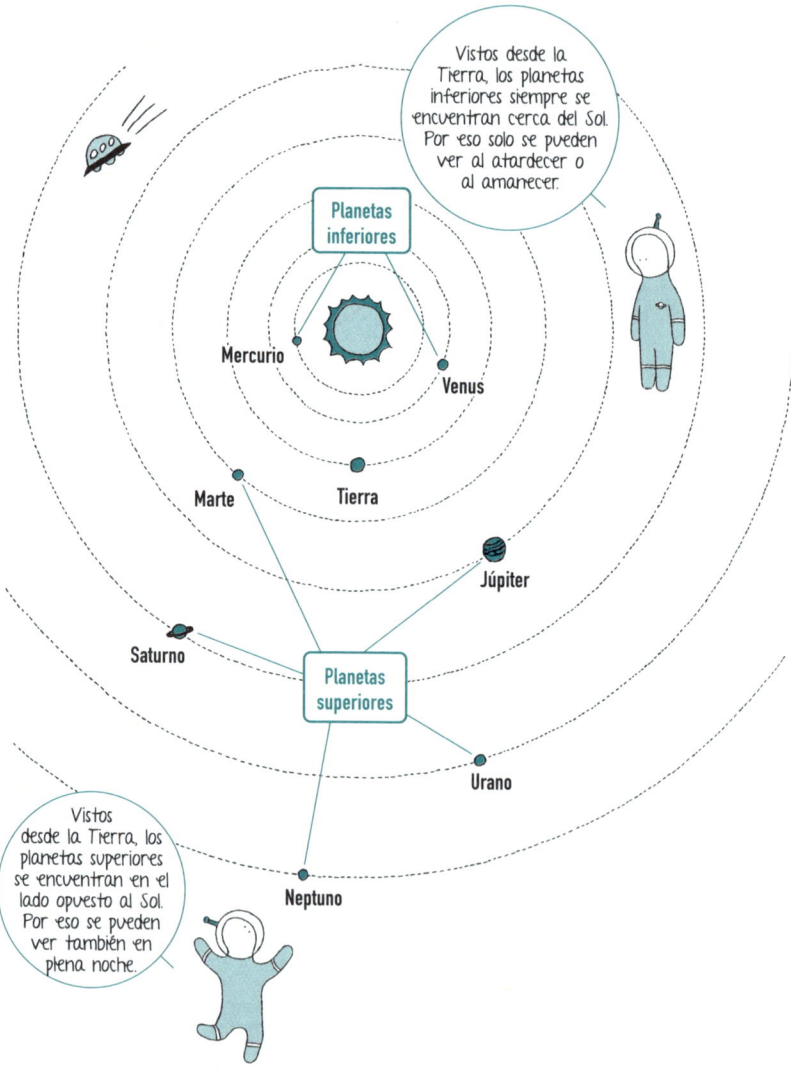

GIGANTE GASEOSO

Los planetas se pueden clasificar según su composición o su tamaño. Mercurio, Venus, la Tierra y Marte son **planetas rocosos** (o **terrestres**); Júpiter y Saturno son **gigantes gaseosos** (o **planetas jovianos**); y Urano y Neptuno son **gigantes helados** (o **planetas uranianos**).

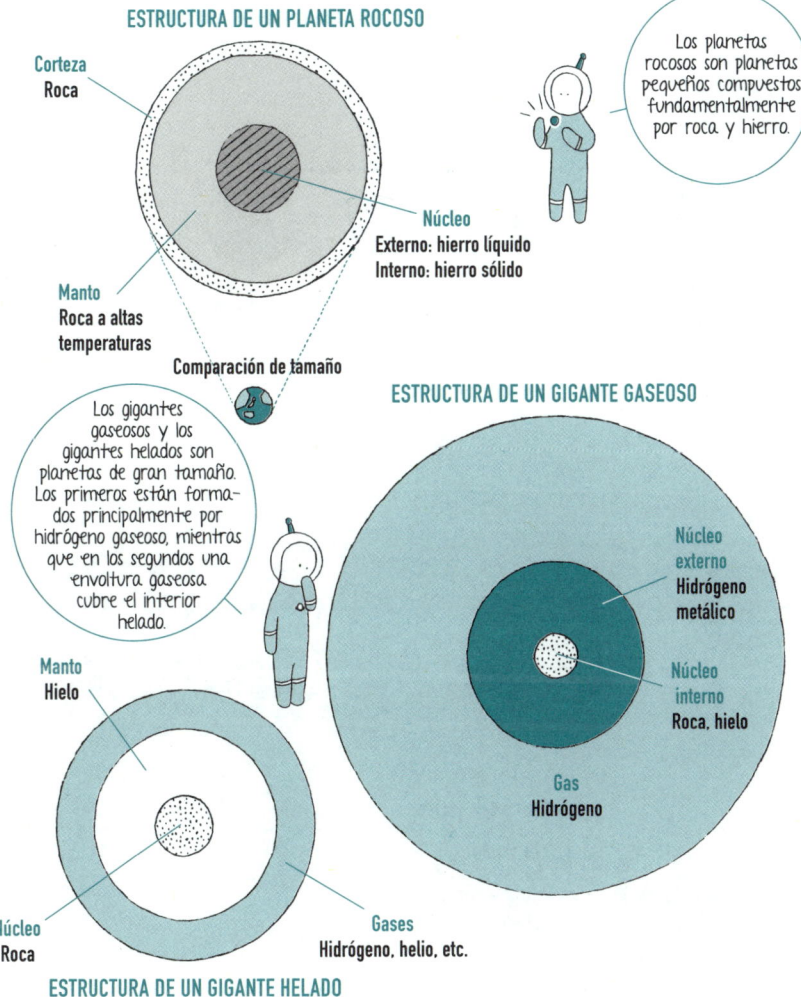

ESTRUCTURA DE UN PLANETA ROCOSO

Corteza — Roca
Manto — Roca a altas temperaturas
Núcleo — Externo: hierro líquido / Interno: hierro sólido

Los planetas rocosos son planetas pequeños compuestos fundamentalmente por roca y hierro.

Comparación de tamaño

Los gigantes gaseosos y los gigantes helados son planetas de gran tamaño. Los primeros están formados principalmente por hidrógeno gaseoso, mientras que en los segundos una envoltura gaseosa cubre el interior helado.

ESTRUCTURA DE UN GIGANTE GASEOSO

Núcleo externo — Hidrógeno metálico
Núcleo interno — Roca, hielo
Gas — Hidrógeno

ESTRUCTURA DE UN GIGANTE HELADO

Manto — Hielo
Núcleo — Roca
Gases — Hidrógeno, helio, etc.

UNIDAD ASTRONÓMICA

Una **unidad astronómica** (**ua**) es una unidad de longitud que se usa en astronomía y equivale a unos 150 millones de kilómetros (exactamente, 149 597 870,7 kilómetros). Tiene su origen en la distancia media entre el Sol y la Tierra, y se usa frecuentemente para medir las distancias en el sistema solar.

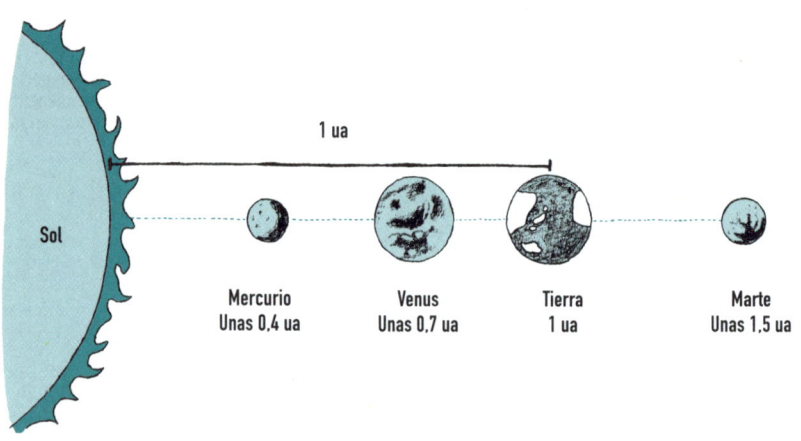

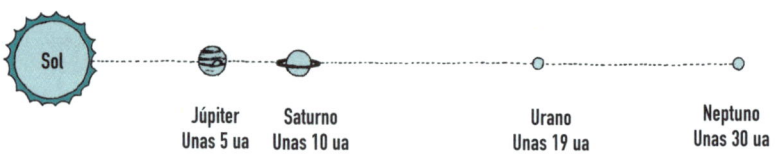

El saber las distancias de los planetas al Sol en unidades astronómicas no ocupa lugar.

CONJUNCIÓN

El hecho de que un planeta visto desde la Tierra se sitúe en la misma dirección que el Sol se llama **conjunción**. Si este planeta se encuentra entre el Sol y la Tierra, se denomina **conjunción inferior**; si se encuentra detrás del Sol, se denomina **conjunción superior**.

MÁXIMA ELONGACIÓN

Se llama **máxima elongación** a la mayor separación entre un planeta inferior y el Sol vista desde la Tierra. Cuando un planeta inferior se sitúa al este del Sol se denomina **máxima elongación este** (u **oriental**); y cuando se sitúa al oeste, **máxima elongación oeste** (u **occidental**).

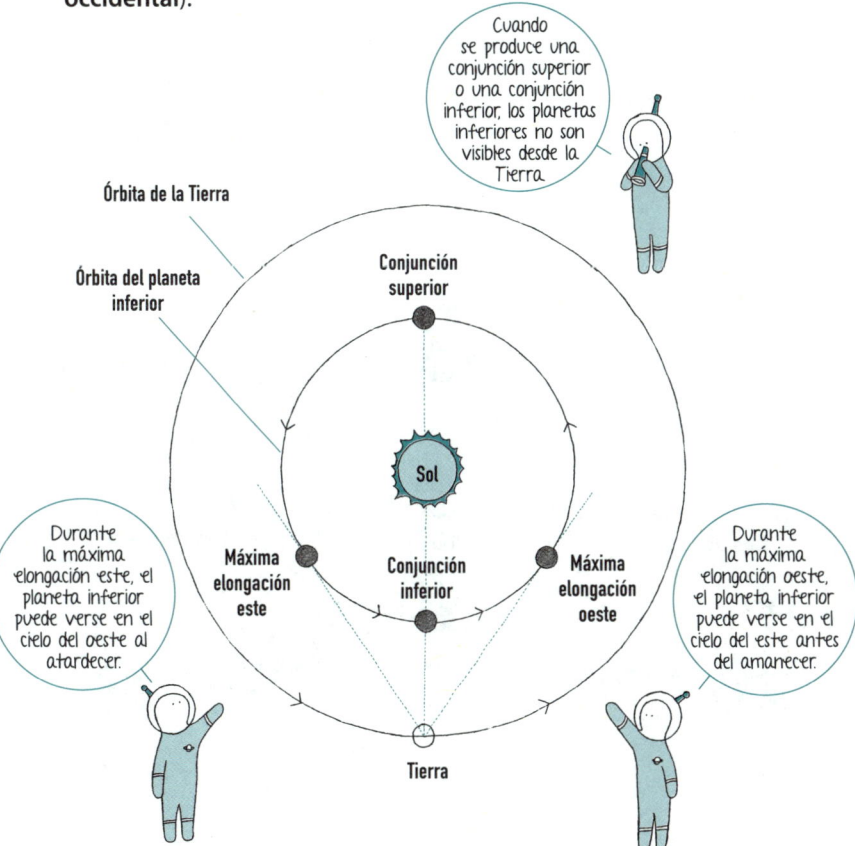

OPOSICIÓN

Cuando un planeta superior visto desde la Tierra se sitúa exactamente en el lado opuesto del Sol, se llama **oposición**.

CUADRATURA

Cuando un planeta superior visto desde la Tierra se sitúa formando un ángulo (distancia angular) de 90 grados con el Sol, se llama **cuadratura**. Cuando ocurre al este, se denomina **cuadratura este** (u **oriental**); y cuando ocurre en el oeste, **cuadratura oeste** (u **occidental**).

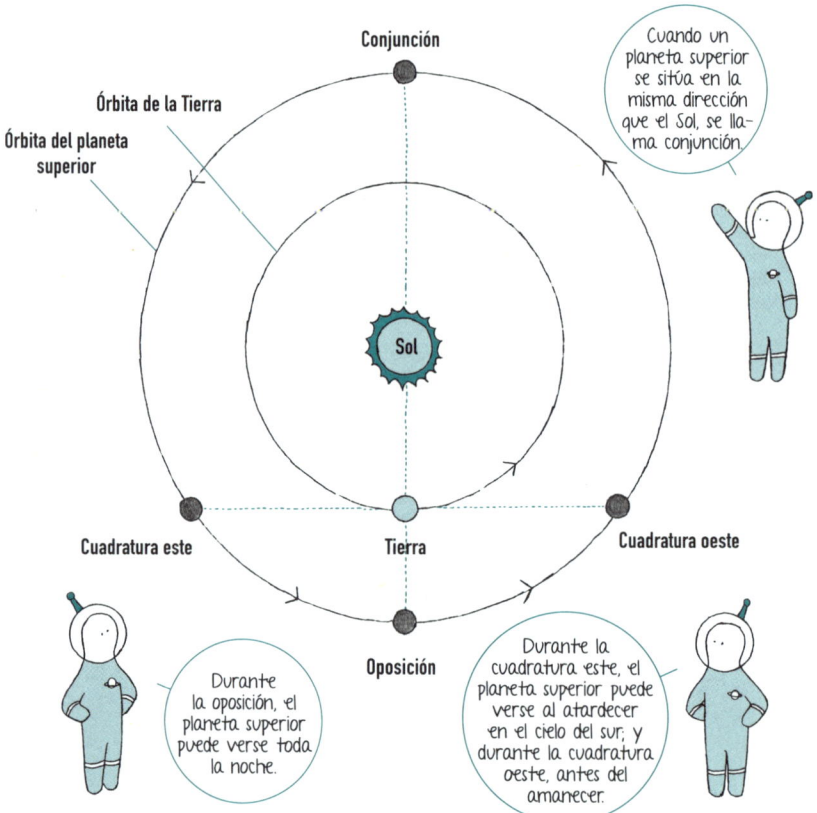

MOVIMIENTO RETRÓGRADO

Por lo general, los planetas se mueven lentamente cada noche de oeste a este sobre las estrellas de fondo. A este desplazamiento se le llama **movimiento directo**. En el caso de los planetas superiores, a veces atraviesan también el cielo de este a oeste, fenómeno que se denomina **movimiento retrógrado**.

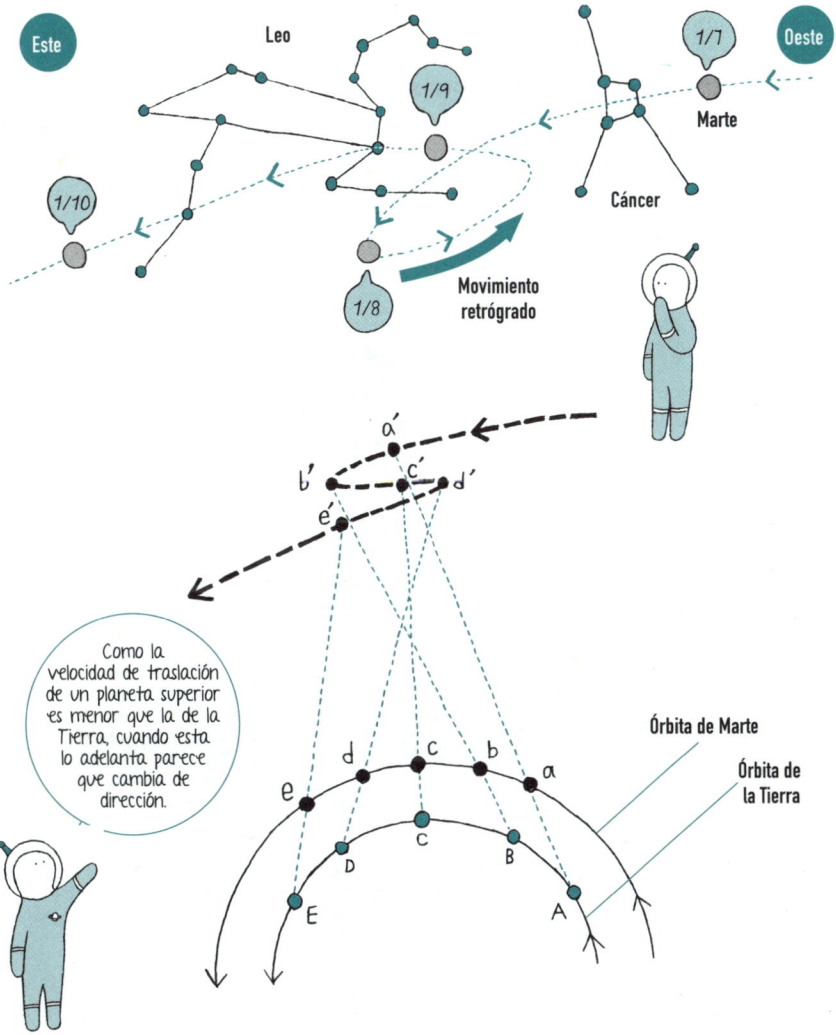

Como la velocidad de traslación de un planeta superior es menor que la de la Tierra, cuando esta lo adelanta parece que cambia de dirección.

Órbita de Marte
Órbita de la Tierra

LEYES DE KEPLER

Las leyes que describen el movimiento planetario dentro del sistema solar se llaman **leyes de Kepler**. El astrónomo alemán Johannes Kepler las formuló a principios del siglo XVII.

PRIMERA LEY

Los planetas se mueven siguiendo órbitas elípticas con el Sol en uno de sus focos.

Una elipse es una curva cerrada tal que la suma de las distancias a dos puntos fijos, llamados focos, es constante.

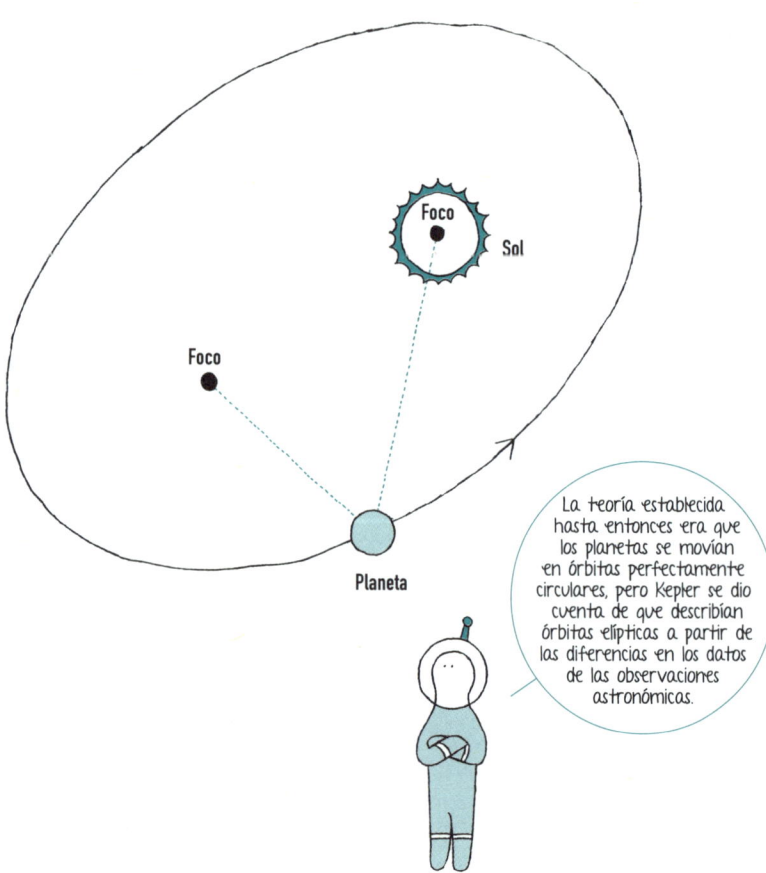

La teoría establecida hasta entonces era que los planetas se movían en órbitas perfectamente circulares, pero Kepler se dio cuenta de que describían órbitas elípticas a partir de las diferencias en los datos de las observaciones astronómicas.

SEGUNDA LEY

La línea trazada desde un planeta hasta el Sol barre áreas iguales en tiempos iguales.

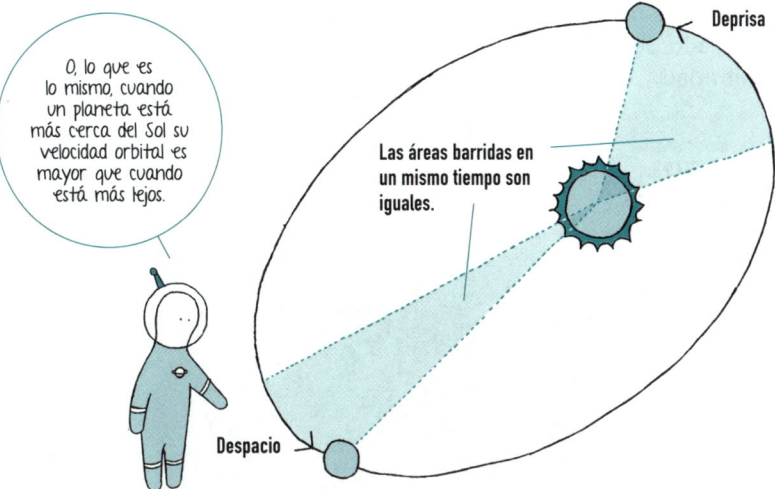

TERCERA LEY

Para todos los planetas que orbitan alrededor del Sol, la razón entre su período orbital al cuadrado y el semieje mayor de la órbita al cubo se mantiene constante.

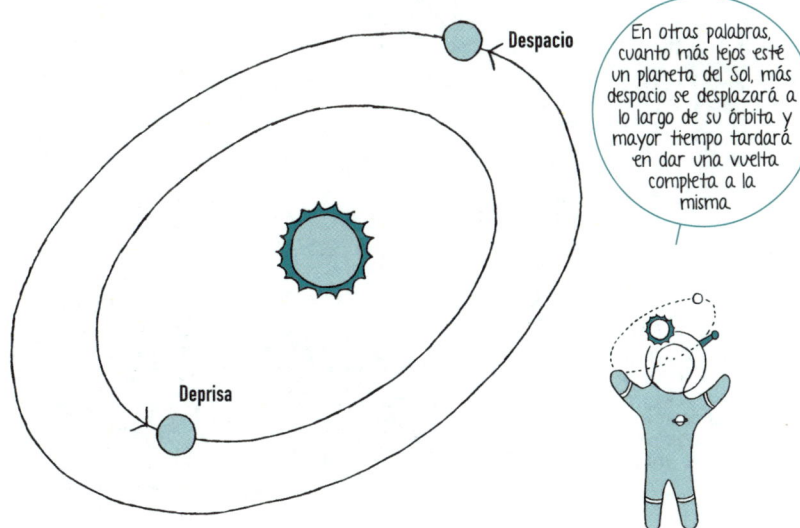

MERCURIO

Mercurio es el planeta que orbita más cerca del Sol. Aunque es el planeta más pequeño del sistema solar, en su mayor parte está formado por hierro, por lo que también es un planeta de altísima densidad.

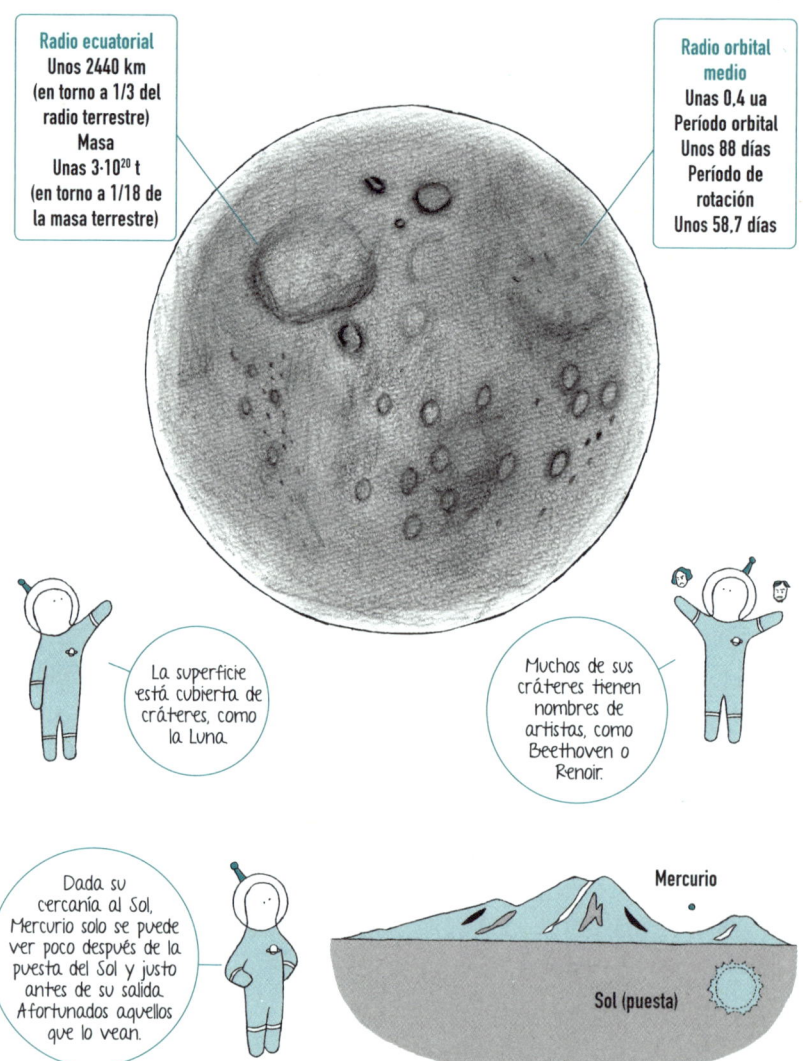

Radio ecuatorial
Unos 2440 km (en torno a 1/3 del radio terrestre)
Masa
Unas $3 \cdot 10^{20}$ t (en torno a 1/18 de la masa terrestre)

Radio orbital medio
Unas 0,4 ua
Período orbital
Unos 88 días
Período de rotación
Unos 58,7 días

La superficie está cubierta de cráteres, como la Luna.

Muchos de sus cráteres tienen nombres de artistas, como Beethoven o Renoir.

Dada su cercanía al Sol, Mercurio solo se puede ver poco después de la puesta del Sol y justo antes de su salida. Afortunados aquellos que lo vean.

Mercurio

Sol (puesta)

¿UN «DÍA» EN MERCURIO DURA 176 DÍAS TERRESTRES?

Mercurio tarda 88 días en dar una vuelta alrededor del Sol y 58,7 días en girar sobre su eje. Es decir, por cada órbita, el planeta gira 1,5 veces. A causa de ello, un «día» en Mercurio equivale aproximadamente a 176 días terrestres. Después de 88 días de luz, viene una noche de 88 días.

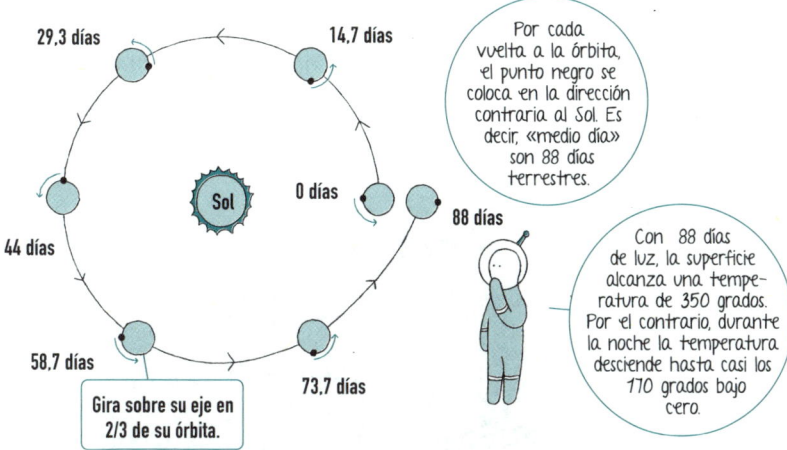

Por cada vuelta a la órbita, el punto negro se coloca en la dirección contraria al Sol. Es decir, «medio día» son 88 días terrestres.

Con 88 días de luz, la superficie alcanza una temperatura de 350 grados. Por el contrario, durante la noche la temperatura desciende hasta casi los 170 grados bajo cero.

Gira sobre su eje en 2/3 de su órbita.

BEPICOLOMBO

BepiColombo es una misión conjunta entre la agencia espacial europea ESA y la agencia espacial japonesa JAXA. El lanzamiento tuvo lugar en octubre de 2018 y llegará a Mercurio en 2024.

No es una única sonda, sino que está compuesta por dos orbitadores: MMO y MPO.

VENUS

Venus es el segundo planeta más cercano al Sol. Con un tamaño y una masa similares a los de la Tierra, se le considera el «planeta gemelo»; pero en realidad es un mundo abrasador, con una temperatura superficial que supera los 450 grados, y que está cubierto por una densa atmósfera compuesta principalmente por dióxido de carbono.

Radio ecuatorial
Unos 6100 km
(en torno a 0,95 del radio terrestre)
Masa
Unas $5 \cdot 10^{21}$ t
(en torno a 0,8 de la masa terrestre)

Radio orbital medio
Unas 0,7 ua
Período orbital
Unos 225 días
Período de rotación
Unos 243 días

La atmósfera, compuesta en su mayor parte por dióxido de carbono, es muy densa. Su presión en la superficie alcanza las 90 atmósferas (¡90 veces mayor que la de la Tierra!).

El efecto invernadero que ejerce su densa atmósfera convierte a Venus en un planeta infernal.

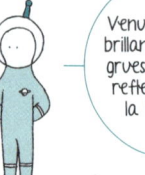

Venus se ve muy brillante porque su gruesa atmósfera refleja casi toda la luz del Sol.

¿VENUS TAMBIÉN TIENE FASES?

Venus, al igual que la Luna, refleja la luz del Sol, por lo que la zona iluminada cambia según la posición de la Tierra, y ello produce fases. Además, como la distancia entre ambos planetas varía mucho, el aspecto de las fases también cambia.

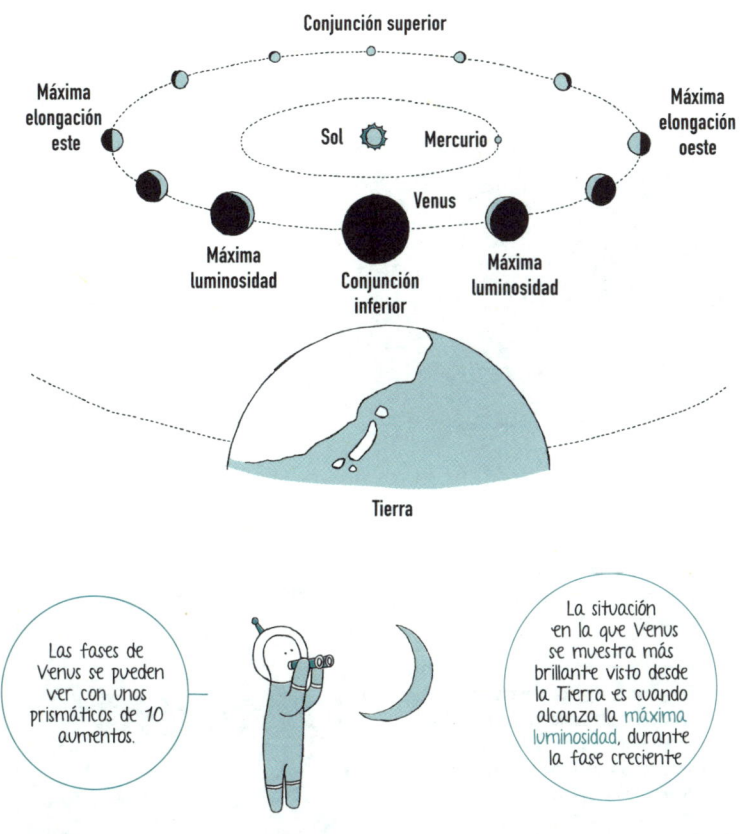

Las fases de Venus se pueden ver con unos prismáticos de 10 aumentos.

La situación en la que Venus se muestra más brillante visto desde la Tierra es cuando alcanza la máxima luminosidad, durante la fase creciente.

LUCERO VESPERTINO, LUCERO MATUTINO

Cuando Venus se ve en el cielo del oeste al atardecer, recibe el nombre de lucero vespertino; y cuando se ve en el cielo del este al amanecer, se le llama lucero matutino. Antiguamente se creía que eran dos estrellas diferentes.

SUPERROTACIÓN

En Venus soplan fuertes vientos que superan la velocidad de rotación del planeta. A este misterioso fenómeno se le llama **superrotación**.

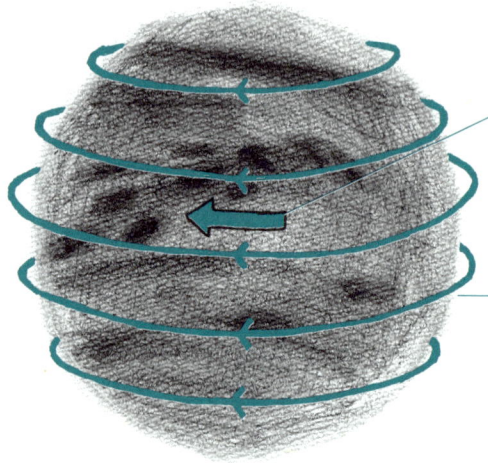

Venus tarda 243 días en dar una vuelta sobre su eje (período de rotación muy lento).
Cerca del ecuador la velocidad de rotación es de unos 1,6 metros por segundo.

Los fuertes vientos que azotan el planeta pueden llegar a alcanzar los 100 metros por segundo (60 veces la velocidad de rotación).

En las proximidades del ecuador, la Tierra gira a 460 metros por segundo.

En la Tierra, algunos vientos, como los vientos del oeste, también pueden alcanzar los 100 metros por segundo, pero no se aproximan a la velocidad de rotación del planeta.

La meteorología dicta que «no puede haber vientos más rápidos que la velocidad de rotación», por lo que el mecanismo que produce estos intensos vientos en Venus es un misterio.

AKATSUKI

La sonda venusina **Akatsuki**, de la agencia espacial japonesa JAXA, fue lanzada en mayo de 2010 y se puso en órbita en diciembre de 2015. Su objetivo es estudiar la atmósfera de Venus y la superrotación.

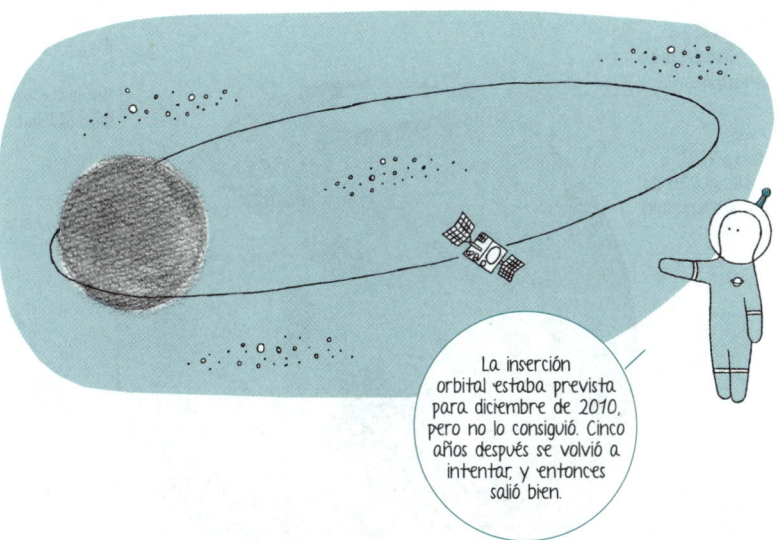

La inserción orbital estaba prevista para diciembre de 2010, pero no lo consiguió. Cinco años después se volvió a intentar, y entonces salió bien.

¿EN VENUS LLUEVE ÁCIDO SULFÚRICO?

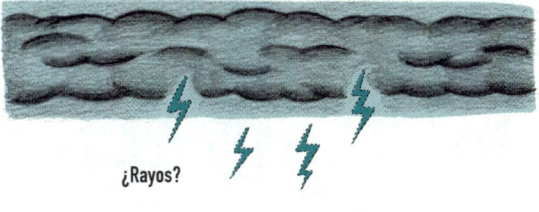

Nubes de ácido sulfúrico

¿Rayos?

Akatsuki está estudiando las nubes formadas por gotas de ácido sulfúrico, la existencia de rayos y otros fenómenos atmosféricos y meteorológicos de Venus.

MARTE

Marte es el cuarto planeta más cercano al Sol y gira en una órbita exterior a la de la Tierra.

Marte es ahora un planeta frío y seco, pero se cree que en el pasado tuvo un mar y es posible que también surgiera la vida en él.

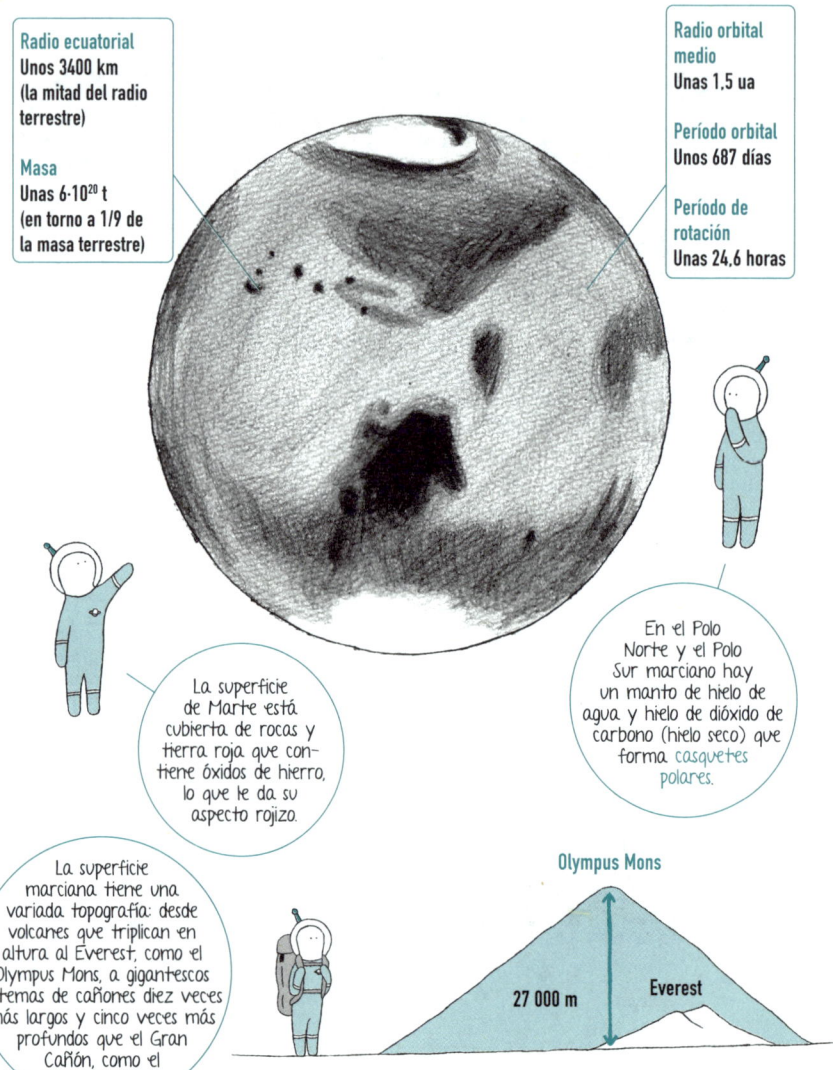

Radio ecuatorial
Unos 3400 km
(la mitad del radio terrestre)

Masa
Unas $6 \cdot 10^{20}$ t
(en torno a 1/9 de la masa terrestre)

Radio orbital medio
Unas 1,5 ua

Período orbital
Unos 687 días

Período de rotación
Unas 24,6 horas

La superficie de Marte está cubierta de rocas y tierra roja que contiene óxidos de hierro, lo que le da su aspecto rojizo.

En el Polo Norte y el Polo Sur marciano hay un manto de hielo de agua y hielo de dióxido de carbono (hielo seco) que forma casquetes polares.

La superficie marciana tiene una variada topografía: desde volcanes que triplican en altura al Everest, como el Olympus Mons, a gigantescos sistemas de cañones diez veces más largos y cinco veces más profundos que el Gran Cañón, como el Valles Marineris.

Olympus Mons
27 000 m
Everest

MAYOR ACERCAMIENTO DE MARTE

Marte y la Tierra se acercan entre sí en sus órbitas alrededor del Sol cada dos años y dos meses aproximadamente. No obstante, como la órbita de Marte es más excéntrica (elíptica) que la de la Tierra, a veces la distancia es mayor (**menor acercamiento**) y otras la distancia es menor (**mayor acercamiento**), un fenómeno que se repite cada 15-17 años aproximadamente.

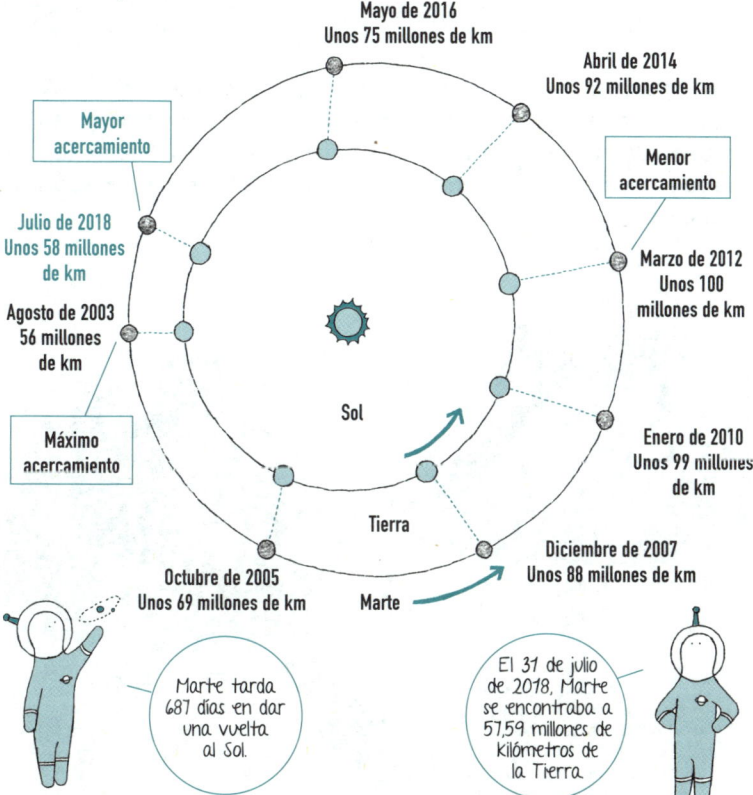

Marte tarda 687 días en dar una vuelta al Sol.

El 31 de julio de 2018, Marte se encontraba a 57,59 millones de kilómetros de la Tierra.

¿LOS ACERCAMIENTOS DE MARTE SON UNA EXCELENTE VENTANA DE LANZAMIENTO PARA SONDAS?

El momento más indicado para lanzar sondas al planeta rojo es cuando la Tierra y Marte están más cerca; así recorren la menor distancia posible. Por eso las misiones a Marte se programan cada dos años y dos meses, aproximadamente.

VIKING

Las **Viking** fueron dos sondas no tripuladas que la NASA mandó a Marte. Viking 1 y Viking 2 llegaron a Marte en 1976 y sus módulos de aterrizaje tomaron muestras de tierra de la superficie para analizar la composición del suelo y la presencia de microorganismos, aunque no descubrieron ningún rastro de vida.

CURIOSITY

Curiosity es un avanzado vehículo de exploración (*rover*) de la NASA que aterrizó en Marte en 2012. Entre sus descubrimientos figuran la prueba de que por la superficie marciana fluyó agua líquida (agua salada) en tiempos recientes y que Marte tuvo en el pasado las condiciones para que floreciera la vida.

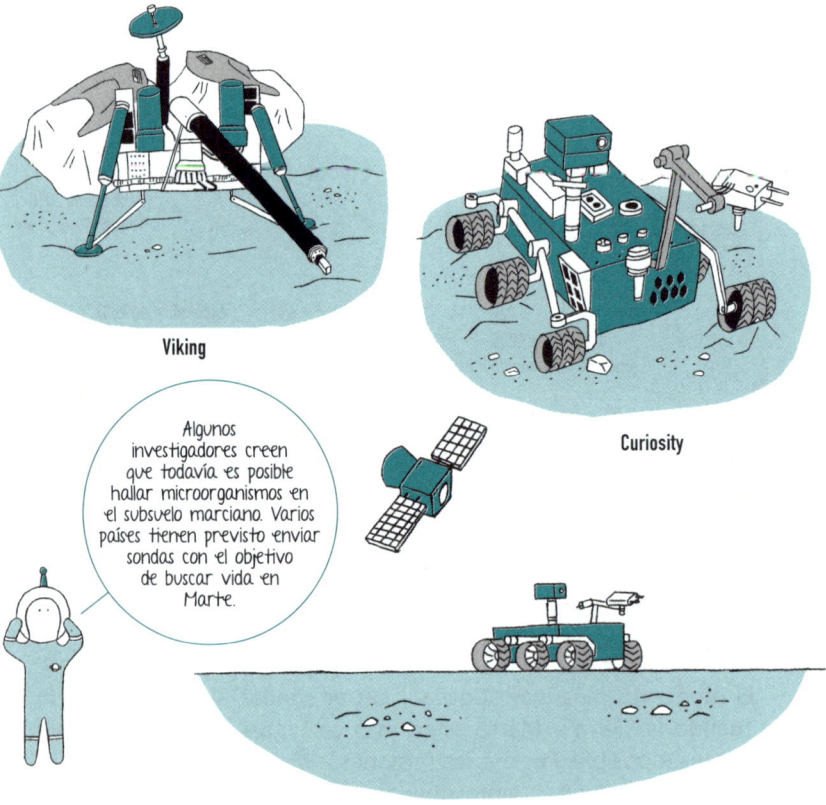

Viking

Curiosity

Algunos investigadores creen que todavía es posible hallar microorganismos en el subsuelo marciano. Varios países tienen previsto enviar sondas con el objetivo de buscar vida en Marte.

FOBOS Y DEIMOS

Marte tiene dos satélites: **Fobos**, el más cercano, y **Deimos**, el más lejano. Al contrario que la Luna, que es un satélite grande y esférico, las dos lunas marcianas son pequeñas y con forma de patata.

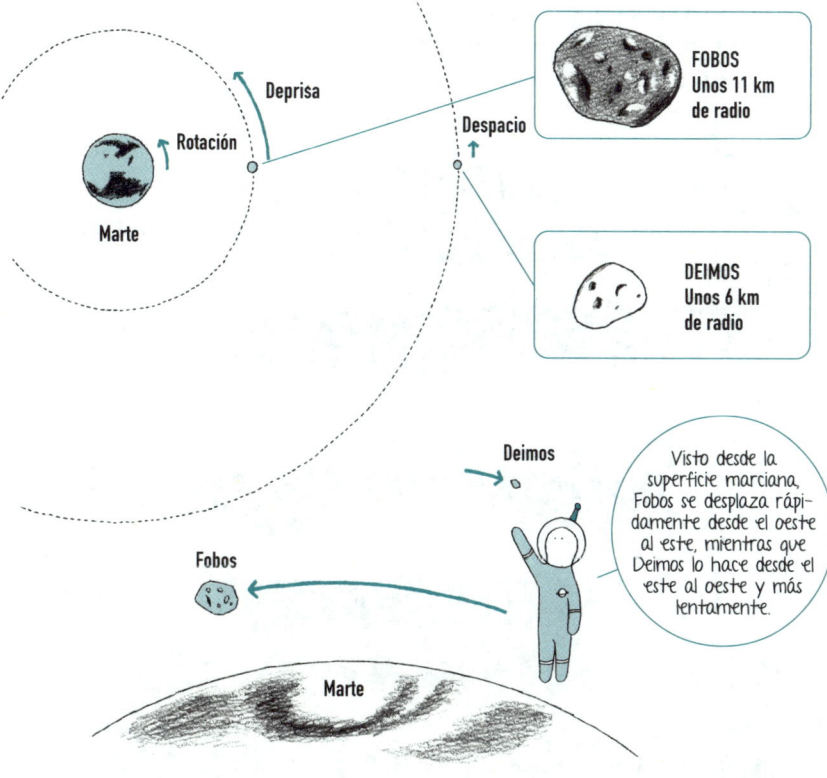

MMX

MMX (*Martian Moons eXploration* o Exploración de las Lunas Marcianas) es una sonda desarrollada por la agencia espacial japonesa JAXA que cuenta con una importante participación internacional. Su objetivo es estudiar Fobos y Deimos, recoger muestras del suelo del primero y traerlas a la Tierra. Su lanzamiento está previsto para 2024 y la cápsula con las muestras llegará a la Tierra en 2029.

JÚPITER

Júpiter es el quinto planeta por cercanía al Sol y el más grande del sistema solar.

Es un planeta formado casi enteramente por gas y se parece más al Sol que a la Tierra. Se cree que si hubiera sido 80 veces más masivo, podría haber iniciado reacciones de fusión nuclear y haberse convertido en una estrella.

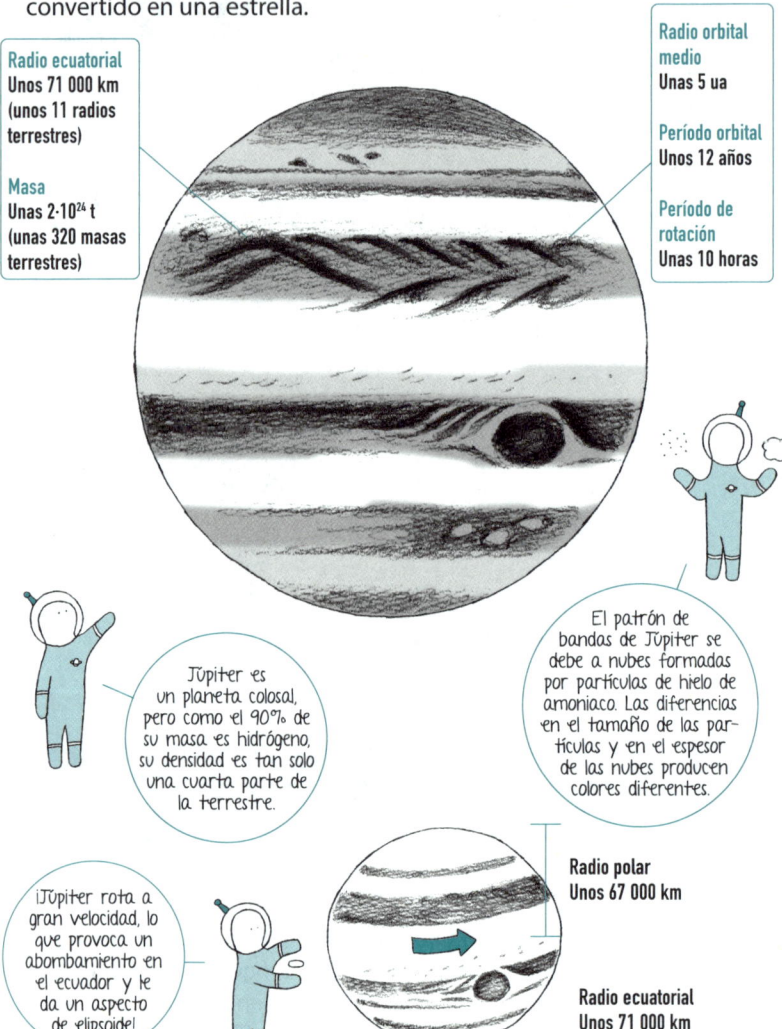

Radio ecuatorial
Unos 71 000 km
(unos 11 radios terrestres)

Masa
Unas $2 \cdot 10^{24}$ t
(unas 320 masas terrestres)

Radio orbital medio
Unas 5 ua

Período orbital
Unos 12 años

Período de rotación
Unas 10 horas

Júpiter es un planeta colosal, pero como el 90% de su masa es hidrógeno, su densidad es tan solo una cuarta parte de la terrestre.

El patrón de bandas de Júpiter se debe a nubes formadas por partículas de hielo de amoniaco. Las diferencias en el tamaño de las partículas y en el espesor de las nubes producen colores diferentes.

¡Júpiter rota a gran velocidad, lo que provoca un abombamiento en el ecuador y le da un aspecto de elipsoide!

Radio polar
Unos 67 000 km

Radio ecuatorial
Unos 71 000 km

¿JÚPITER TAMBIÉN TIENE ANILLOS?

Saturno es famoso por sus bellos y espectaculares anillos. Júpiter, Urano y Neptuno también los tienen, aunque no son tan vistosos como los del «señor de los anillos» y solo se pueden observar desde la Tierra con un potente telescopio.

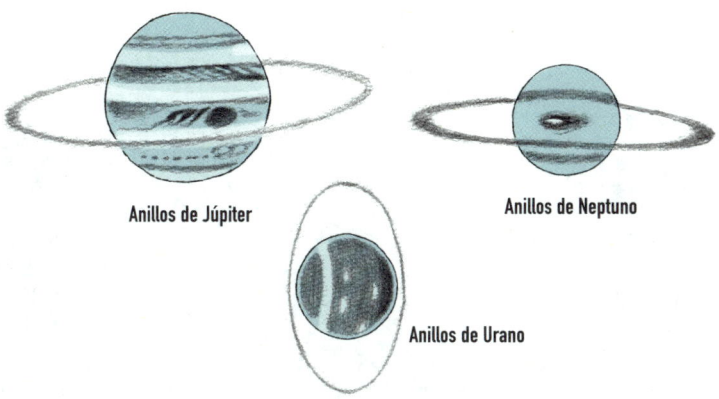

Anillos de Júpiter

Anillos de Neptuno

Anillos de Urano

LA GRAN MANCHA ROJA

La formación más característica de Júpiter se encuentra en el hemisferio sur y es un vórtice rojizo llamado **Gran Mancha Roja**. Se cree que es una gigantesca tormenta con un tamaño de más de un par de diámetros terrestres (sin embargo, aunque los ciclones tropicales de la Tierra son vórtices de bajas presiones, la Gran Mancha Roja es un sistema de altas presiones).

Tierra

La Gran Mancha Roja ha podido observarse ininterrumpidamente desde hace más de 300 años.

SATÉLITES GALILEANOS

Hasta julio de 2021 se han descubierto 79 satélites en Júpiter. Los cuatro más grandes los descubrió Galileo, y por ello reciben el nombre de **satélites galileanos**.

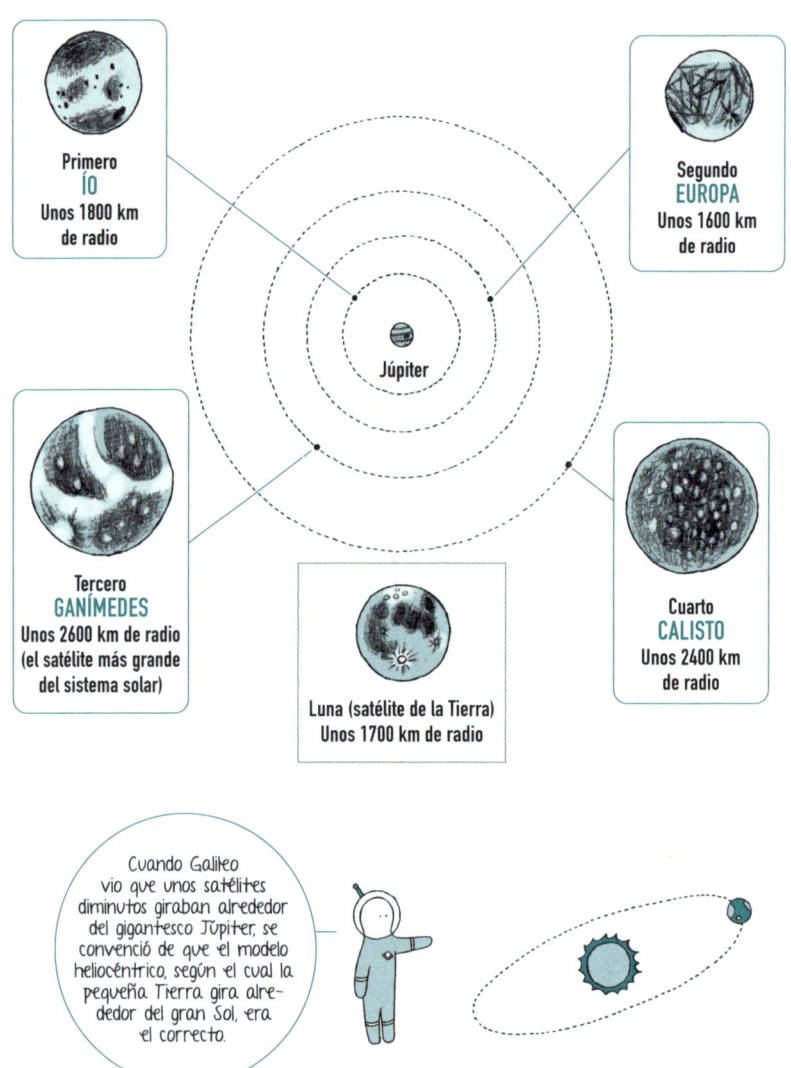

Primero
ÍO
Unos 1800 km de radio

Segundo
EUROPA
Unos 1600 km de radio

Júpiter

Tercero
GANÍMEDES
Unos 2600 km de radio (el satélite más grande del sistema solar)

Cuarto
CALISTO
Unos 2400 km de radio

Luna (satélite de la Tierra)
Unos 1700 km de radio

Cuando Galileo vio que unos satélites diminutos giraban alrededor del gigantesco Júpiter, se convenció de que el modelo heliocéntrico, según el cual la pequeña Tierra gira alrededor del gran Sol, era el correcto.

¿LOS SATÉLITES GALILEANOS TIENEN «OCÉANOS»?

Europa es un satélite helado cuya superficie está cubierta por una gruesa capa de hielo. Sin embargo, bajo esa superficie helada se cree que puede existir un océano de agua líquida (océano subsuperficial u océano interno). La intensa fuerza de marea que ejerce Júpiter sobre Europa provoca la deformación de esta luna, lo cual se cree que produce suficiente calor como para fundir el interior, que se habría convertido en un vasto océano.

Si hay un océano, también podría haber vida...

POSIBLE ESTRUCTURA DEL OCÉANO INTERNO DE EUROPA

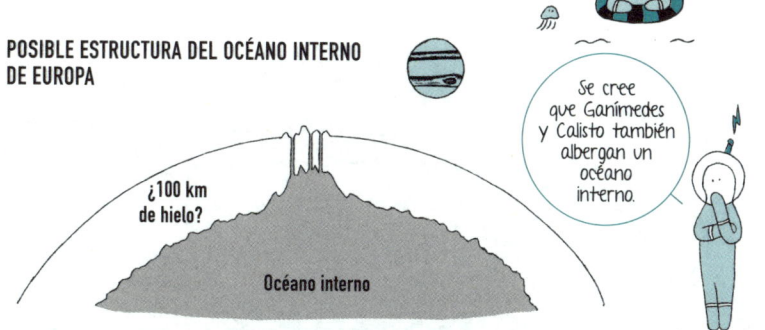

¿100 km de hielo?

Océano interno

Se cree que Ganímedes y Calisto también albergan un océano interno.

EUROPA CLIPPER

Europa Clipper es una sonda de exploración de Europa de la NASA cuyo lanzamiento está previsto para 2024. Durante su misión sobrevolará Europa, fotografiará a gran resolución su superficie de hielo y analizará su estructura interior.

Europa también tiene previsto lanzar una sonda a los satélites helados de Júpiter, que recibe el nombre de JUICE (JUpiter ICy moons Explorer o Explorador de las Lunas Heladas de Júpiter).

SATURNO

Saturno es el segundo planeta más grande del sistema solar y tiene un bello y espectacular sistema de anillos. Al igual que Júpiter, está formado casi enteramente por gas, pero los patrones de bandas de su superficie son más tenues y apenas destacan.

Radio ecuatorial
Unos 60 000 km (unos 9 radios terrestres)

Masa
Unas 6·10^{23} t (unas 95 masas terrestres)

Radio orbital medio
Unas 10 ua

Período orbital
Unos 30 años

Período de rotación
Unas 10 horas

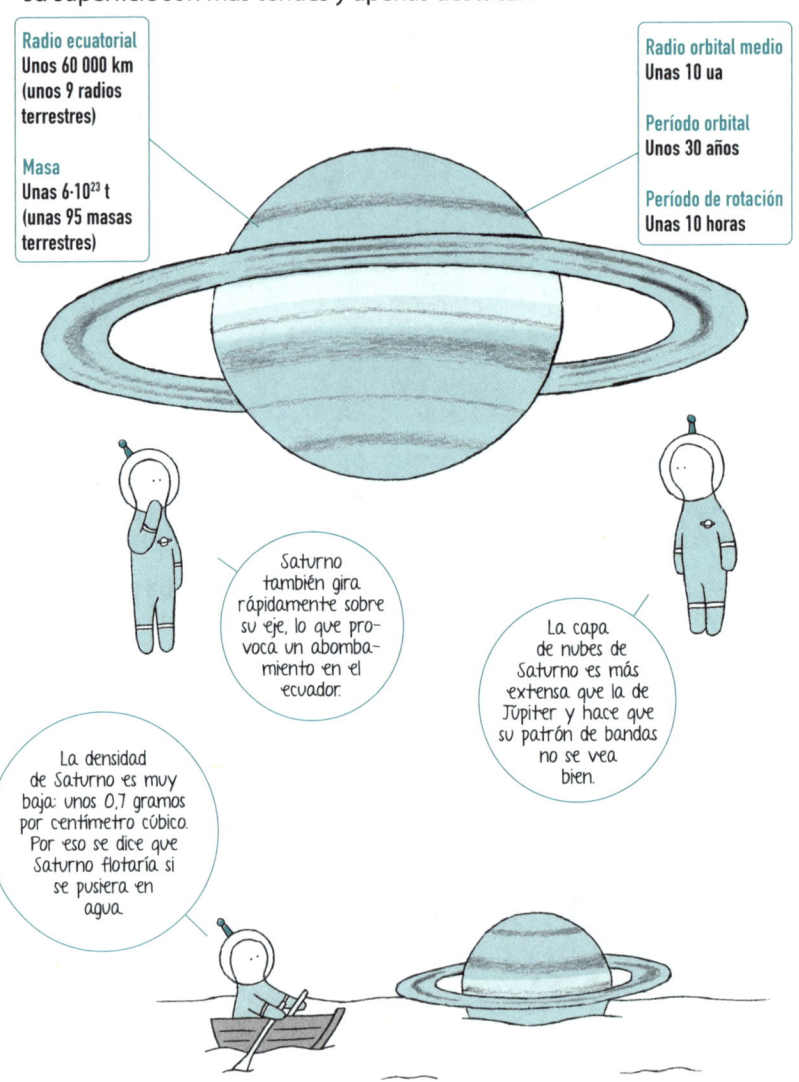

Saturno también gira rápidamente sobre su eje, lo que provoca un abombamiento en el ecuador.

La capa de nubes de Saturno es más extensa que la de Júpiter y hace que su patrón de bandas no se vea bien.

La densidad de Saturno es muy baja: unos 0,7 gramos por centímetro cúbico. Por eso se dice que Saturno flotaría si se pusiera en agua.

SISTEMA DE ANILLOS

El **sistema de anillos** de Saturno tiene un radio de unos 140 000 kilómetros y un espesor de unos pocos cientos de metros. No son una capa continua de materia, sino que están formados por fragmentos de hielo (y también algunas rocas).

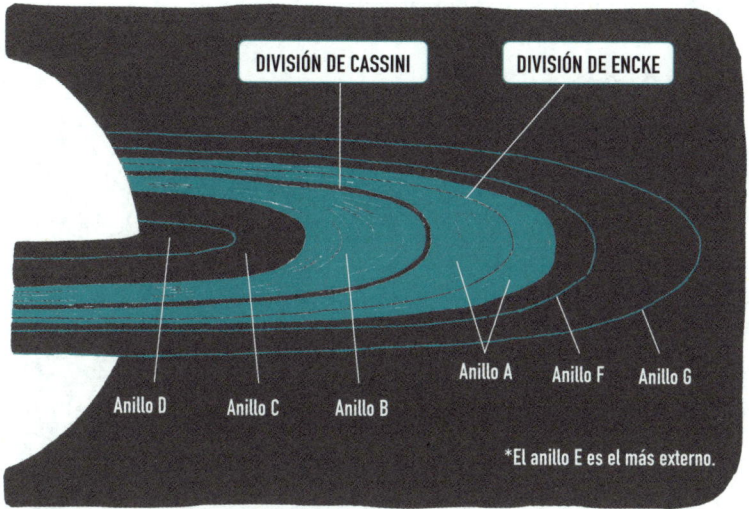

*El anillo E es el más externo.

¿LOS ANILLOS DE SATURNO DESAPARECEN?

Los anillos de Saturno solo tienen unos pocos cientos de metros de espesor. Debido a esto, son casi invisibles al mirarlos justo de frente. Desde la Tierra, su inclinación cambia cada 30 años aproximadamente, coincidiendo con su período orbital. Durante ese tiempo desaparecen dos veces, es decir, cada 15 años más o menos.

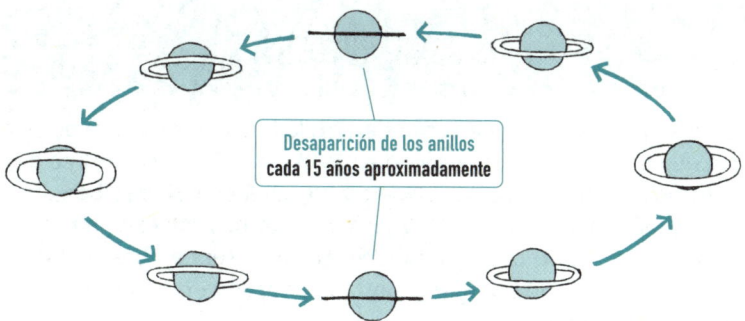

ENCÉLADO

Encélado es el sexto satélite en tamaño de Saturno. Es una pequeña luna de hielo de unos 250 kilómetros de radio, pero tiene un océano bajo su superficie helada y, como también se han detectado sustancias orgánicas, ha despertado un gran interés al reunir las condiciones necesarias para la vida.

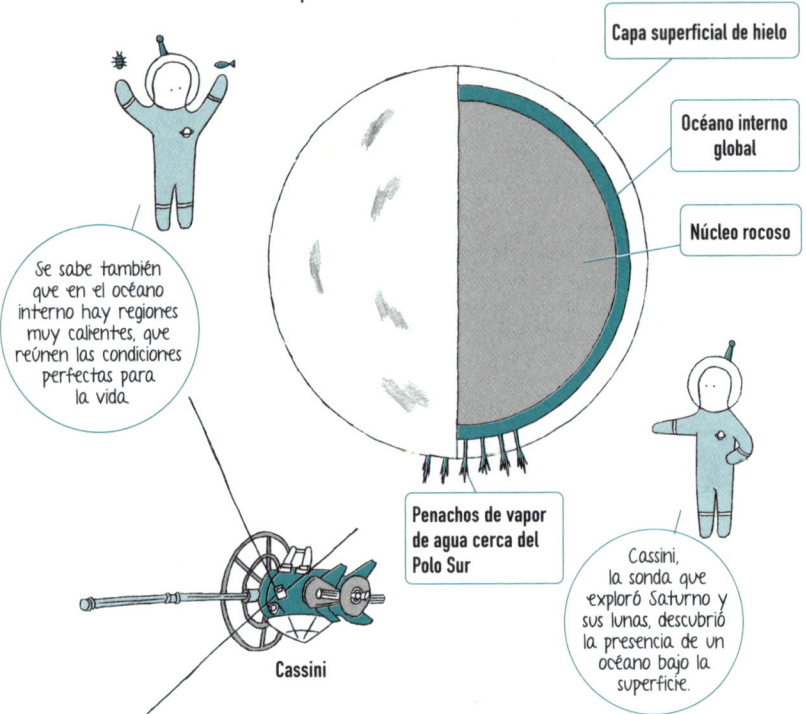

CASSINI-HUYGENS

La misión Cassini-Huygens fue desarrollada conjuntamente por la NASA y la ESA. La sonda se lanzó en 1997, se insertó en la órbita de Saturno en 2004 y estudió el planeta y sus satélites. Cassini albergaba la pequeña sonda europea Huygens, que aterrizó con éxito en Titán y estudió su superficie. La misión concluyó en septiembre de 2017, cuando la sonda fue dirigida contra la atmósfera de Saturno para que se destruyera.

TITÁN

De las más de 80 lunas que tiene Saturno, **Titán** es la más grande y posee una gruesa atmósfera compuesta por nitrógeno y metano. En este satélite llueve metano líquido, y en su superficie hay ríos y lagos de metano líquido.

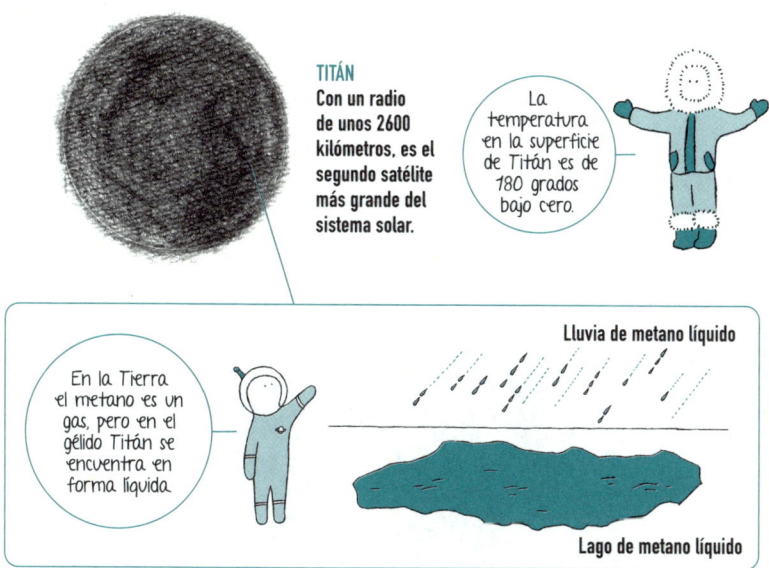

TITÁN
Con un radio de unos 2600 kilómetros, es el segundo satélite más grande del sistema solar.

La temperatura en la superficie de Titán es de 180 grados bajo cero.

En la Tierra el metano es un gas, pero en el gélido Titán se encuentra en forma líquida.

Lluvia de metano líquido

Lago de metano líquido

¿EN TITÁN EXISTEN FORMAS DE VIDA EXTRAÑAS?

El agua líquida es fundamental para la vida. En Titán está helada, pero algunos investigadores postulan que si el metano líquido desempeñara la función del agua, podría albergar extrañas y desconocidas formas de vida.

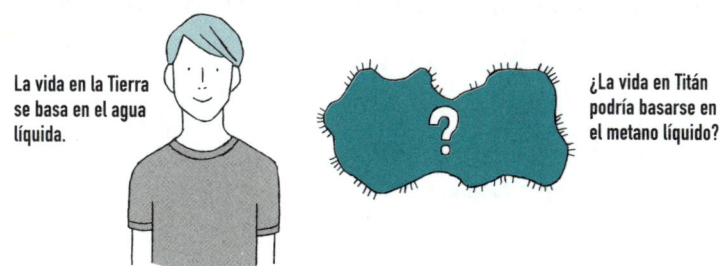

La vida en la Tierra se basa en el agua líquida.

¿La vida en Titán podría basarse en el metano líquido?

URANO

Los planetas desde Mercurio a Saturno se conocen desde la antigüedad debido a que son visibles a simple vista. Por el contrario, Urano, que orbita más allá de Saturno, fue descubierto usando un telescopio.

Urano y Neptuno se ven de un color azulado, debido a las pequeñas cantidades de metano que tienen sus atmósferas compuestas por hidrógeno y helio.

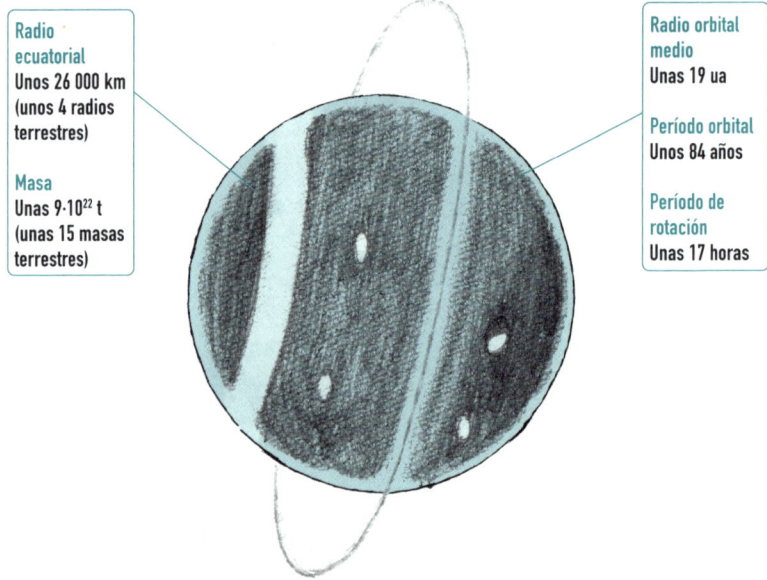

Radio ecuatorial
Unos 26 000 km (unos 4 radios terrestres)

Masa
Unas $9 \cdot 10^{22}$ t (unas 15 masas terrestres)

Radio orbital medio
Unas 19 ua

Período orbital
Unos 84 años

Período de rotación
Unas 17 horas

¿URANO GIRA DE LADO?

El eje de rotación de Urano está inclinado casi perpendicularmente, lo que provoca que gire sobre sí mismo de lado. Se cree que esto lo provocó la colisión con un objeto durante la formación del planeta.

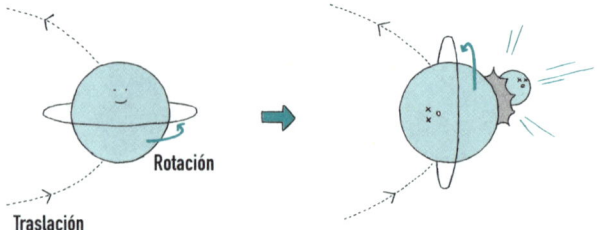

Rotación

Traslación

NEPTUNO

Neptuno orbita más allá de Urano y fue descubierto a partir de cálculos matemáticos. Dadas las incongruencias que existían entre el movimiento de Urano y los cálculos de su trayectoria, se predijo la existencia de un planeta desconocido cuya gravedad perturbaba su órbita. Cuando se dirigió un telescopio a la posición prevista, se encontró el nuevo planeta: Neptuno.

Urano y Neptuno son planetas gemelos con tamaños y composiciones parecidas.

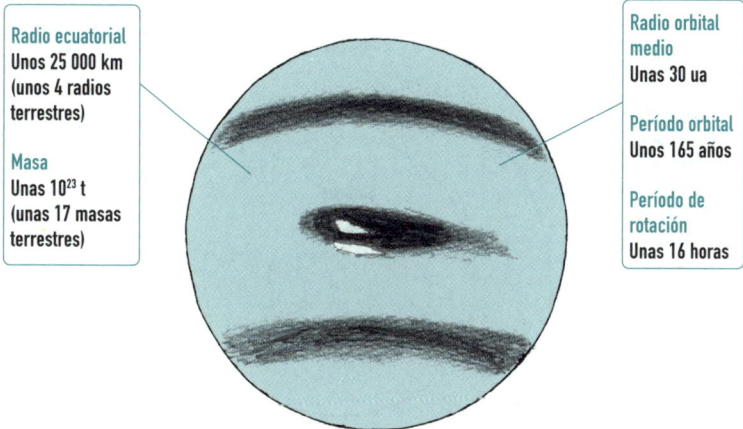

Radio ecuatorial
Unos 25 000 km (unos 4 radios terrestres)

Masa
Unas 10^{23} t (unas 17 masas terrestres)

Radio orbital medio
Unas 30 ua

Período orbital
Unos 165 años

Período de rotación
Unas 16 horas

¿ES TRITÓN UNA LUNA EXTRAÑA?

Tritón, la mayor luna de Neptuno, es el único entre los grandes satélites del sistema solar que orbita en sentido contrario al de la rotación de su planeta. Es, pues, un **satélite retrógrado**.

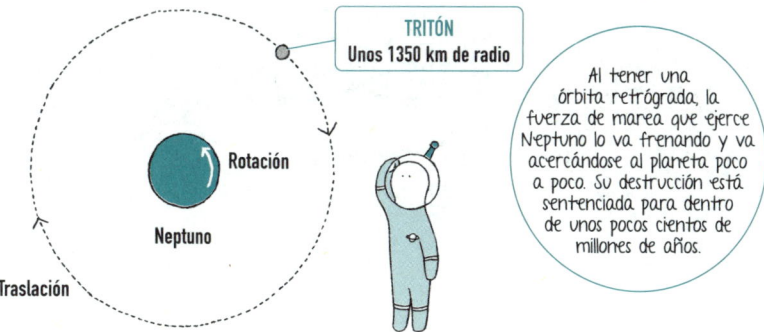

TRITÓN
Unos 1350 km de radio

Al tener una órbita retrógrada, la fuerza de marea que ejerce Neptuno lo va frenando y va acercándose al planeta poco a poco. Su destrucción está sentenciada para dentro de unos pocos cientos de millones de años.

COMETA HALLEY

El **cometa Halley** es un cometa que se acerca (vuelve) al Sol y a la Tierra cada 76 años. En cada regreso se sabe que forma una larga cola. La última vez que se acercó a la Tierra fue en 1986 y la próxima vez que se le verá será en 2061.

ÓRBITAS DE ALGUNOS COMETAS REPRESENTATIVOS

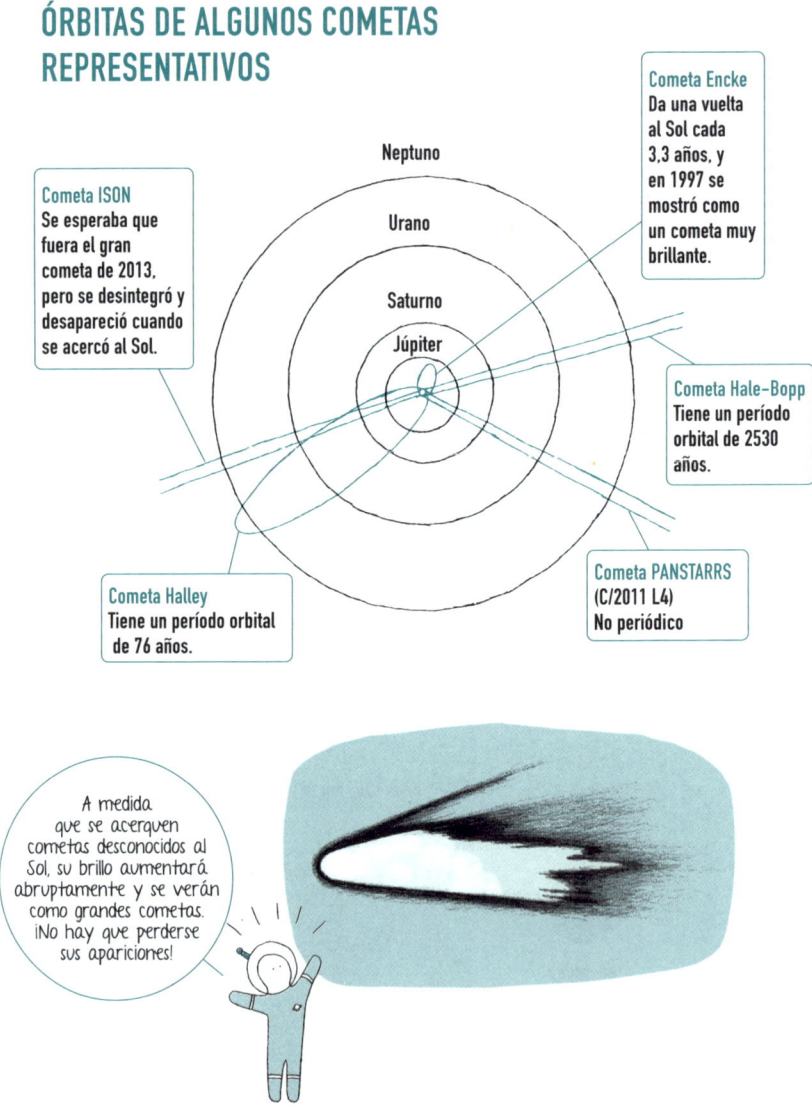

Cometa Encke
Da una vuelta al Sol cada 3,3 años, y en 1997 se mostró como un cometa muy brillante.

Cometa ISON
Se esperaba que fuera el gran cometa de 2013, pero se desintegró y desapareció cuando se acercó al Sol.

Neptuno
Urano
Saturno
Júpiter

Cometa Hale-Bopp
Tiene un período orbital de 2530 años.

Cometa Halley
Tiene un período orbital de 76 años.

Cometa PANSTARRS
(C/2011 L4)
No periódico

A medida que se acerquen cometas desconocidos al Sol, su brillo aumentará abruptamente y se verán como grandes cometas. ¡No hay que perderse sus apariciones!

¿TAMBIÉN HAY COMETAS QUE NO VUELVEN?

Hay cometas que se acercan periódicamente al Sol, los **cometas periódicos**, y otros que se acercan una vez y no vuelven más, los **cometas no periódicos**. A su vez, los cometas periódicos pueden ser **cometas de período corto**, si tardan menos de 200 años en dar una vuelta al Sol, o **cometas de período largo**, si tienen un período orbital mayor (los cometas de período largo también se suelen considerar cometas no periódicos).

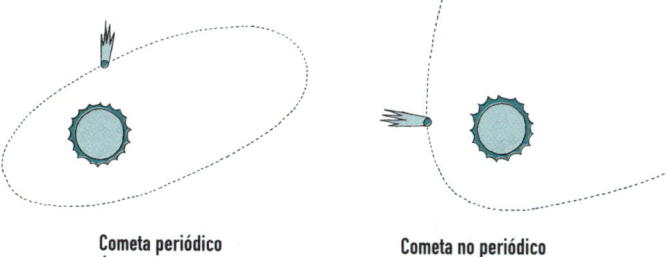

Cometa periódico
Órbita elíptica

Cometa no periódico
Órbita parabólica o hiperbólica

LLUVIA DE ESTRELLAS, LLUVIA DE METEOROS

Cuando la Tierra pasa a través de la órbita de un cometa, la gran cantidad de partículas de polvo que ha dejado el cometa penetran en la atmósfera y se produce una **lluvia de estrellas** o **lluvia de meteoros**. Como la Tierra cruza la órbita de ciertos cometas en fechas más o menos fijas, cada año se producen lluvias de estrellas en momentos determinados.

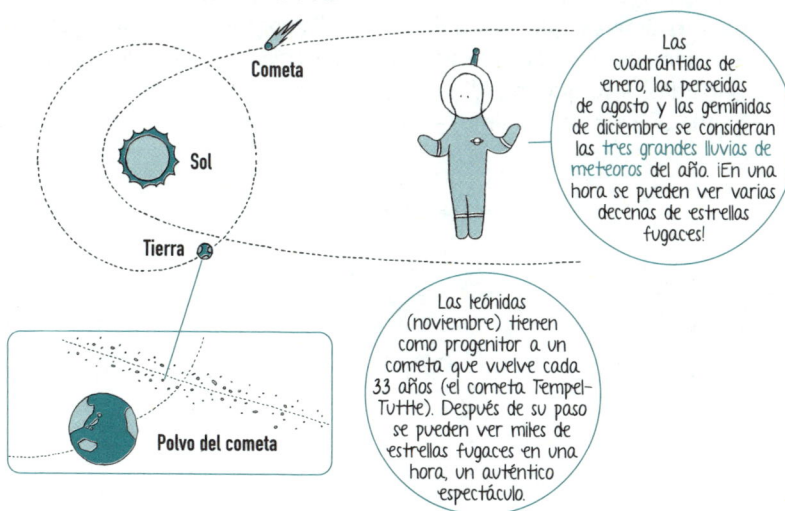

Las cuadrántidas de enero, las perseidas de agosto y las gemínidas de diciembre se consideran las tres grandes lluvias de meteoros del año. ¡En una hora se pueden ver varias decenas de estrellas fugaces!

Las leónidas (noviembre) tienen como progenitor a un cometa que vuelve cada 33 años (el cometa Tempel-Tuttle). Después de su paso se pueden ver miles de estrellas fugaces en una hora, un auténtico espectáculo.

ASTEROIDE

Se llama asteroide a cualquier pequeño objeto del sistema solar que no sea un cometa. Los cometas tienen coma (su tenue atmósfera) y cola, mientras que los asteroides no.

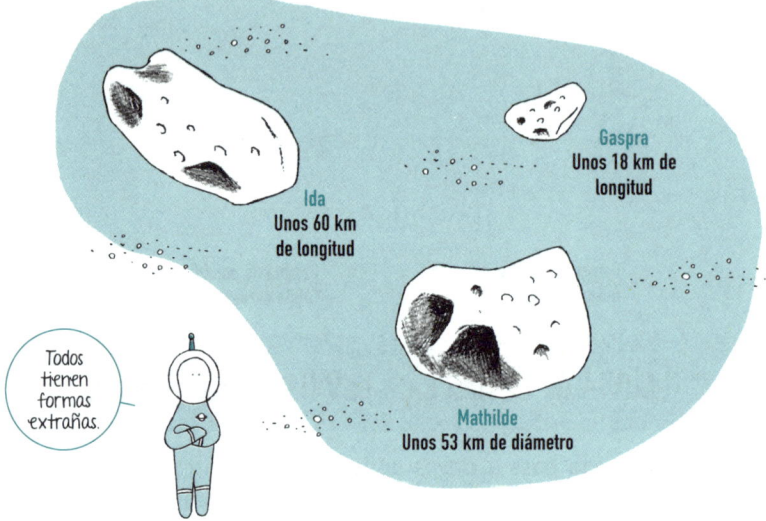

Ida
Unos 60 km de longitud

Gaspra
Unos 18 km de longitud

Mathilde
Unos 53 km de diámetro

Todos tienen formas extrañas.

¿CÓMO SE FORMARON LOS ASTEROIDES?

En los orígenes del sistema solar se crearon multitud de pequeños planetesimales que se atrajeron y colisionaron para dar lugar a los planetas. Se cree que aquellos que colisionaron a demasiada velocidad —lo que impidió que pudieran unirse y provocó que se quedaran como fragmentos— son los asteroides.

Más adelante hablaremos del nacimiento de los planetas del sistema solar.

CINTURÓN DE ASTEROIDES

Entre las órbitas de Marte y Júpiter, a entre 2 y 3,5 unidades astronómicas del Sol, existe una región formada por varios millones de asteroides. Esta zona se denomina cinturón de asteroides. Además, en la órbita de Júpiter existe una distribución de asteroides conocidos como **asteroides troyanos**.

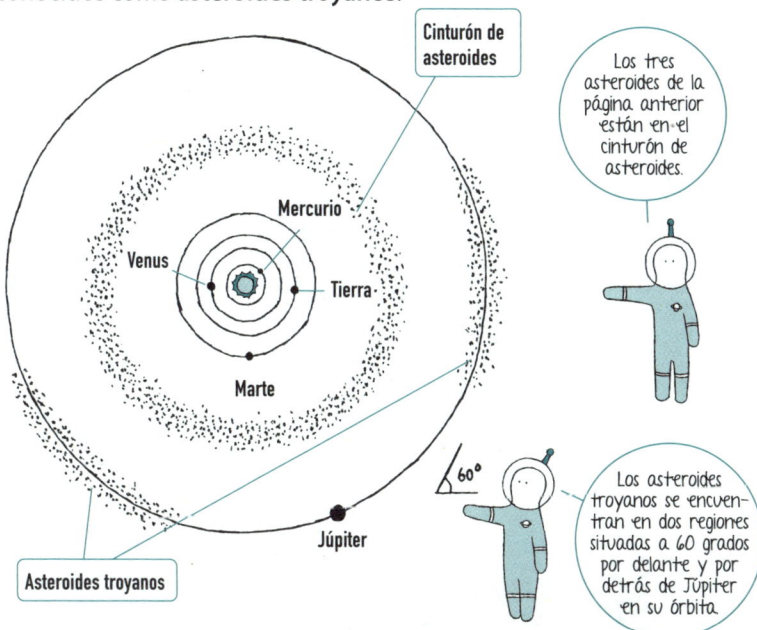

¿QUÉ SIGNIFICA QUE LOS ASTEROIDES SON LOS «FÓSILES DEL SISTEMA SOLAR»?

Durante su formación, todos los planetas y las lunas del sistema solar pasaron por una etapa en la que se fundieron completamente a causa de los impactos. Sin embargo, se considera que los asteroides no lo hicieron del todo (aunque algunos sí). Y como permanecen en el mismo estado que cuando se crearon, son los «fósiles del sistema solar».

CERES

Ceres fue el primer asteroide que se descubrió. Fue en 1801 y al principio fue considerado un nuevo planeta. Pero como solo tiene 950 kilómetros de diámetro (aproximadamente un quinto del de Mercurio) y luego se descubrieron otros pequeños cuerpos cerca de su órbita, a todos ellos se les empezó a llamar asteroides.
*En la actualidad, Ceres se clasifica como un **planeta enano**.

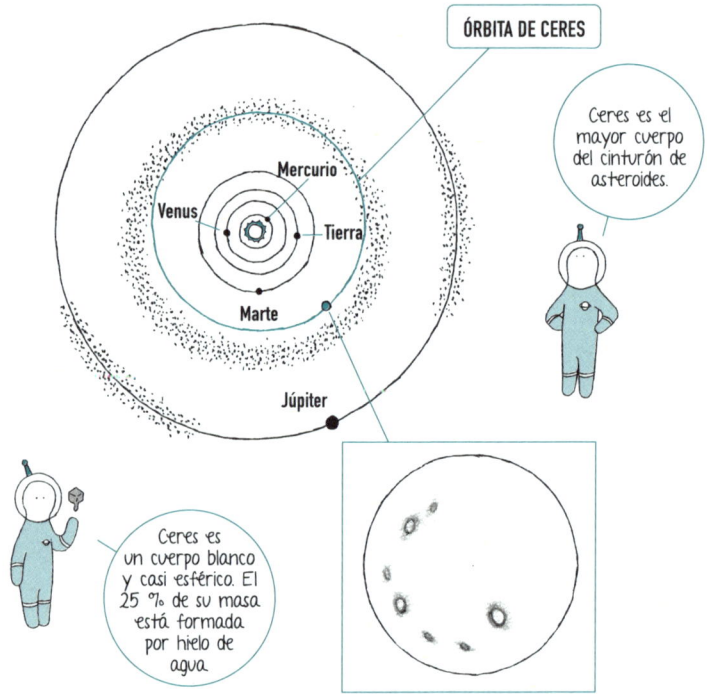

DAWN

Dawn es una sonda de la NASA lanzada en 2007. Después de visitar el asteroide Vesta en 2011, se dirigió a Ceres, donde llegó en 2015, y estuvo estudiándolo hasta finales de 2018.

HAYABUSA Y HAYABUSA 2

Hayabusa y **Hayabusa 2** son dos sondas de la agencia espacial japonesa JAXA para el estudio de asteroides. Hayabusa fue lanzada en 2003, visitó el asteroide **Itokawa**, recogió muestras de su superficie y volvió a la Tierra en 2010. Por su parte, su sucesora, Hayabusa 2, fue lanzada en 2014 con destino al asteroide **Ryugu**, al que llegó a mediados de 2018, y retornó a la Tierra con muestras a finales de 2020.

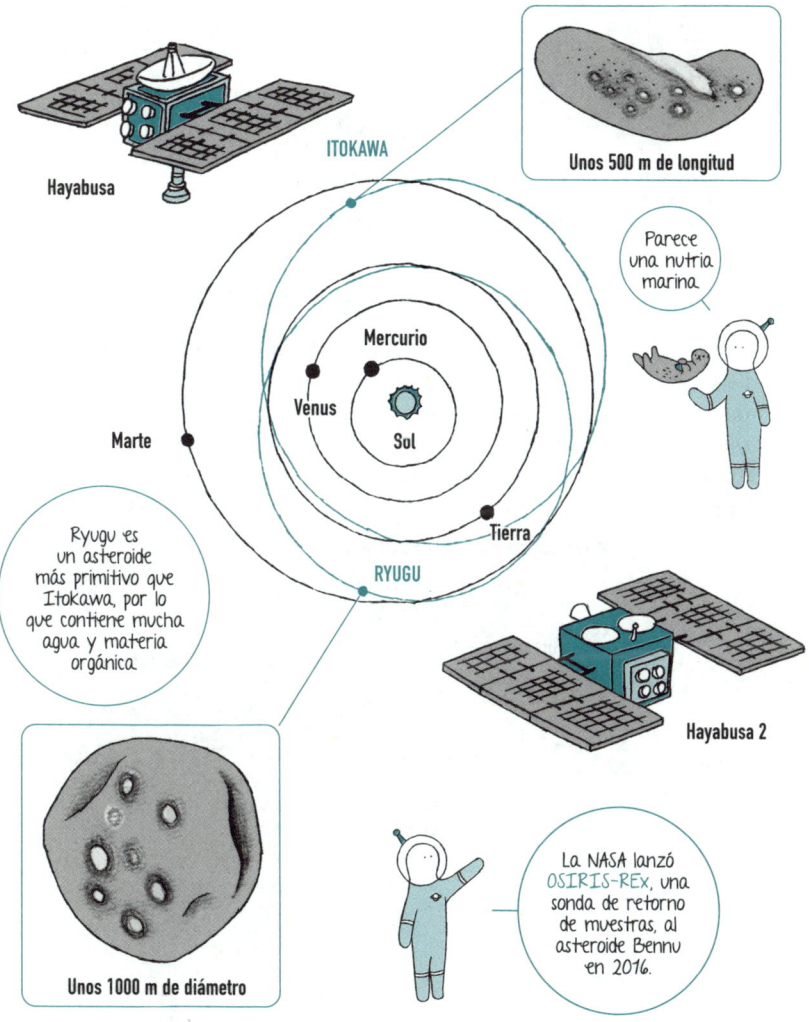

METEORITO

La mayoría de los meteoros se consumen cuando entran en la atmósfera. A los fragmentos de asteroides y otros cuerpos que sobreviven a su paso a través de la atmósfera y alcanzan la superficie terrestre se les llama **meteoritos**. Su peso varía entre unos gramos y unas decenas de toneladas.

METEORITO DE KESEN
El mayor meteorito caído en Japón
(75 cm de longitud, 45 cm de altura y 135 kg de peso)

Al ser fragmentos de asteroides, los meteoritos son también fósiles del sistema solar porque conservan el aspecto de cuando se crearon durante la formación del sistema solar.

¿LA ANTÁRTIDA GUARDA UN TESORO DE METEORITOS?

La mayoría de los meteoritos se han hallado en la Antártida (se los llama **meteoritos antárticos**). En el manto blanco de hielo y nieve de la Antártida, los meteoritos, de color oscuro, son fácilmente reconocibles. Debido al movimiento del casquete polar, los meteoritos que caen se acumulan en las cadenas montañosas próximas, por lo que se encuentran en grandes cantidades.

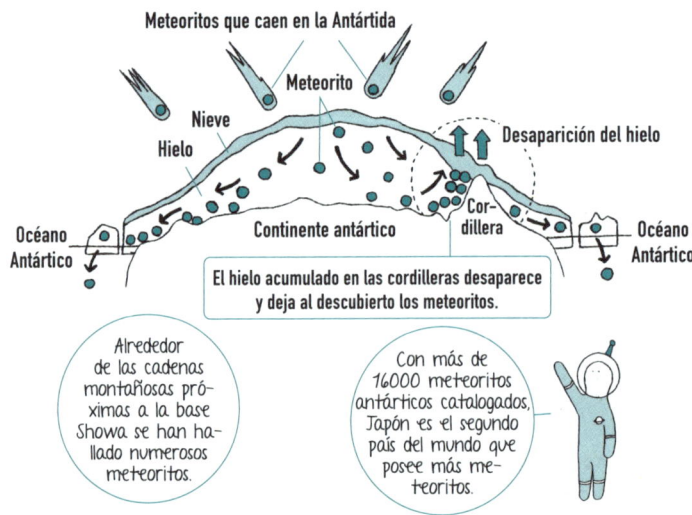

Alrededor de las cadenas montañosas próximas a la base Showa se han hallado numerosos meteoritos.

Con más de 16000 meteoritos antárticos catalogados, Japón es el segundo país del mundo que posee más meteoritos.

OBJETO PRÓXIMO A LA TIERRA

Un **objeto próximo a la Tierra** o **NEO** (*Near Earth Object*) es un cuerpo (asteroide o cometa) que orbita en las proximidades de la Tierra o cruza su trayectoria. Hasta el momento se han descubierto más de 16 000, y entre ellos no hay ninguno que vaya a colisionar con la Tierra en un futuro cercano.

La extinción de los dinosaurios fue provocada por el choque de un asteroide de unos 10 kilómetros de diámetro.

Casi todos los NEO grandes ya se han detectado y ninguno supone una amenaza para la Tierra, lo que es un alivio.

BÓLIDO DE TUNGUSKA

En 1908 un NEO con un diámetro estimado de 50 metros (**bólido de Tunguska**) cayó en una zona montañosa de Siberia y explotó en el cielo. La onda de choque derribó los árboles de un área equivalente a la superficie de Tokio (unos 2150 km²). Al ser una región remota y escasamente poblada no hubo que lamentar daños personales. Por el contrario, el **meteorito de Cheliábinsk** (17 metros de diámetro), que cayó en Rusia en 2013, causó numerosos desperfectos.

Un porcentaje considerable de NEO de unas pocas decenas de metros de diámetro permanecen sin descubrir, por lo que es prioritaria una intensa labor de detección y catalogación de estos cuerpos.

PLUTÓN

Plutón fue un planeta (el noveno) que estaba en los confines del sistema solar. Sin embargo, al ser un cuerpo atípico (tamaño extremadamente pequeño y órbita excéntrica e inclinada con respecto a la de los demás planetas) y descubrirse otros objetos de tamaño similar, en 2006 fue «degradado» a planeta enano.

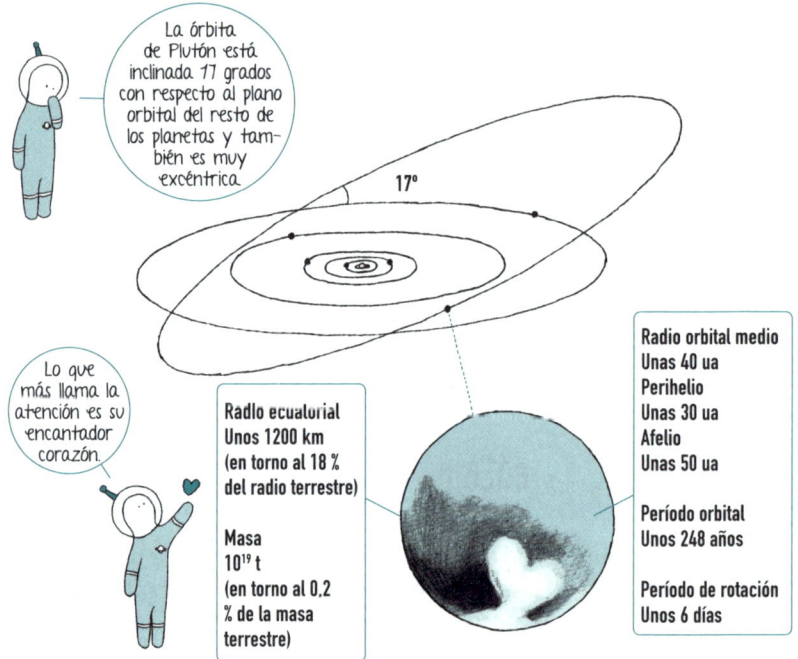

La órbita de Plutón está inclinada 17 grados con respecto al plano orbital del resto de los planetas y también es muy excéntrica.

17°

Lo que más llama la atención es su encantador corazón.

Radio ecuatorial
Unos 1200 km
(en torno al 18 % del radio terrestre)

Masa
10^{19} t
(en torno al 0,2 % de la masa terrestre)

Radio orbital medio
Unas 40 ua
Perihelio
Unas 30 ua
Afelio
Unas 50 ua

Período orbital
Unos 248 años

Período de rotación
Unos 6 días

NEW HORIZONS

New Horizons es una sonda no tripulada de la NASA lanzada en 2006. En 2015 se acercó a Plutón y envió imágenes de su superficie. A principios de 2019 llegó a Arrokoth, lo que supuso el sobrevuelo más lejano de un objeto del sistema solar. Todavía tiene previsto visitar otro objeto más.

PLANETA ENANO

En la Asamblea General de la Unión Astronómica Internacional celebrada en 2006, se acordó que un planeta del sistema solar debía reunir estas condiciones: 1) ser un cuerpo celeste que orbita el Sol, 2) tener forma esférica (es decir, ser lo suficientemente grande), 3) no tener cerca de su órbita otros objetos. Como Plutón no cumple la tercera condición (aunque sí las dos primeras), fue rebajado a una categoría de reciente creación: planeta enano.

ÓRBITAS DE LOS PLANETAS ENANOS

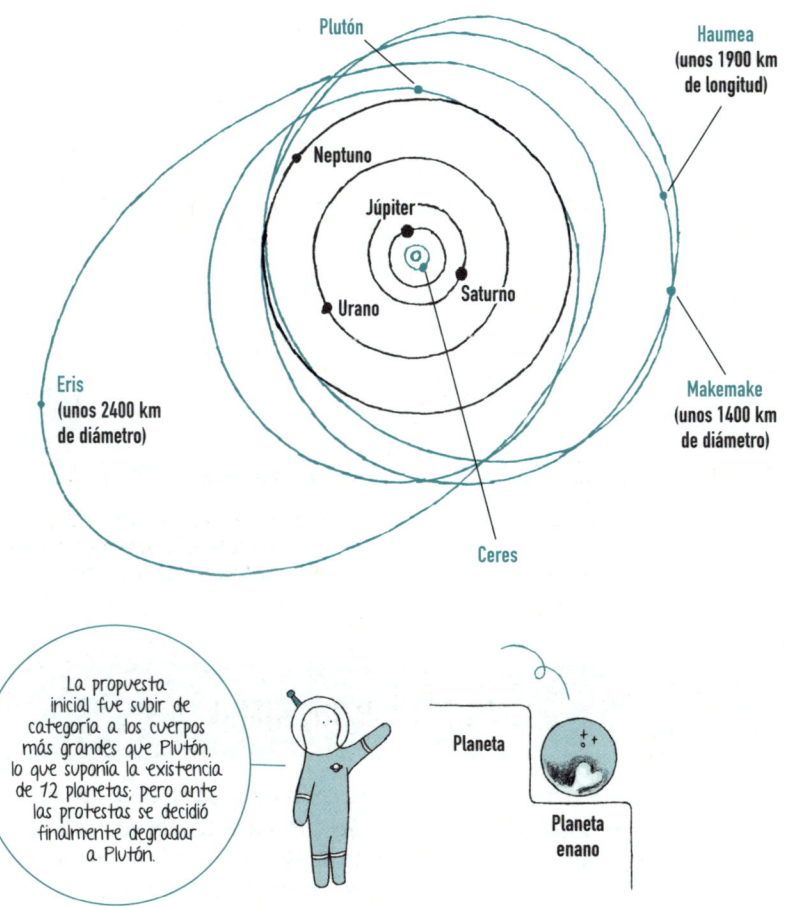

La propuesta inicial fue subir de categoría a los cuerpos más grandes que Plutón, lo que suponía la existencia de 12 planetas; pero ante las protestas se decidió finalmente degradar a Plutón.

CINTURÓN DE EDGEWORTH-KUIPER

En la década de los 50 del siglo pasado, el astrónomo irlandés Kenneth Edgeworth y el astrónomo estadounidense Gerard Kuiper especularon que en la periferia del sistema solar se distribuía un gran número de pequeños objetos, formando un disco, desde el cual surgían los cometas. A esta región en forma de dónut se la llama **cinturón de Edgeworth-Kuiper** (o simplemente **cinturón de Kuiper**).

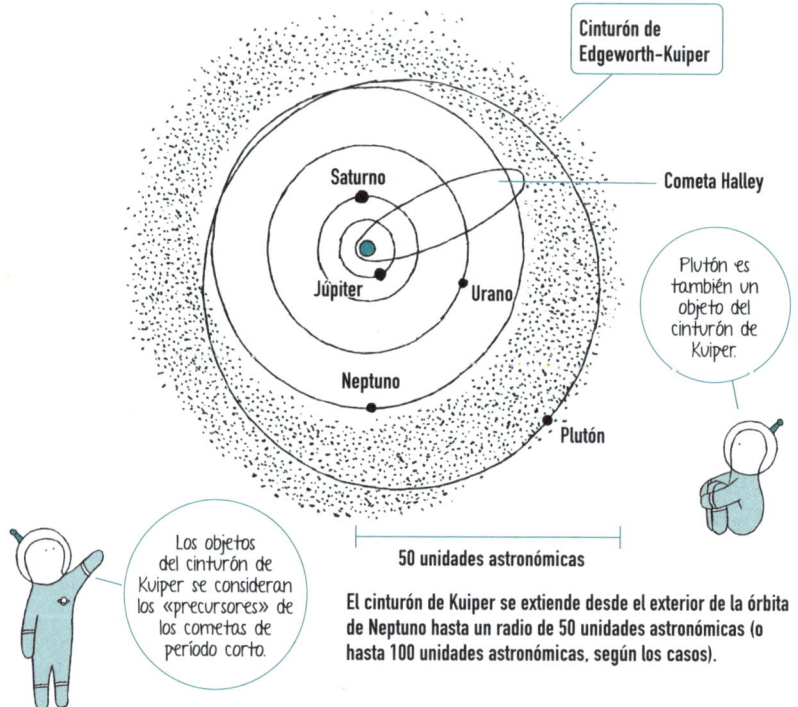

Los objetos del cinturón de Kuiper se consideran los «precursores» de los cometas de período corto.

El cinturón de Kuiper se extiende desde el exterior de la órbita de Neptuno hasta un radio de 50 unidades astronómicas (o hasta 100 unidades astronómicas, según los casos).

OBJETO TRANSNEPTUNIANO

La existencia del cinturón de Kuiper se confirmó a partir de la década de los 90 del siglo pasado con el descubrimiento de numerosos objetos pequeños más allá de la órbita de Neptuno. En la actualidad, a esos cuerpos se les da el nombre de **objetos transneptunianos**.

NUBE DE OORT

La **nube de Oort** es una distribución esférica de objetos que rodean el sistema solar. Su existencia fue propuesta en 1950 por el astrónomo neerlandés Jan Oort como lugar de procedencia de los cometas de período largo y no periódicos.

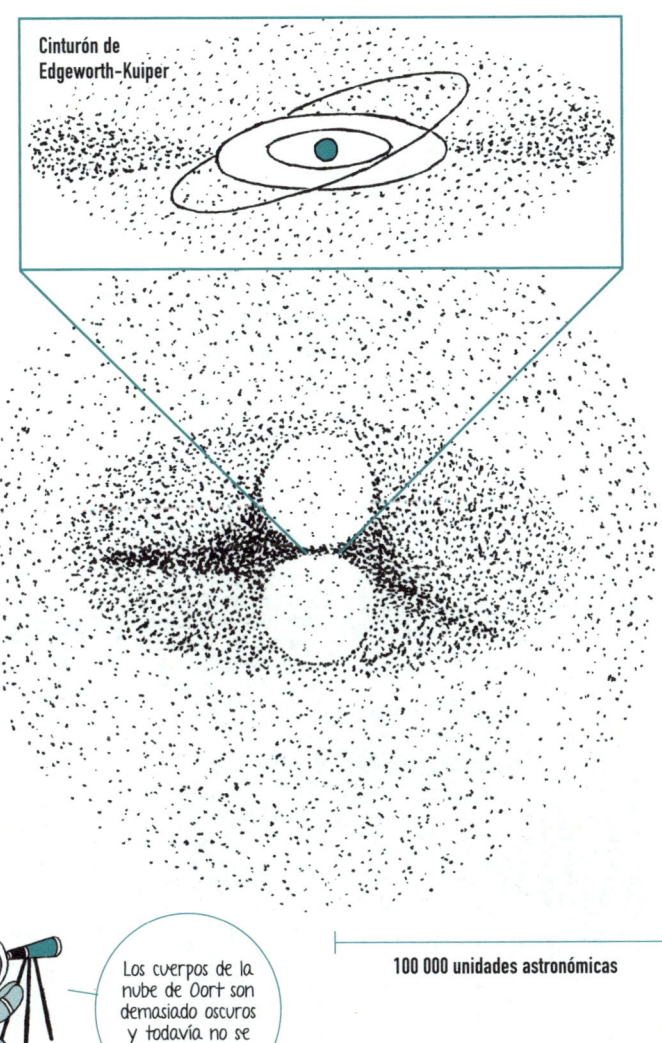

100 000 unidades astronómicas

Los cuerpos de la nube de Oort son demasiado oscuros y todavía no se han observado.

EL NOVENO PLANETA

Muchos astrónomos predicen la existencia de un objeto de tamaño planetario más allá de la órbita de Neptuno y han consagrado sus esfuerzos a buscarlo. En 2016, una simulación por ordenador creada por un grupo de astrónomos estadounidenses calculó con precisión la órbita de este hipotético **noveno planeta del sistema solar** (**planeta 9**), suscitando una gran atención.

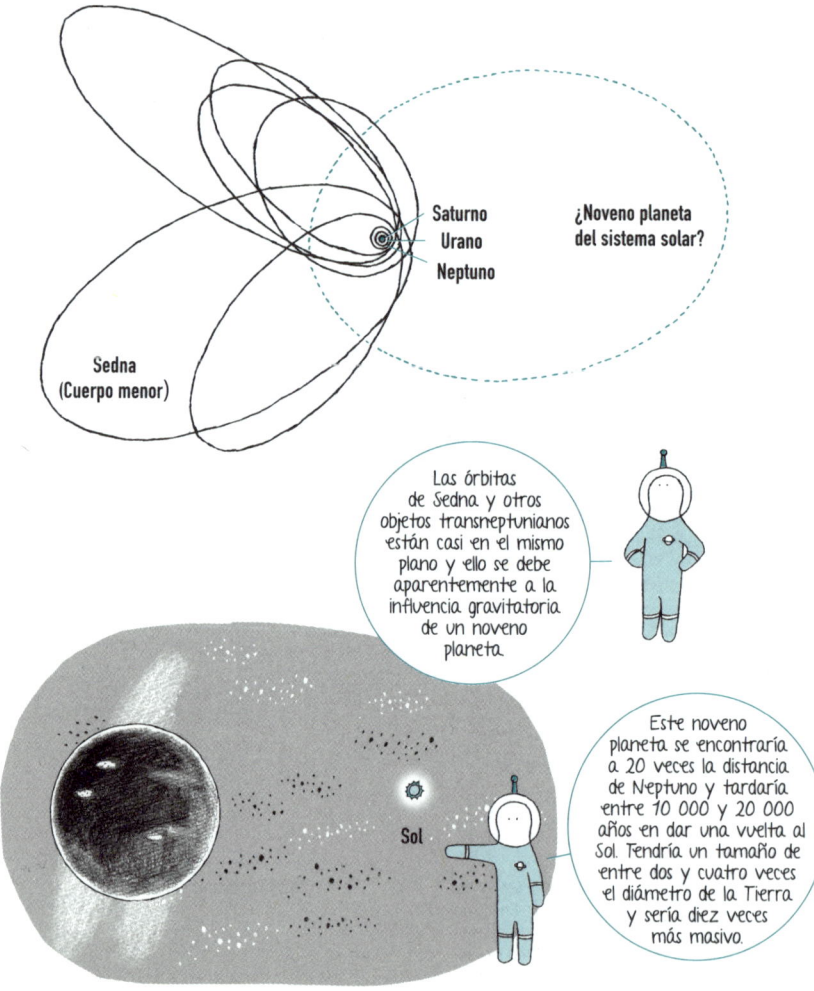

Saturno
Urano
Neptuno

¿Noveno planeta del sistema solar?

Sedna (Cuerpo menor)

Las órbitas de Sedna y otros objetos transneptunianos están casi en el mismo plano y ello se debe aparentemente a la influencia gravitatoria de un noveno planeta.

Sol

Este noveno planeta se encontraría a 20 veces la distancia de Neptuno y tardaría entre 10 000 y 20 000 años en dar una vuelta al Sol. Tendría un tamaño de entre dos y cuatro veces el diámetro de la Tierra y sería diez veces más masivo.

HELIOSFERA

La **heliosfera** es una región del espacio que se encuentra bajo la influencia del viento solar. El viento solar se detiene al chocar con el medio interestelar de la Vía Láctea y crea un límite (**heliopausa**).

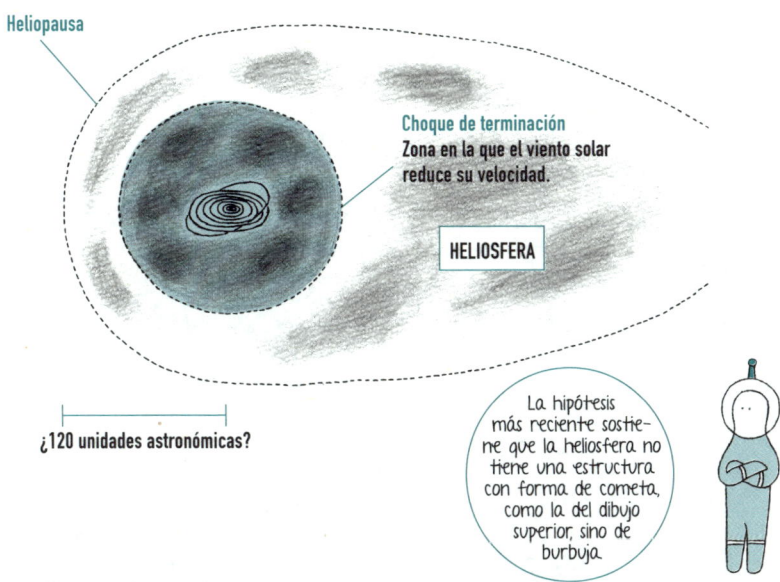

VOYAGER 1

Voyager 1 es una sonda no tripulada de la NASA lanzada en 1977. Después de sobrevolar Júpiter y Saturno, continuó su viaje por el espacio. En agosto de 2012 atravesó la heliopausa, lo que la convirtió en el primer artefacto humano en superar la heliosfera.

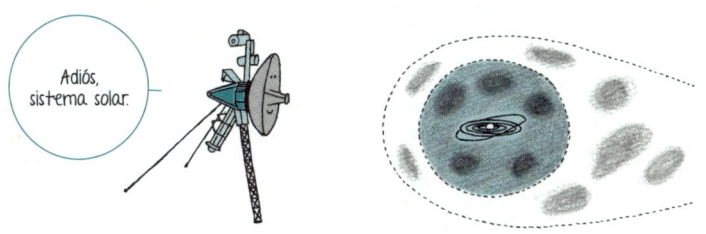

DISCO PROTOSOLAR

El **disco protosolar** es un disco de gas y polvo densos que constituye el material para la formación de los planetas. En el interior del disco protosolar se crearon numerosos **planetesimales**, que se atrajeron y colisionaron para formar protoplanetas que dieron lugar a todos los planetas del sistema solar tal y como los conocemos hoy.

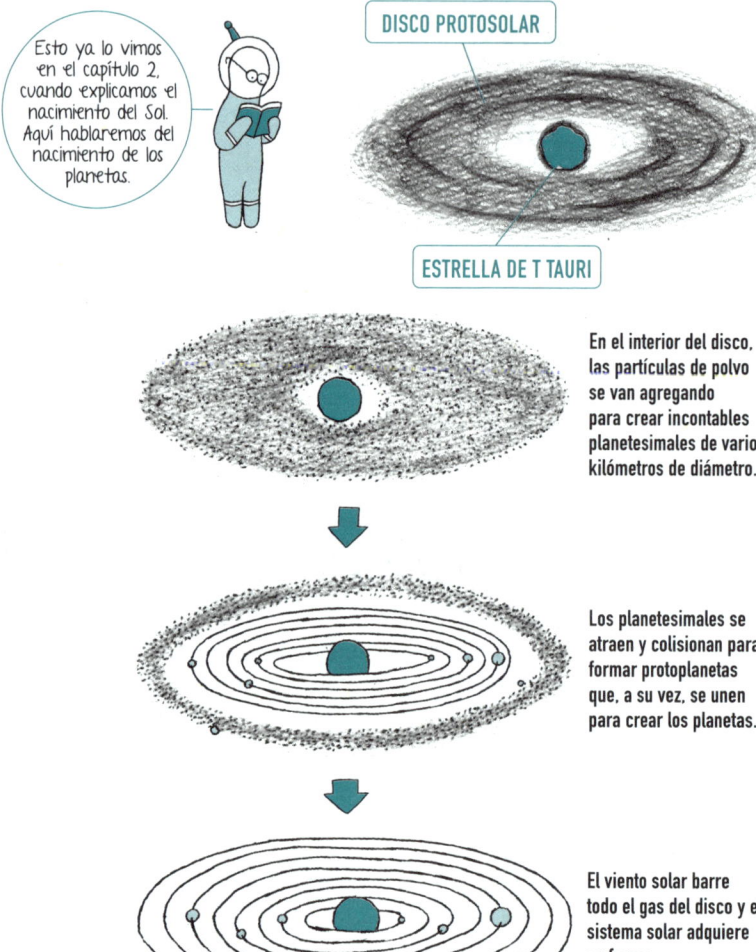

Esto ya lo vimos en el capítulo 2, cuando explicamos el nacimiento del Sol. Aquí hablaremos del nacimiento de los planetas.

DISCO PROTOSOLAR

ESTRELLA DE T TAURI

En el interior del disco, las partículas de polvo se van agregando para crear incontables planetesimales de varios kilómetros de diámetro.

Los planetesimales se atraen y colisionan para formar protoplanetas que, a su vez, se unen para crear los planetas.

El viento solar barre todo el gas del disco y el sistema solar adquiere su forma.

¿POR QUÉ SON TAN DIFERENTES LOS PLANETAS ROCOSOS, LOS GIGANTES GASEOSOS Y LOS GIGANTES HELADOS?

Cerca del protosol solo pudieron soportar el calor los materiales rocosos y metálicos. Por eso, los pequeños planetesimales que se formaron en esta zona se componían de estos materiales. Por su parte, en zonas más lejanas y frías se formaron planetesimales más grandes compuestos por roca, metal y grandes cantidades de hielo. Esa diferencia de composición es lo que provoca que los planetas sean tan diferentes.

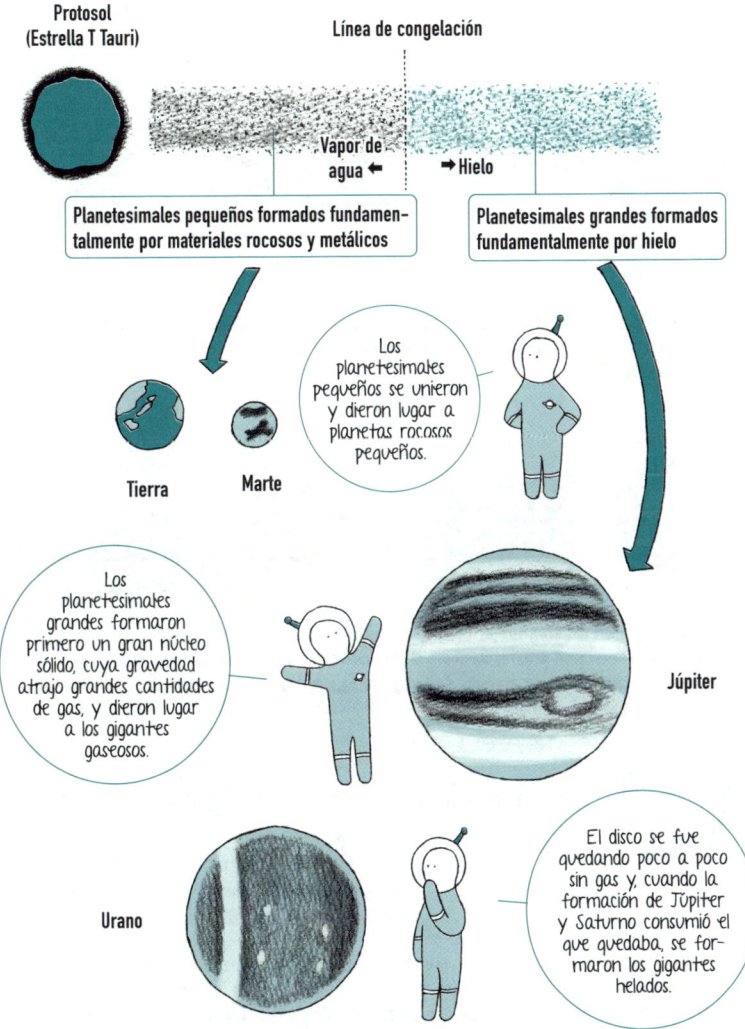

HIPÓTESIS DEL GRAN VIRAJE

La **hipótesis del gran viraje** es un nuevo modelo para explicar la configuración actual del sistema solar. Según esta hipótesis, en las primeras fases de formación del sistema solar, Júpiter y Saturno se acercaron al Sol y luego invirtieron el rumbo y migraron al exterior (en inglés se denomina *grand tack*, que significa «gran desvío» o «gran cambio de rumbo»). Esta hipótesis explica bastante bien por qué Marte es un planeta rocoso de pequeñas dimensiones.

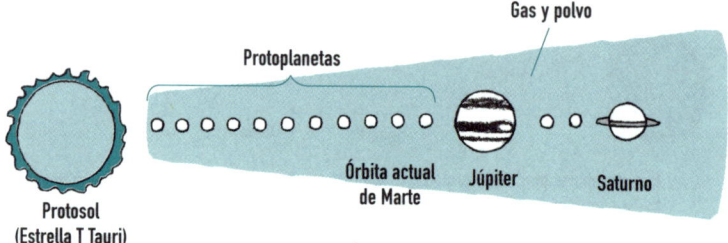

El modelo previo sostenía que en la órbita que ocupa ahora Marte existían un gran número de protoplanetas cuyas colisiones y uniones deberían haber formado un planeta Marte más grande, de tamaño terrestre.

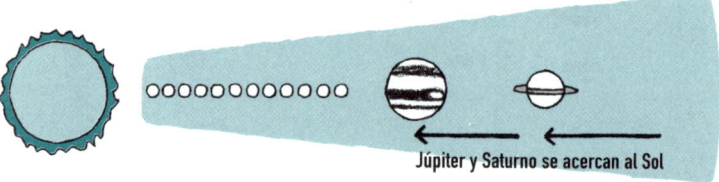

Según la hipótesis del gran viraje, la resistencia del disco de gas provocó que las órbitas de Júpiter y Saturno se acercaran progresivamente al Sol (para ser más exactos, disminuyeron su momento angular). Debido a ello, la mayoría de los protoplanetas fueron empujados hacia el interior o desplazados hacia el exterior.

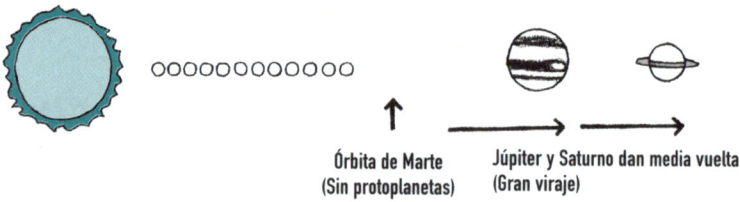

Con la desaparición del gas en el disco protosolar, Júpiter y Saturno fueron migrando de nuevo hacia el exterior. Esto provocó que no quedara casi ningún protoplaneta en las proximidades de la órbita actual de Marte, lo que explica el pequeño tamaño de este planeta rocoso.

¿PODEMOS VER EL «MOMENTO» EN EL QUE SE FORMÓ EL SISTEMA SOLAR?

El telescopio ALMA ha podido observar cómo se están formando los planetas alrededor de una estrella recién nacida. Estas observaciones y los modelos teóricos permitirán avanzar en la comprensión de la formación de los planetas del sistema solar y determinar si la hipótesis del gran viraje es correcta o no.

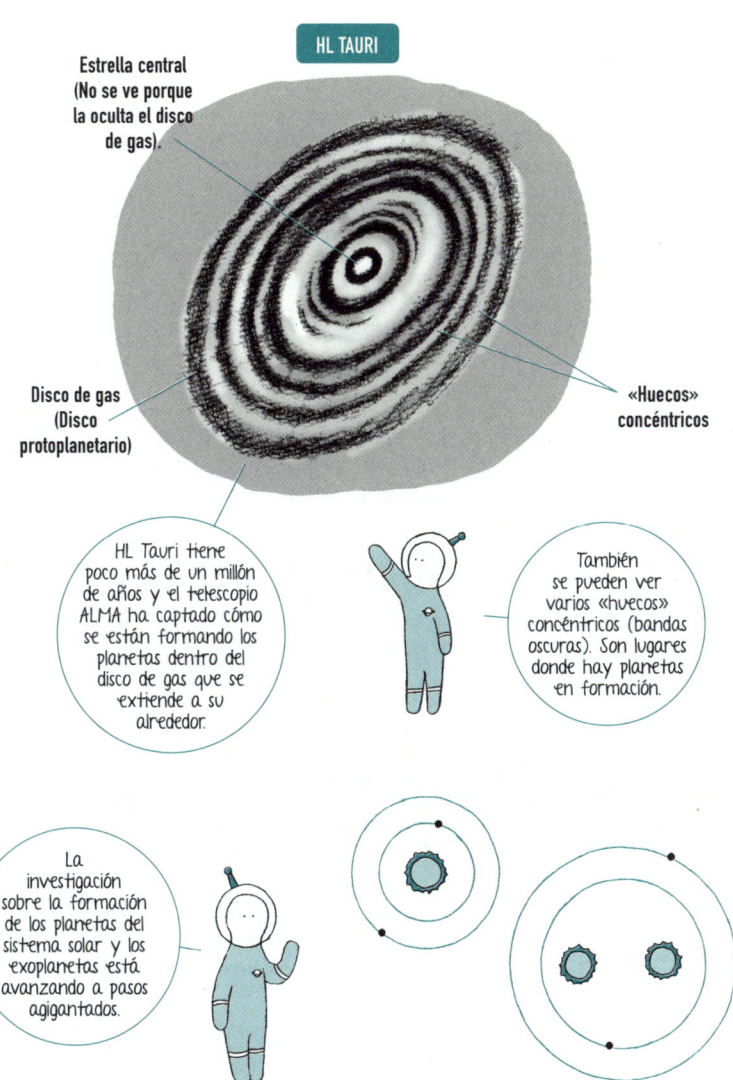

HL TAURI

Estrella central (No se ve porque la oculta el disco de gas).

«Huecos» concéntricos

Disco de gas (Disco protoplanetario)

HL Tauri tiene poco más de un millón de años y el telescopio ALMA ha captado cómo se están formando los planetas dentro del disco de gas que se extiende a su alrededor.

También se pueden ver varios «huecos» concéntricos (bandas oscuras). Son lugares donde hay planetas en formación.

La investigación sobre la formación de los planetas del sistema solar y los exoplanetas está avanzando a pasos agigantados.

CIENTÍFICOS Y FILÓSOFOS RELACIONADOS CON EL UNIVERSO

05

JOHANNES KEPLER

1571-1630

Johannes Kepler fue un astrónomo alemán y un genio matemático. Discípulo del astrónomo danés Tycho Brahe, «el más grande observador del cielo», Kepler se basó en la ingente cantidad de datos astronómicos que había dejado su maestro al morir para estudiar el movimiento de los planetas. Descubrió que, al contrario de lo que se creía desde tiempos antiguos, sus órbitas no eran círculos perfectos, sino elipses, y formuló las leyes del movimiento planetario que llevan su nombre (p. 76).

06

GALILEO GALILEI

1564 (año juliano)-1642 (año gregoriano)

El astrónomo italiano Galileo Galilei se fabricó su propio telescopio, un invento de reciente creación, y lo dirigió hacia el cielo. Descubrió que la Luna estaba llena de cráteres (p. 47) y que la Vía Láctea contenía «una cantidad inmensa de estrellas, de las que la mayor parte parecen bastante grandes y muy resplandecientes, y también una multitud de las pequeñas que es absolutamente indeterminable». Asimismo, observando los cuatro satélites de Júpiter que llevan su nombre (p. 90), llegó a la conclusión de que el modelo geocéntrico, según el cual todos los cuerpos celestes giran alrededor de la Tierra, estaba equivocado, y se convirtió en un firme partidario del heliocentrismo.

CAPÍTULO 4
ESTRELLAS

AÑO LUZ

Un **año luz** es la distancia que recorre la luz en el vacío durante un año, que son 9,46 billones de kilómetros (más exactamente 9 460 730 472 580,8 kilómetros). Para medir las distancias entre estrellas, la unidad astronómica se queda corta y se usa el año luz.

¿CUÁNTA DISTANCIA ES UN AÑO LUZ?

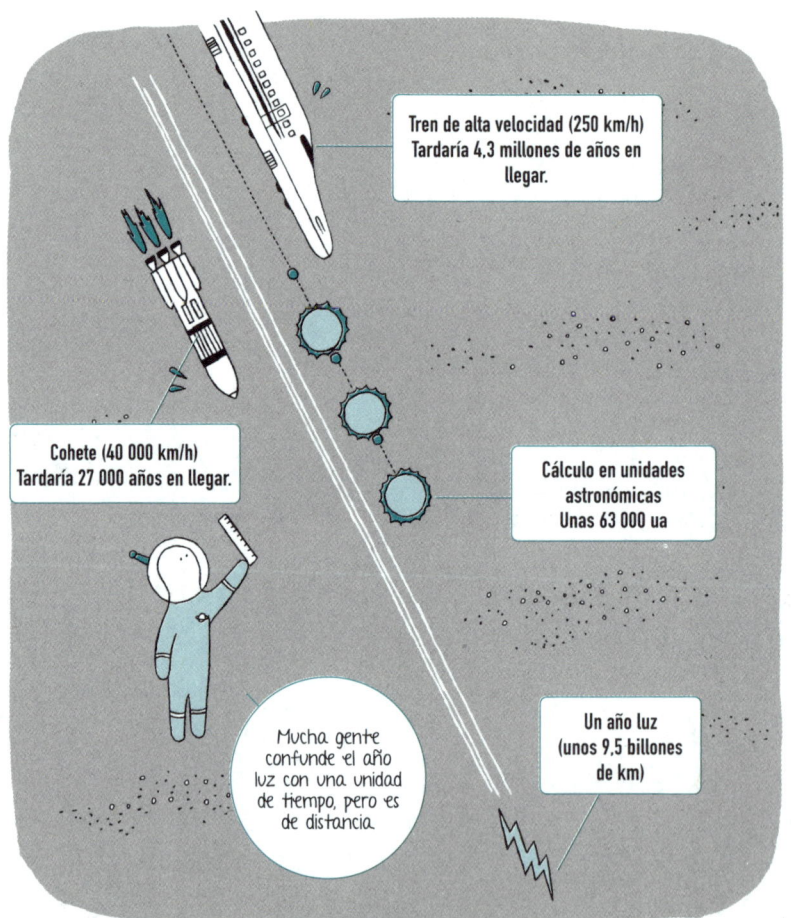

¿A CUÁNTOS AÑOS LUZ ESTÁN LAS ESTRELLAS MÁS CERCANAS AL SOL?

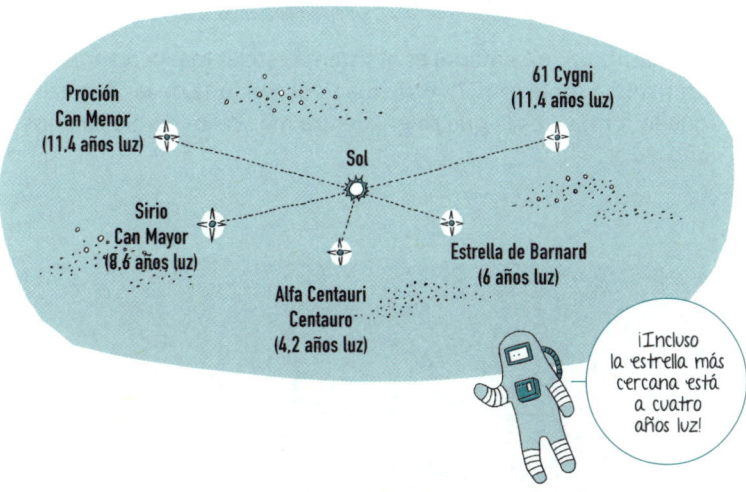

DISTANCIAS HASTA OTROS OBJETOS ASTRONÓMICOS

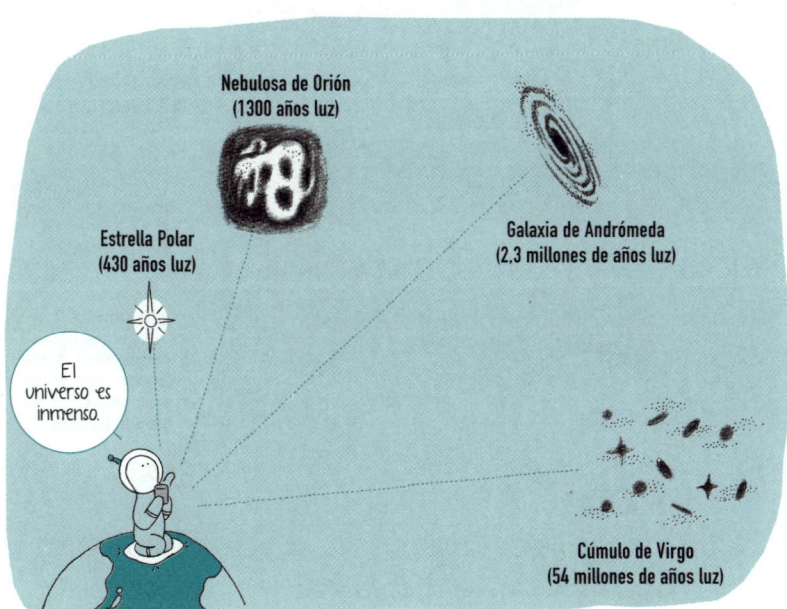

ALFA CENTAURI

Alfa Centauri (α Centauri) es el sistema estelar más cercano al Sol. Es un sistema triple (p.177). **Proxima Centauri**, una de las tres estrellas que lo forman, es la que se encuentra más cerca del Sol, a unos 4,2 años luz.

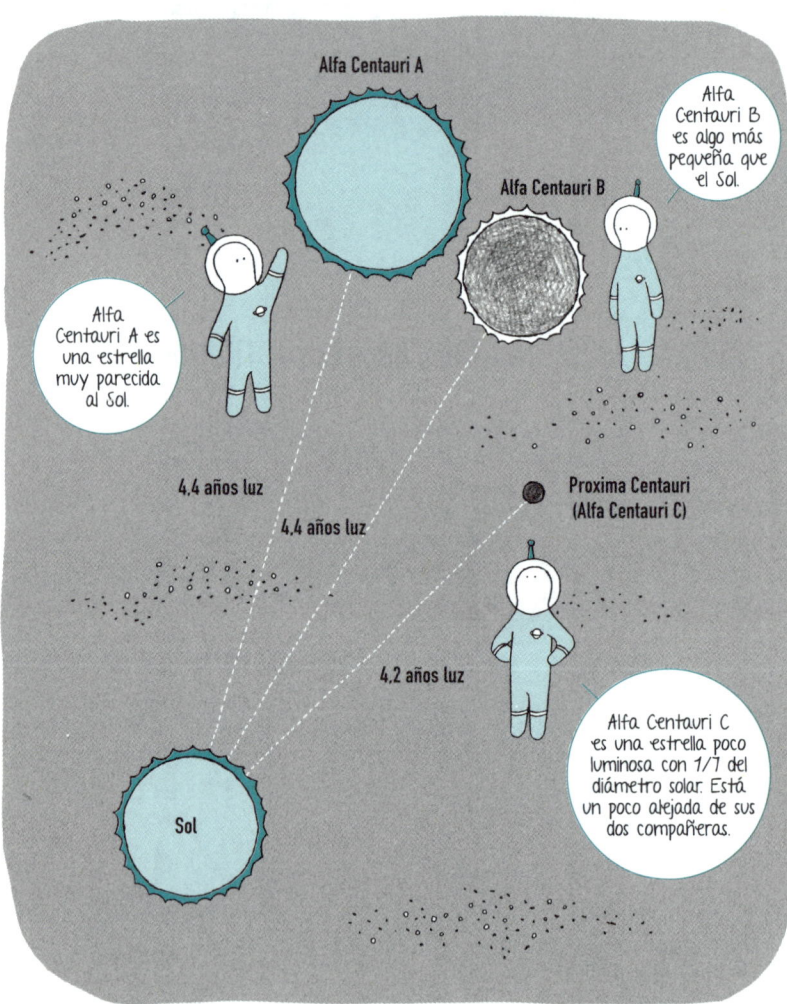

¿PROXIMA CENTAURI TIENE UN PLANETA CON OCÉANOS?

BREAKTHROUGH STARSHOT

Breakthrough Starshot («Disparo a las estrellas») es un ambicioso proyecto que pretende mandar dos minisondas hiperveloces del tamaño de un sello de correos a Alfa Centauri. El concepto se basa en la propulsión láser: las dos minisondas serían iluminadas por un haz láser desde la Tierra para acelerarlas a un quinto de la velocidad de la luz, de forma que alcanzarían Alfa Centauri en tan solo veinte años.

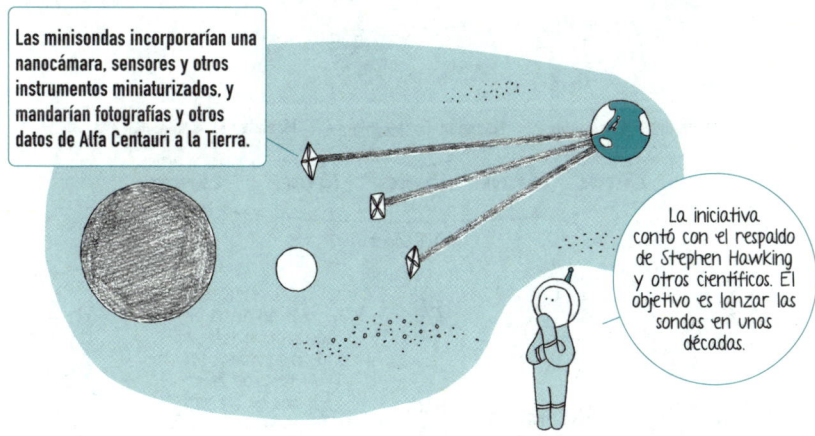

ESTRELLA DE PRIMERA MAGNITUD

La luminosidad de una estrella se indica con una unidad llamada **magnitud**. Hace unos 2200 años, el astrónomo griego **Hiparco** clasificó las estrellas visibles a simple vista en seis categorías según su brillo, asignándoles una escala de 1 a 6. Así, las estrellas más brillantes son de **primera magnitud** o **magnitud 1**, mientras que las de **sexta magnitud** o **magnitud 6** están en el límite de la percepción visual.

¿HAY ESTRELLAS CON MAGNITUD CERO Y NEGATIVAS?

La escala moderna de magnitudes está perfectamente establecida, de forma que una estrella de magnitud 1 es cien veces más brillante que una de magnitud 6. Asimismo, la escala se ha ampliado y también se habla de objetos de magnitud 0, -1, 7, 8, etc.

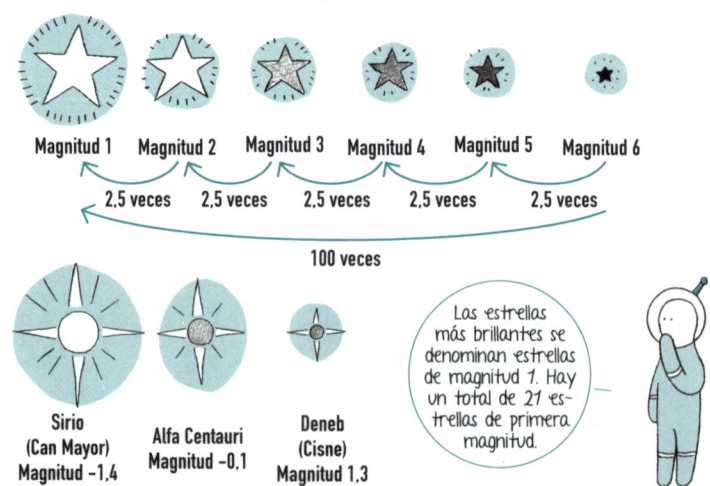

¿DE QUÉ MAGNITUD ES EL SOL?

El brillo del Sol tiene una magnitud de -26,7.

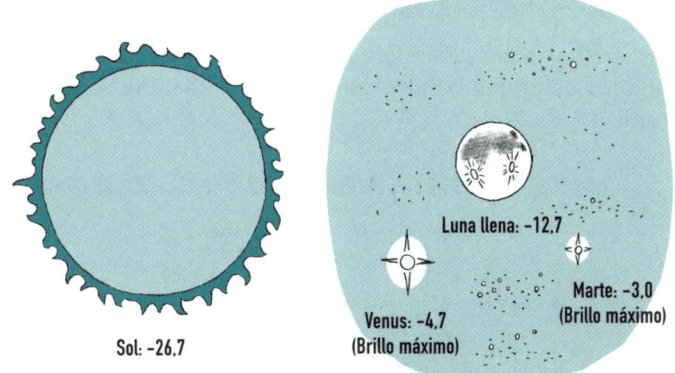

MAGNITUD ABSOLUTA

Cuando observamos las estrellas desde la Tierra, les asignamos una magnitud en función de su «brillo aparente». Puede que dos estrellas tengan originalmente la misma luminosidad, pero una se verá más brillante si está cerca y otra tendrá un brillo más débil si está lejos. Por ello, se definió como **magnitud absoluta** la magnitud (brillo) aparente que tendría una estrella si estuviera a una distancia de 32,6 años luz (10 parsecs, p. 171) de la Tierra. Es el estándar que indica la luminosidad real de una estrella.

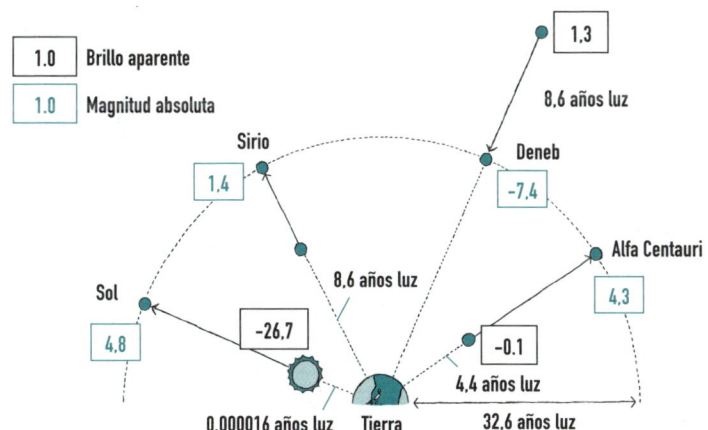

NOMBRE PROPIO

Las estrellas tienen varias denominaciones. Las más brillantes tienen nombres de origen babilónico, griego o árabe. Ese es su **nombre propio**.

NOMBRES PROPIOS DE LAS ESTRELLAS DE LA CONSTELACIÓN DE ORIÓN

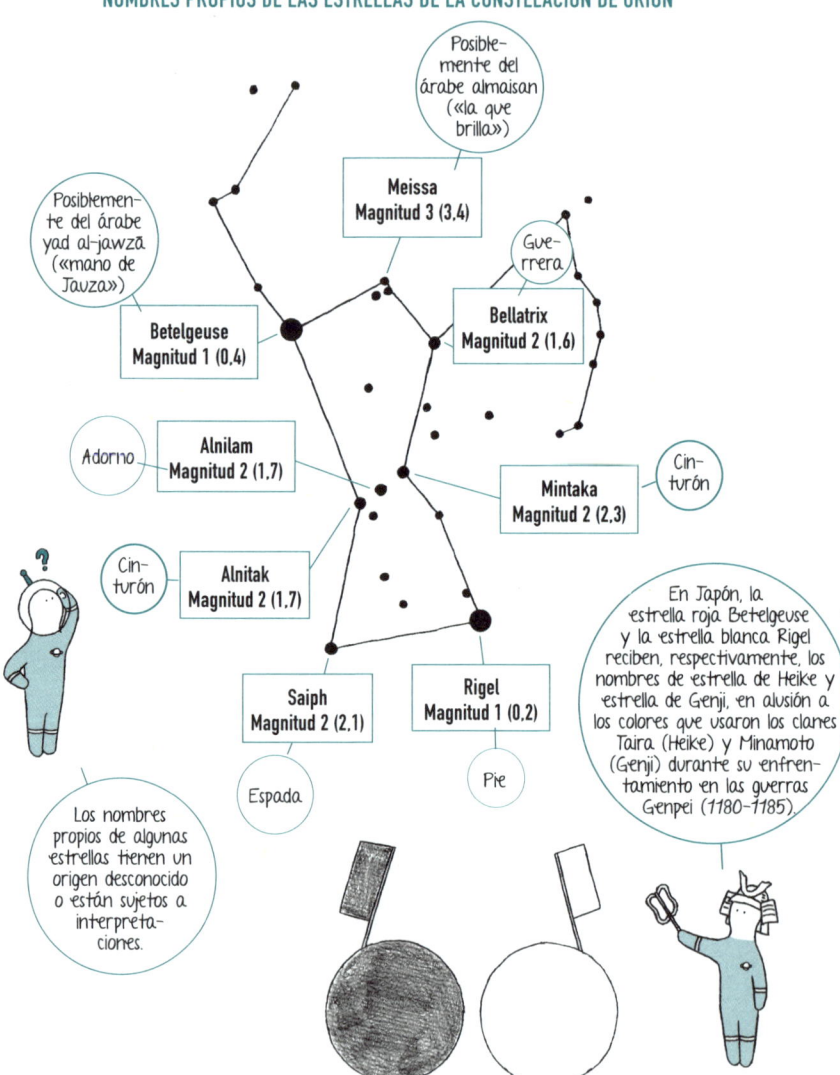

Posiblemente del árabe almaisan («la que brilla»)

Meissa Magnitud 3 (3,4)

Posiblemente del árabe yad al-jawza («mano de Jauza»)

Guerrera

Bellatrix Magnitud 2 (1,6)

Betelgeuse Magnitud 1 (0,4)

Adorno

Alnilam Magnitud 2 (1,7)

Cinturón

Mintaka Magnitud 2 (2,3)

Cinturón

Alnitak Magnitud 2 (1,7)

Saiph Magnitud 2 (2,1)

Rigel Magnitud 1 (0,2)

Espada

Pie

En Japón, la estrella roja Betelgeuse y la estrella blanca Rigel reciben, respectivamente, los nombres de estrella de Heike y estrella de Genji, en alusión a los colores que usaron los clanes Taira (Heike) y Minamoto (Genji) durante su enfrentamiento en las guerras Genpei (1180-1185).

Los nombres propios de algunas estrellas tienen un origen desconocido o están sujetos a interpretaciones.

DENOMINACIÓN DE BAYER

La **denominación de Bayer** (o letra de Bayer) es un sistema de nomenclatura estelar que introdujo el astrónomo alemán Johann Bayer a principios del siglo XVII. Bayer asignó letras griegas a las estrellas de las constelaciones en orden decreciente (alfa, beta, gamma...) según su brillo. A las estrellas más débiles, que no tienen nombre propio, se las suele designar por su denominación de Bayer.

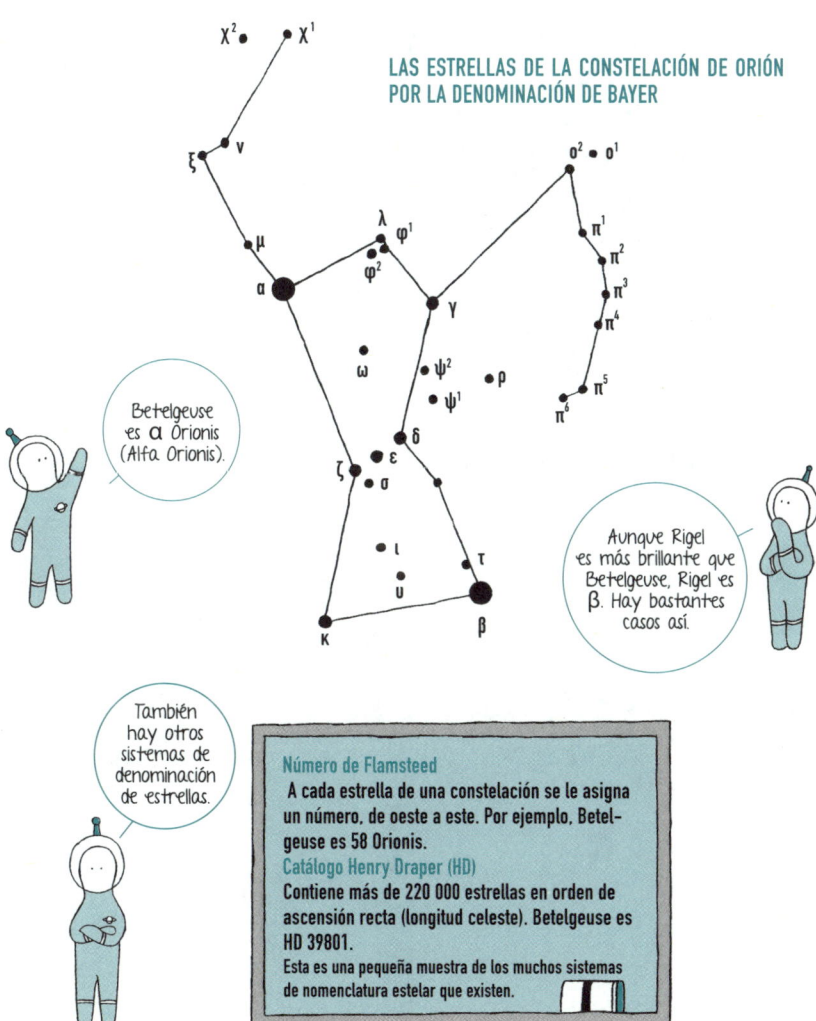

LAS ESTRELLAS DE LA CONSTELACIÓN DE ORIÓN POR LA DENOMINACIÓN DE BAYER

Betelgeuse es α Orionis (Alfa Orionis).

Aunque Rigel es más brillante que Betelgeuse, Rigel es β. Hay bastantes casos así.

También hay otros sistemas de denominación de estrellas.

Número de Flamsteed
A cada estrella de una constelación se le asigna un número, de oeste a este. Por ejemplo, Betelgeuse es 58 Orionis.

Catálogo Henry Draper (HD)
Contiene más de 220 000 estrellas en orden de ascensión recta (longitud celeste). Betelgeuse es HD 39801.

Esta es una pequeña muestra de los muchos sistemas de nomenclatura estelar que existen.

MOVIMIENTO DIURNO

El **movimiento diurno** es el desplazamiento de las estrellas de este a oeste debido a la rotación de la Tierra. El período del movimiento diurno es el mismo que el de rotación de la Tierra (p. 53), es decir, 23 horas, 56 minutos y 4 segundos.

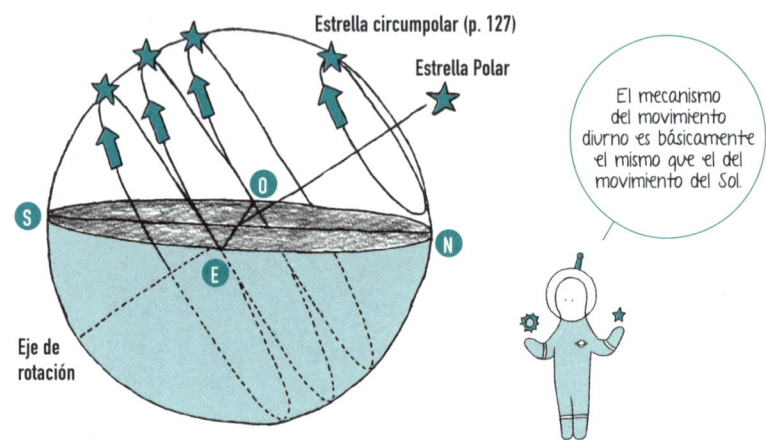

El mecanismo del movimiento diurno es básicamente el mismo que el del movimiento del Sol.

MOVIMIENTO DE LAS ESTRELLAS EN DIRECCIÓN ESTE-SUR-OESTE

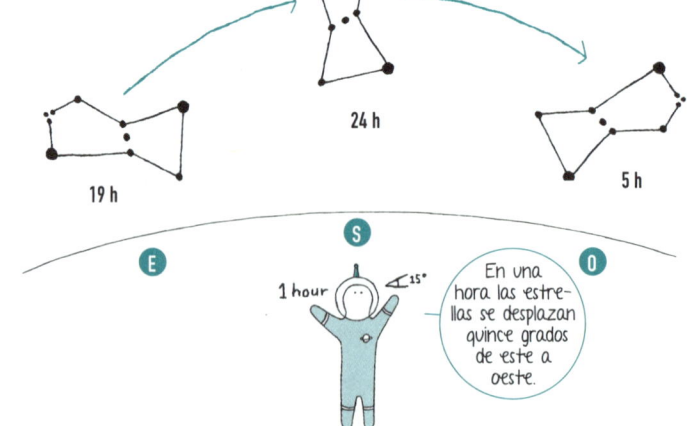

En una hora las estrellas se desplazan quince grados de este a oeste.

MOVIMIENTO DE LAS ESTRELLAS EN EL CIELO SEPTENTRIONAL

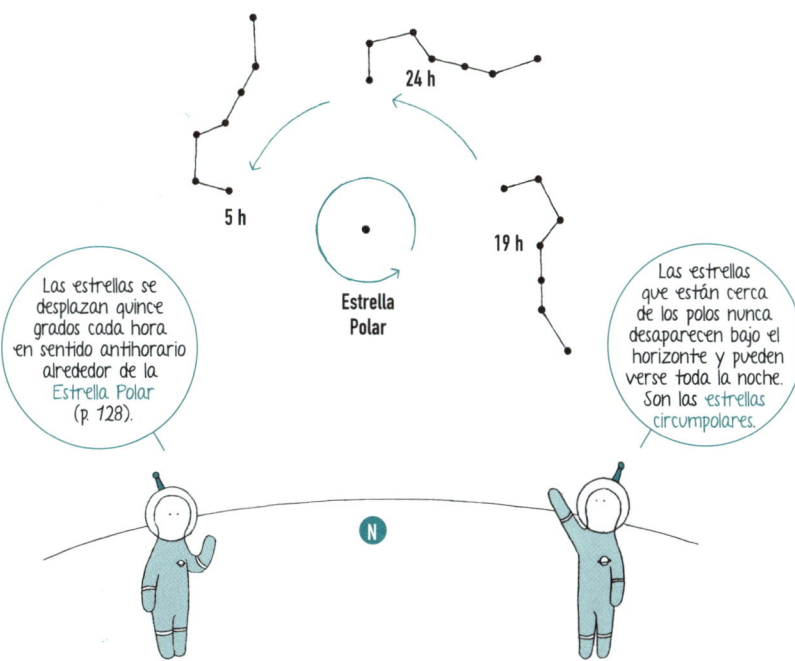

¿CÓMO SE MUEVEN LAS ESTRELLAS EN EL ECUADOR Y EN LOS POLOS?

En el ecuador, las estrellas salen por el horizonte del este, ascienden verticalmente y se ponen perpendicularmente por el horizonte del oeste; mientras que en los polos, las estrellas giran paralelamente al horizonte.

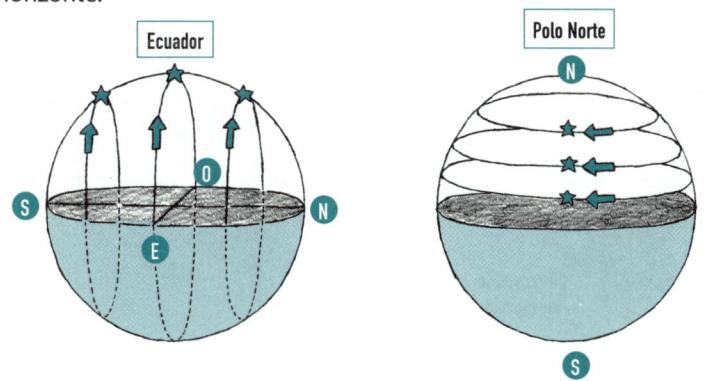

ESTRELLA POLAR / POLARIS

La **Estrella Polar** (α Ursae Minoris o **Polaris**) es una estrella que se encuentra cerca de donde la prolongación del eje de la Tierra toca la esfera celeste; es decir, próxima al polo norte celeste. Vista desde la Tierra, apenas se mueve durante la noche y todas las estrellas del cielo septentrional parecen moverse en círculos a su alrededor.

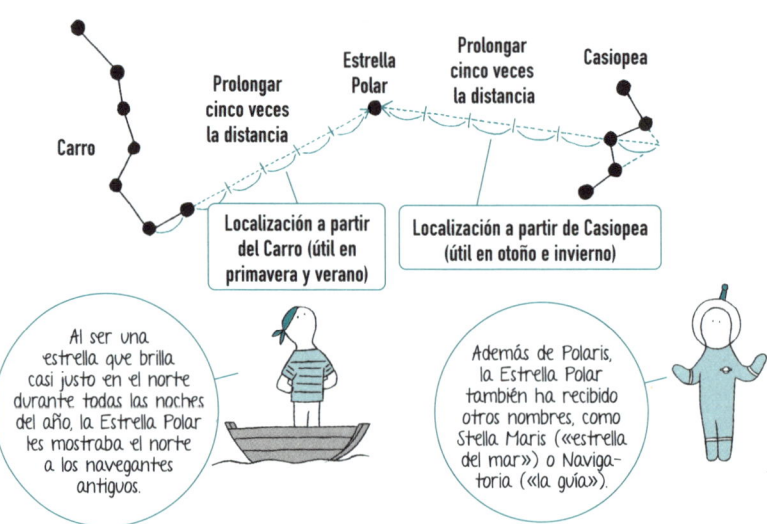

Al ser una estrella que brilla casi justo en el norte durante todas las noches del año, la Estrella Polar les mostraba el norte a los navegantes antiguos.

Además de Polaris, la Estrella Polar también ha recibido otros nombres, como Stella Maris («estrella del mar») o Navigatoria («la guía»).

¿LA ESTRELLA POLAR SE MUEVE UN POCO?

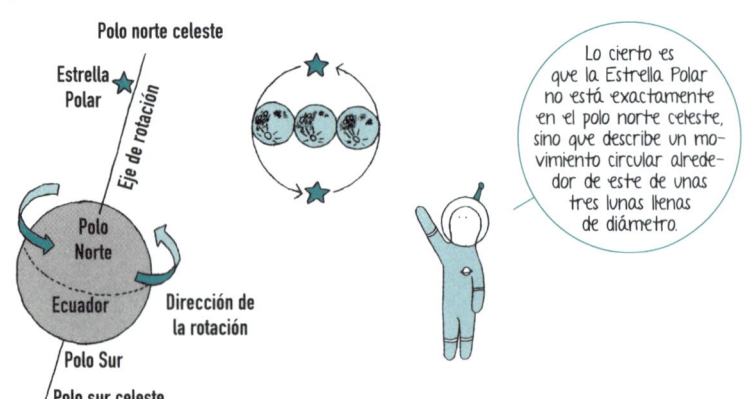

Lo cierto es que la Estrella Polar no está exactamente en el polo norte celeste, sino que describe un movimiento circular alrededor de este de unas tres lunas llenas de diámetro.

¿DENTRO DE 12 000 AÑOS, VEGA SERÁ LA ESTRELLA POLAR?

El eje de rotación de la Tierra cabecea como una peonza cuando gira y tarda unos 26 000 años en dar una vuelta completa (**movimiento de precesión**). Al cambiar la dirección del eje de rotación, también cambia la dirección del polo norte celeste y, por tanto, cambia la estrella que señala este punto.

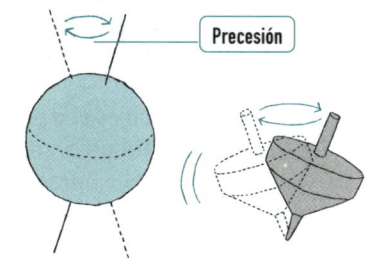

CAMBIOS EN LA ESTRELLA POLAR

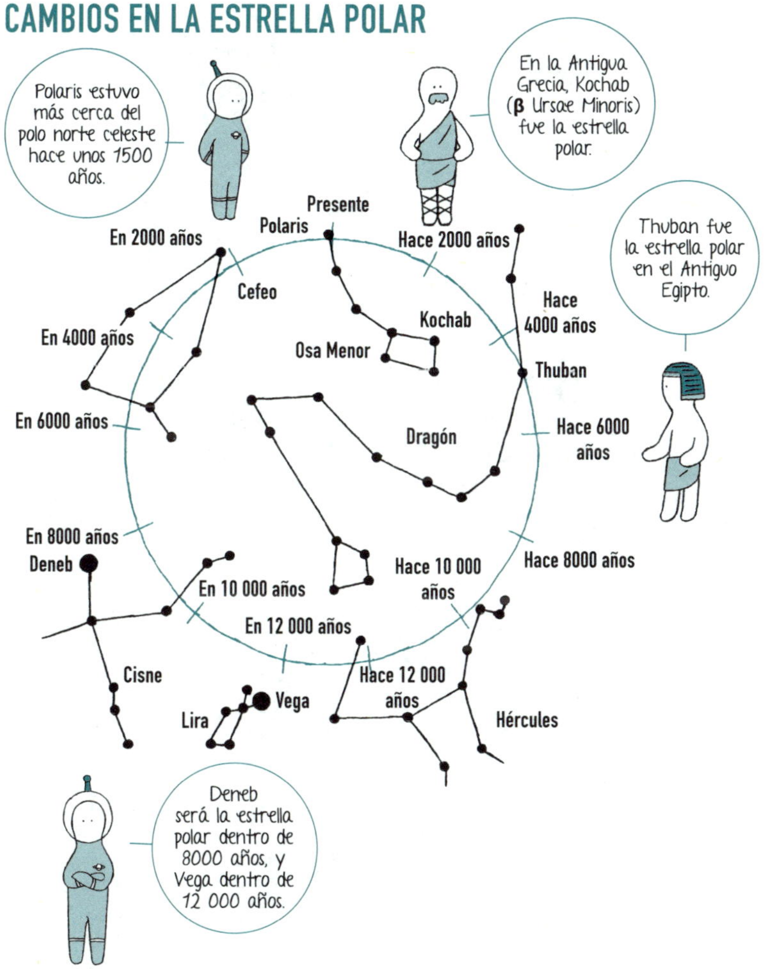

Polaris estuvo más cerca del polo norte celeste hace unos 1500 años.

En la Antigua Grecia, Kochab (β Ursae Minoris) fue la estrella polar.

Thuban fue la estrella polar en el Antiguo Egipto.

Deneb será la estrella polar dentro de 8000 años, y Vega dentro de 12 000 años.

MOVIMIENTO ANUAL

El **movimiento anual** es el desplazamiento progresivo hacia el oeste (aproximadamente un grado cada noche) de la posición de una estrella vista a la misma hora, debido a la traslación de la Tierra. Esto provoca que cambien las constelaciones que pueden verse en cada estación.

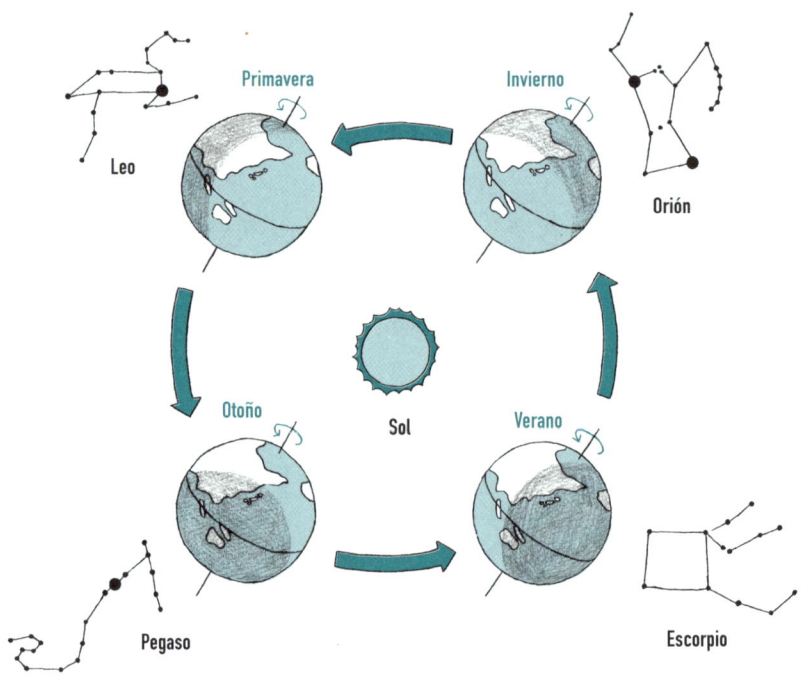

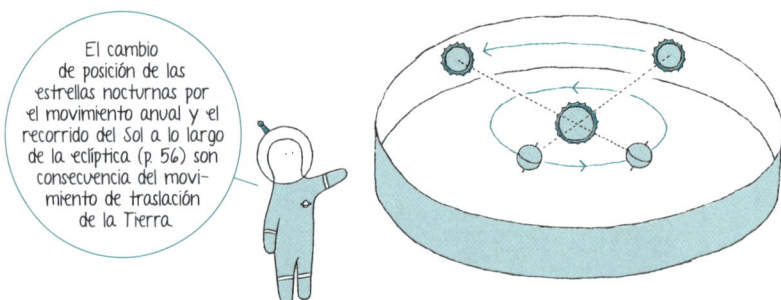

El cambio de posición de las estrellas nocturnas por el movimiento anual y el recorrido del Sol a lo largo de la eclíptica (p. 56) son consecuencia del movimiento de traslación de la Tierra.

LAS DOCE CONSTELACIONES DE LA ECLÍPTICA

Las **doce constelaciones de la eclíptica** o **constelaciones zodiacales** son las constelaciones que pasan por la eclíptica (p. 56). En la **astrología**, la expresión «nacido bajo el signo de XX» indica que «el nacimiento se produjo cuando el Sol estaba cerca de la constelación XX (en un punto de la eclíptica)». Por ello, son constelaciones que se pueden ver en el cielo nocturno cada seis meses más o menos.

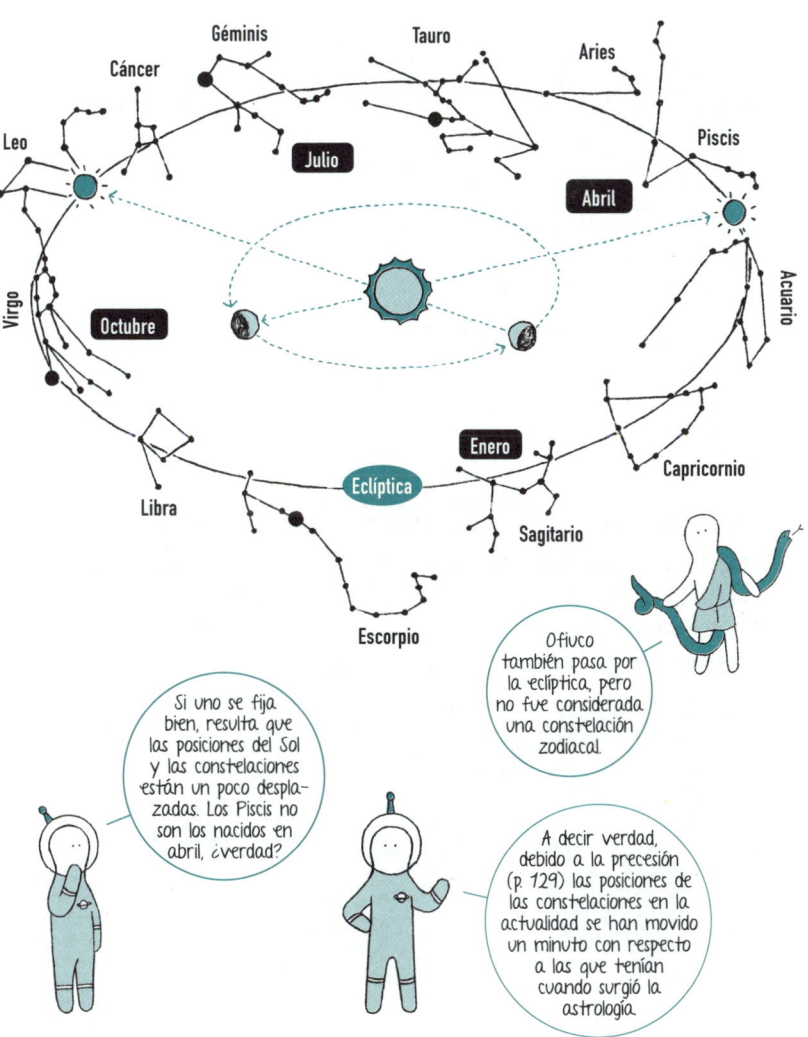

Ofiuco también pasa por la eclíptica, pero no fue considerada una constelación zodiacal.

Si uno se fija bien, resulta que las posiciones del Sol y las constelaciones están un poco desplazadas. Los Piscis no son los nacidos en abril, ¿verdad?

A decir verdad, debido a la precesión (p. 129) las posiciones de las constelaciones en la actualidad se han movido un minuto con respecto a las que tenían cuando surgió la astrología.

CONSTELACIÓN

Hace unos 4000 años, los habitantes de Mesopotamia (actual Iraq) observaron la alineación de las estrellas brillantes en el cielo nocturno y vieron en ellas animales, dioses y héroes mitológicos. Esta tradición pasó a la Antigua Grecia, que la asoció a su propios mitos y leyendas, y dio forma a las constelaciones tal como las conocemos ahora.

¿QUÉ SON LAS CONSTELACIONES DE PTOLOMEO?

Hace unos 1900 años, el astrónomo griego Claudio Ptolomeo (p. 66) catalogó las 48 constelaciones que se conocían en diversos lugares. Se denominan constelaciones de Ptolomeo y son las que pueden verse en el cielo boreal en la actualidad.

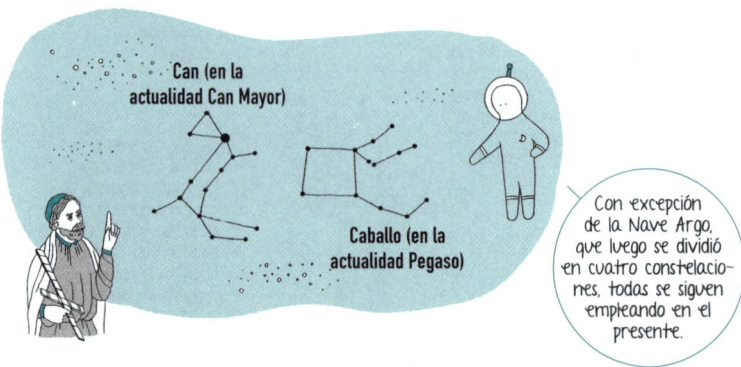

¿CÓMO SE DECIDIERON LAS CONSTELACIONES AUSTRALES?

Hace 500 años, durante la «era de los descubrimientos», los europeos visitaron el hemisferio sur y también les dieron nombre a los conjuntos de estrellas que vieron en el cielo austral.

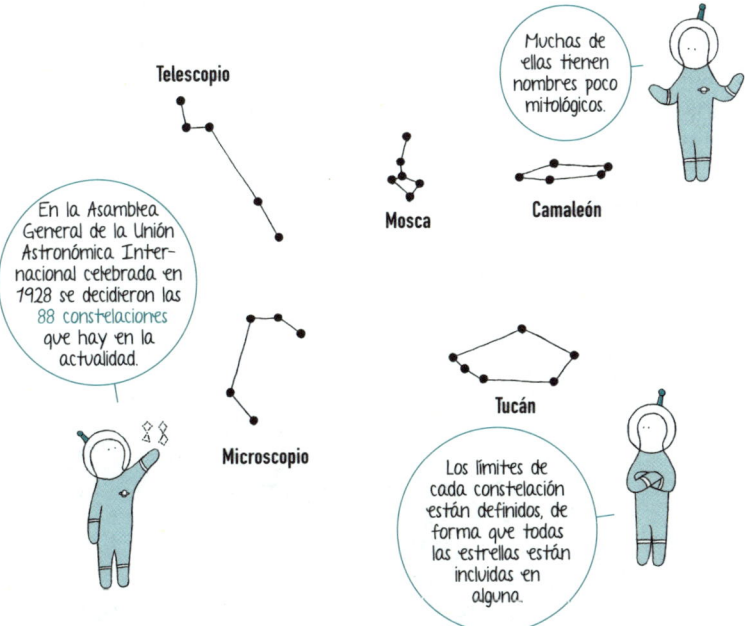

¿LAS ESTRELLAS QUE FORMAN LAS CONSTELACIONES ESTÁN ALEJADAS?

Cuando se observan desde la Tierra, parece que las estrellas de las constelaciones están próximas unas de otras, pero en realidad no son pocas las que se encuentran muy alejadas entre sí.

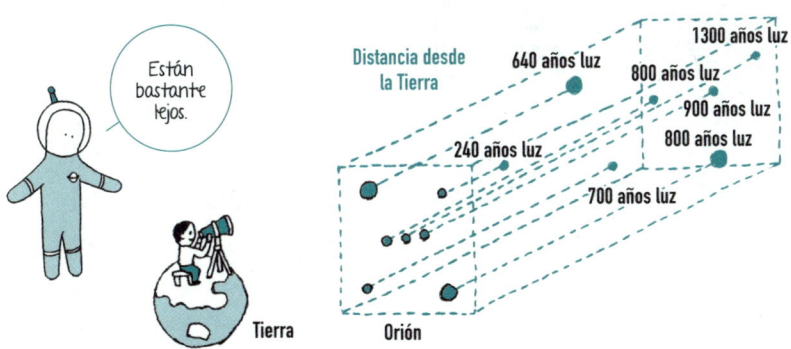

GRAN CURVA DE PRIMAVERA

En las noches de primavera, el Carro se ve alto en el cielo. Al prolongar la curva que forman las cuatro estrellas del «varal», se llega a la brillante estrella anaranjada de primera magnitud **Arturo**, en la constelación del Boyero, y a **Spica**, una estrella blanca de primera magnitud situada en Virgo. A este recorrido se le llama la Gran curva de primavera.

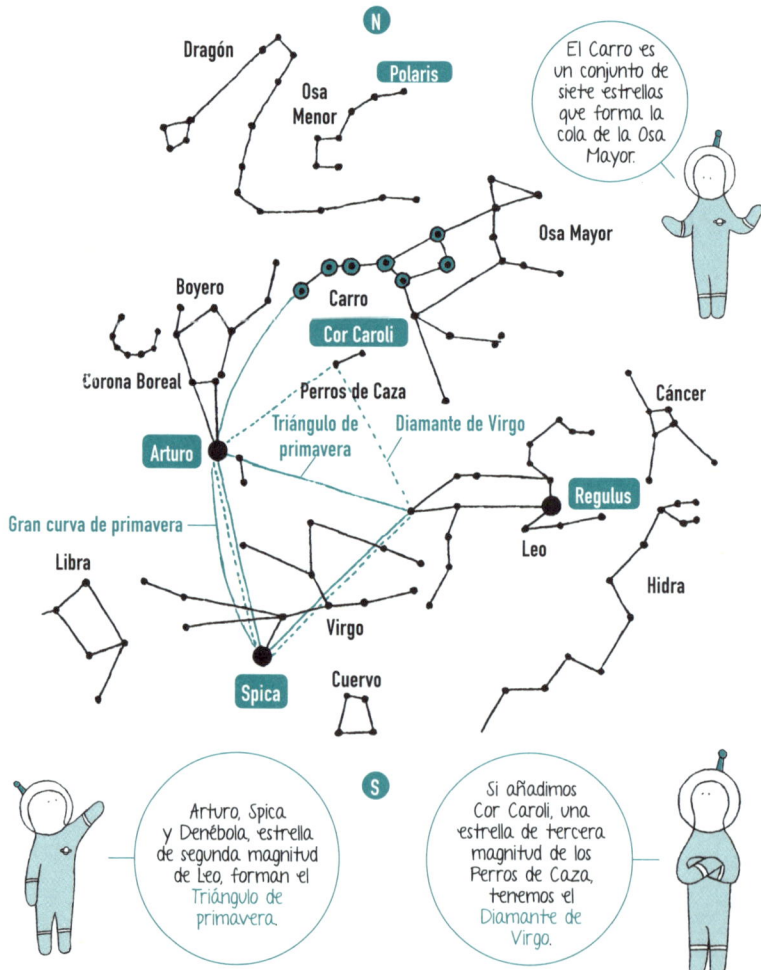

CONSTELACIONES MÁS REPRESENTATIVAS DE LA PRIMAVERA

El Carro es un conjunto de siete estrellas que forma la cola de la Osa Mayor.

Arturo, Spica y Denébola, estrella de segunda magnitud de Leo, forman el Triángulo de primavera.

Si añadimos Cor Caroli, una estrella de tercera magnitud de los Perros de Caza, tenemos el Diamante de Virgo.

TRIÁNGULO ESTIVAL

Al contemplar el cielo oriental alrededor de las once de la noche a mediados de julio, se puede observar un gran triángulo formado por tres brillantes estrellas de primera magnitud. **Vega**, en la constelación de la Lira; **Altair**, en la costelación del Águila; y **Deneb**, en la constelación del Cisne, forman un asterismo conocido como **Triángulo estival**, fácilmente visible incluso en el cielo contaminado lumínicamente de las grandes ciudades.

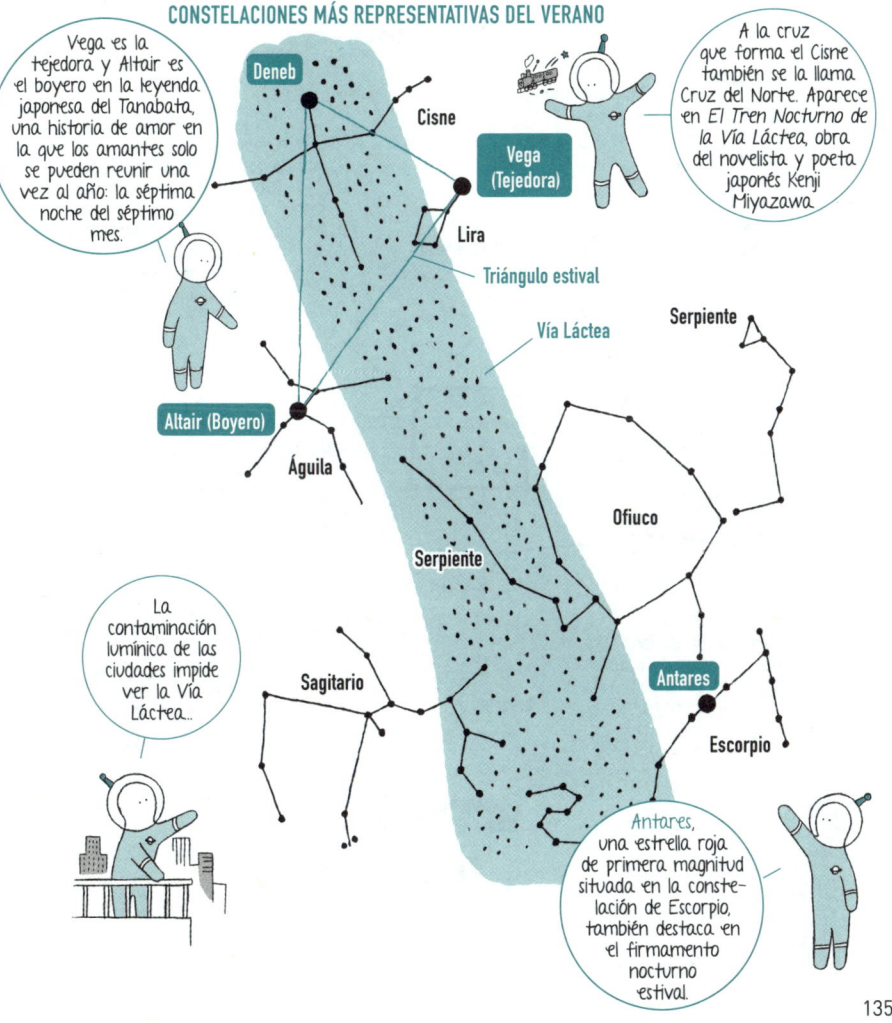

CONSTELACIONES MÁS REPRESENTATIVAS DEL VERANO

Vega es la tejedora y Altair es el boyero en la leyenda japonesa del Tanabata, una historia de amor en la que los amantes solo se pueden reunir una vez al año: la séptima noche del séptimo mes.

A la cruz que forma el Cisne también se la llama Cruz del Norte. Aparece en *El Tren Nocturno de la Vía Láctea*, obra del novelista y poeta japonés Kenji Miyazawa.

La contaminación lumínica de las ciudades impide ver la Vía Láctea...

Antares, una estrella roja de primera magnitud situada en la constelación de Escorpio, también destaca en el firmamento nocturno estival.

CUADRADO DE PEGASO

El cielo nocturno del otoño es bastante pobre en estrellas brillantes. Las que más destacan son cuatro, que brillan justo en lo alto y que forman un gran cuadrado llamado **Cuadrado de Pegaso** o **Cuadrado de otoño**. Se sitúa en el tronco del caballo alado Pegaso.

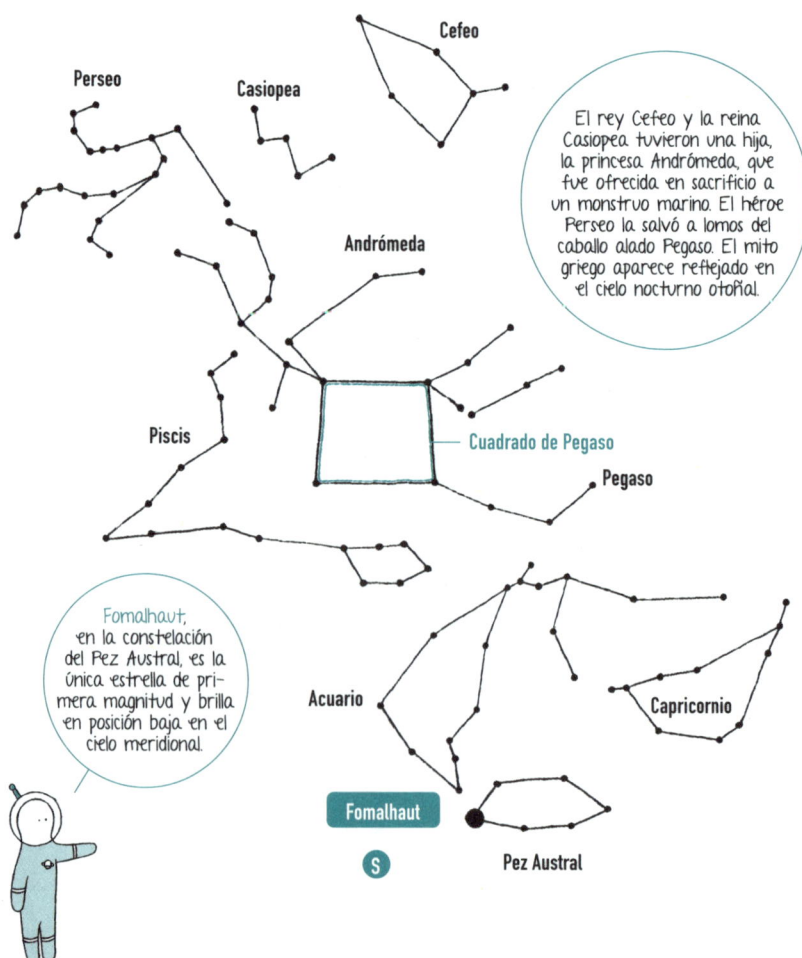

CONSTELACIONES MÁS REPRESENTATIVAS DEL OTOÑO

El rey Cefeo y la reina Casiopea tuvieron una hija, la princesa Andrómeda, que fue ofrecida en sacrificio a un monstruo marino. El héroe Perseo la salvó a lomos del caballo alado Pegaso. El mito griego aparece reflejado en el cielo nocturno otoñal.

Fomalhaut, en la constelación del Pez Austral, es la única estrella de primera magnitud y brilla en posición baja en el cielo meridional.

HEXÁGONO INVERNAL

El cielo nocturno invernal es el más espectacular del año. **Betelgeuse**, en Orión; **Sirio**, en el Can Mayor; y **Procíon**, en el Can Menor, son tres estrellas de primera magnitud que forman un triángulo equilátero: el **Triángulo de invierno**. Asimismo, seis estrellas de primera magnitud forman el magnífico Hexágono invernal.

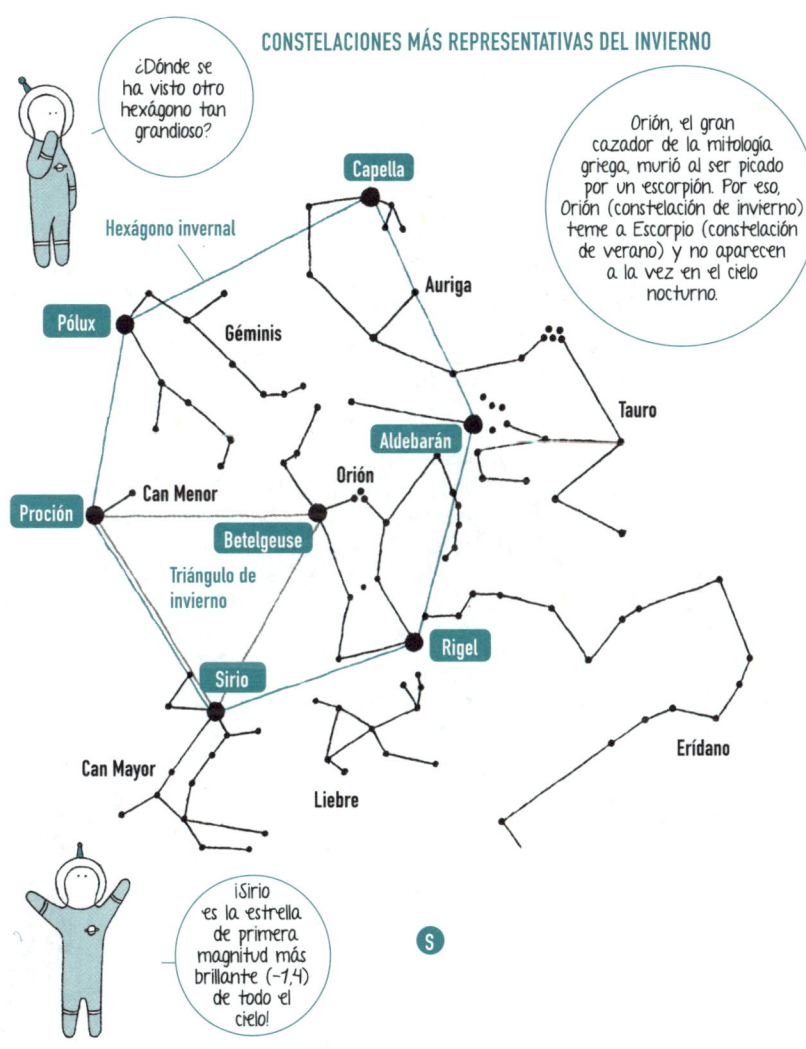

CONSTELACIONES MÁS REPRESENTATIVAS DEL INVIERNO

¿Dónde se ha visto otro hexágono tan grandioso?

Orión, el gran cazador de la mitología griega, murió al ser picado por un escorpión. Por eso, Orión (constelación de invierno) teme a Escorpio (constelación de verano) y no aparecen a la vez en el cielo nocturno.

¡Sirio es la estrella de primera magnitud más brillante (−1,4) de todo el cielo!

CRUZ DEL SUR

Las constelaciones australes (constelaciones visibles desde el hemisferio sur) no se pueden ver desde la Europa continental. La célebre **Cruz del Sur** y **Alfa Centauri**, el sistema estelar más cercano al Sol, se pueden ver desde las islas Canarias.

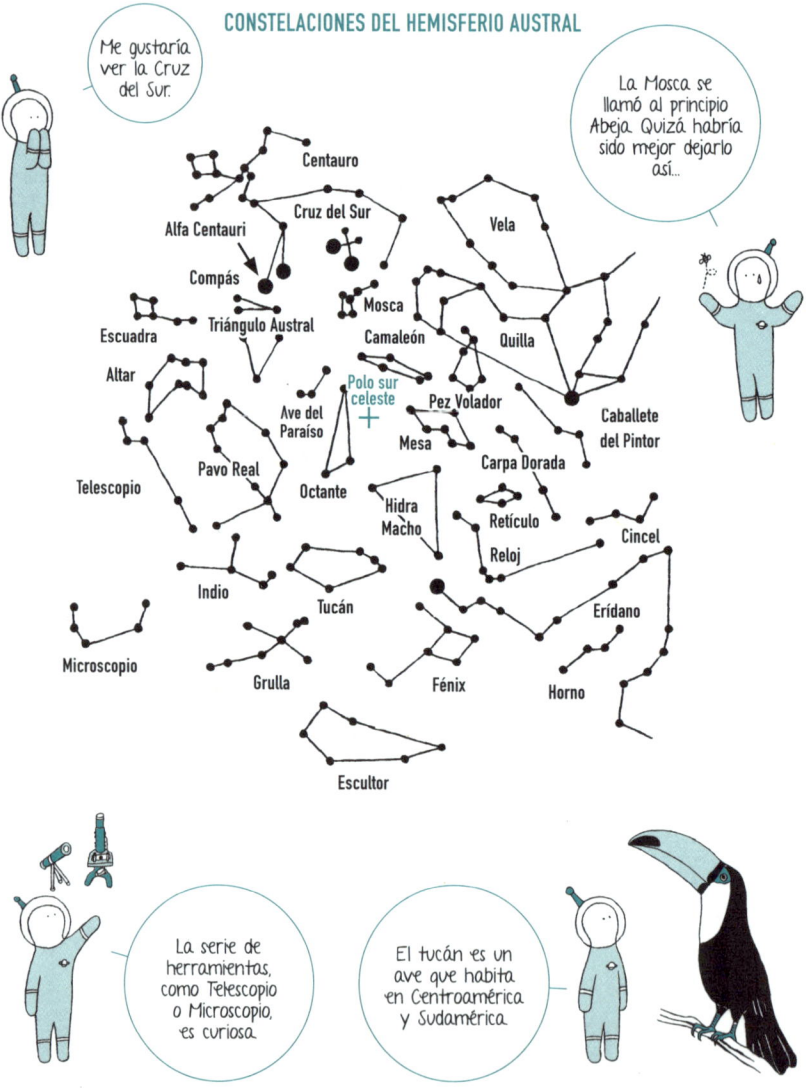

CONSTELACIONES CHINAS

Las *xīng xiù* («mansiones estelares») son las constelaciones de la Antigua China. Se agrupan en torno a la Estrella Polar (*dì xīng* o «estrella emperador»), y cuanto más lejos están de ella, menos categoría tienen.

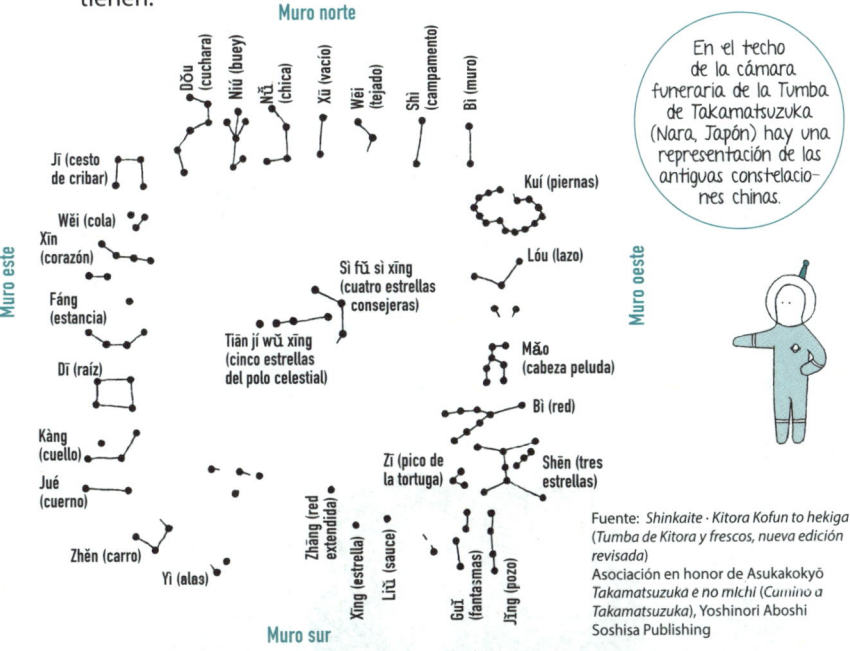

En el techo de la cámara funeraria de la Tumba de Takamatsuzuka (Nara, Japón) hay una representación de las antiguas constelaciones chinas.

Fuente: *Shinkaite · Kitora Kofun to hekiga* (Tumba de Kitora y frescos, nueva edición revisada)
Asociación en honor de Asukakokyō *Takamatsuzuka e no michi* (Camino a Takamatsuzuka), Yoshinori Aboshi
Soshisa Publishing

CONSTELACIONES OSCURAS DE LOS INCAS

Al contemplar el cielo nocturno con sus incontables estrellas, los incas no las unieron para formar constelaciones. En cambio, fueron las regiones oscuras de la Vía Láctea, donde no había estrellas, las que inspiraron su fantasía y vieron en ellas representantes de la fauna andina.

Las regiones oscuras son, en realidad, nebulosas oscuras (p. 142).

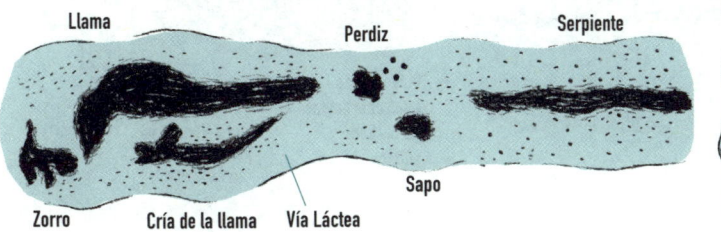

MEDIO INTERESTELAR

Se suele decir que «el espacio interestelar está vacío». Lo cierto es que no es un vacío completo, sino que existe gas (hidrógeno, helio) y polvo (carbono y silicio) en pequeñas cantidades. Es lo que se llama **medio interestelar**.

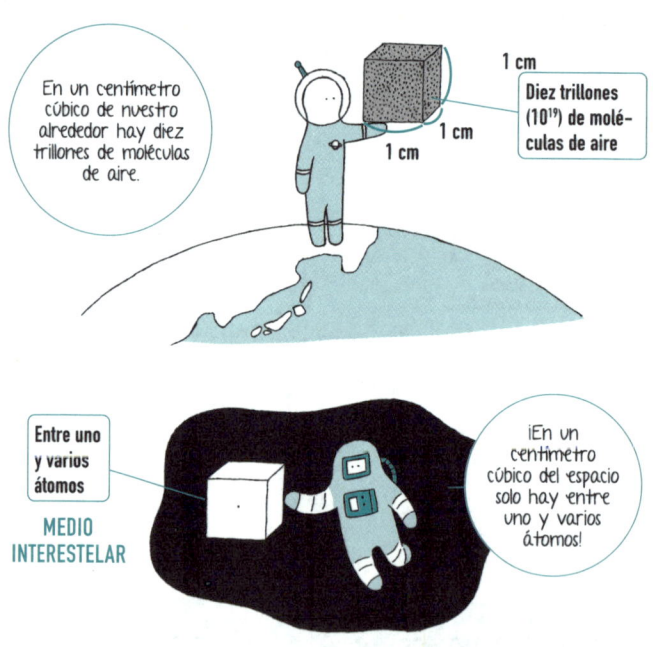

CONTENIDO DEL MEDIO INTERESTELAR

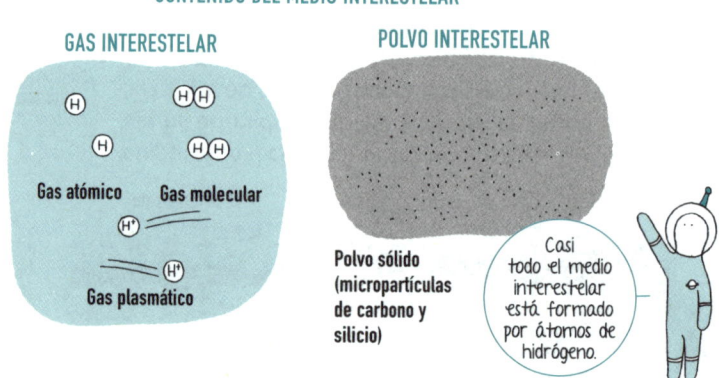

NUBE INTERESTELAR

La materia interestelar se acumula en regiones densas con forma de nube, denominadas **nubes interestelares**. A estas nubes que reflejan la luz de las estrellas de su alrededor y ocultan la luz del fondo estelar también las llamamos nebulosas (p. 26).

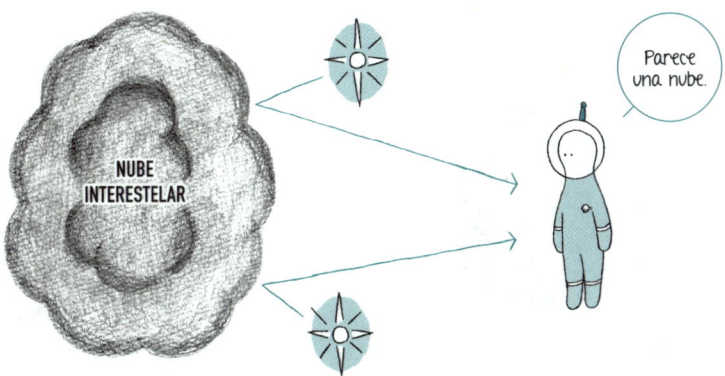

OBJETO MESSIER

Un **objeto Messier** es un objeto astronómico que aparece en el **catálogo Messier**, una lista de 110 nebulosas, cúmulos estelares y galaxias confeccionada por el astrónomo francés Charles Messier. Los objetos se identifican con la letra M seguida de un número (desde M1 hasta M110).

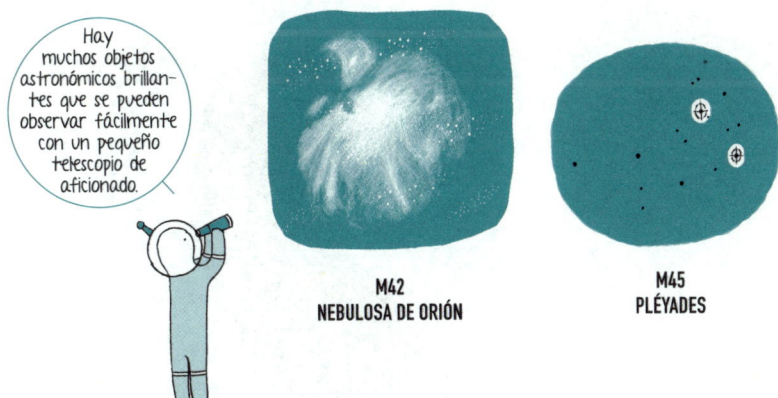

M42
NEBULOSA DE ORIÓN

M45
PLÉYADES

NEBULOSA OSCURA

Las nebulosas se pueden clasificar de varias formas según su color, su forma u otras características. Una **nebulosa oscura** es una nebulosa que bloquea el paso de la luz de las estrellas de fondo y se ve más oscura que su alrededor.

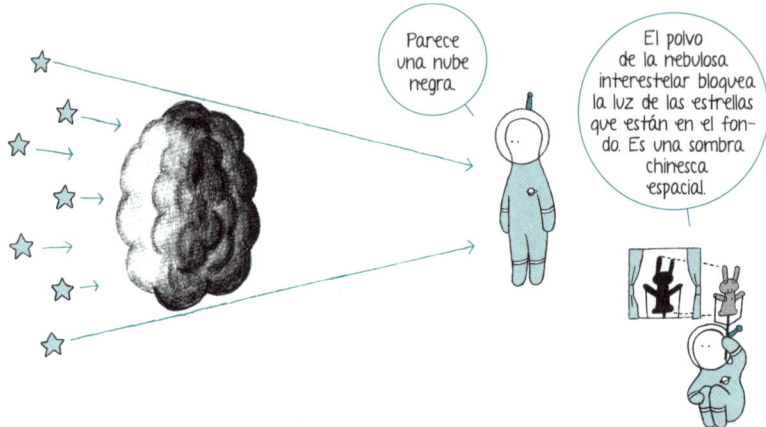

NEBULOSA DE LA CABEZA DE CABALLO

La **nebulosa de la Cabeza de Caballo** es una famosa nebulosa oscura que se encuentra en la constelación de Orión. Como indica su nombre, su forma recuerda a la cabeza de un caballo.

NEBULOSA DEL SACO DE CARBÓN

La **nebulosa del Saco de Carbón** es una famosa nebulosa oscura situada cerca de la Cruz del Sur. Se perfila como un agujero negro sobre el fondo luminoso de la Vía Láctea.

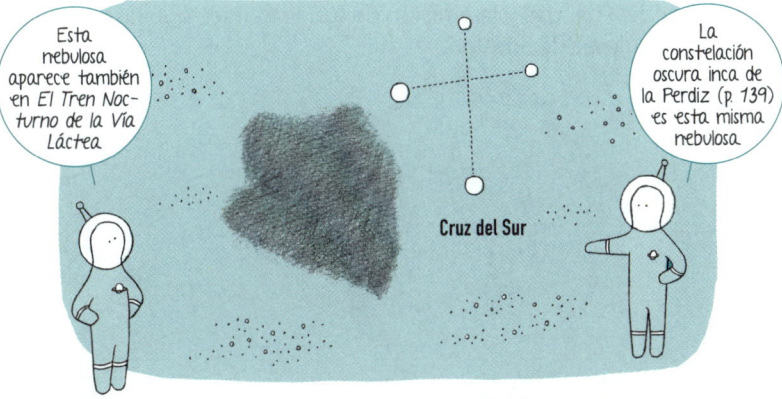

LOS PILARES DE LA CREACIÓN

Los **Pilares de la Creación** es una nebulosa oscura situada en la Nebulosa del Águila (M16), en la constelación de la Serpiente. El telescopio espacial Hubble (p. 297) tomó una espectacular imagen de esta nebulosa, que se ha convertido en una de las más icónicas de la astronomía actual.

NEBULOSA DE EMISIÓN

Una **nebulosa de emisión** es una nebulosa que brilla emitiendo su propia luz. La luz de las estrellas y las ondas de choque de las supernovas (p. 22) que están en su interior aumentan la temperatura de la nube, lo que provoca la ionización (los átomos se disocian en núcleo y electrones) del gas y la emisión de luz. Esto hace que las veamos como nebulosas de emisión.

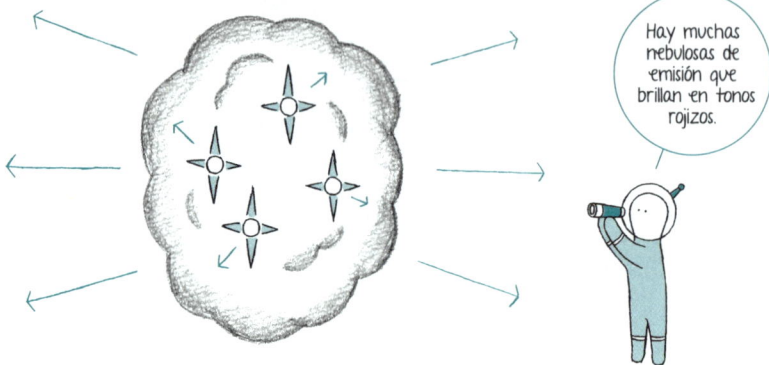

Hay muchas nebulosas de emisión que brillan en tonos rojizos.

NEBULOSA DE REFLEXIÓN

Una **nebulosa de reflexión** es una nebulosa que brilla al reflejar la luz de estrellas próximas. Las partículas de polvo de la nube reflejan la luz y por eso parece que brillan.

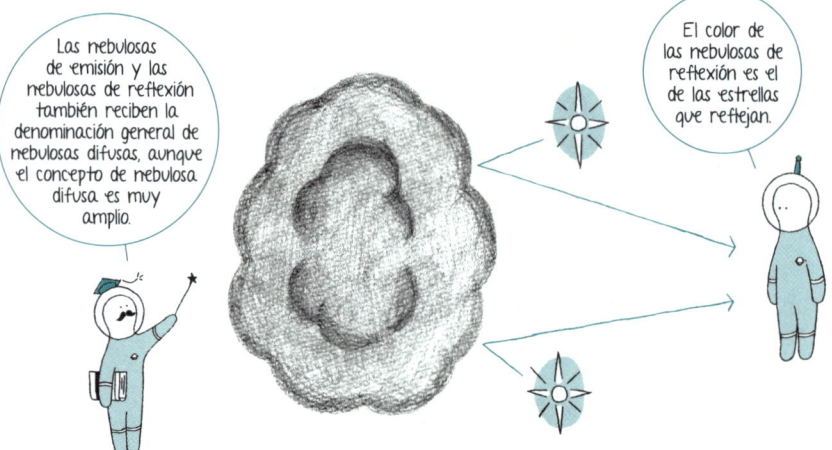

Las nebulosas de emisión y las nebulosas de reflexión también reciben la denominación general de nebulosas difusas, aunque el concepto de nebulosa difusa es muy amplio.

El color de las nebulosas de reflexión es el de las estrellas que reflejan.

NEBULOSA DE ORIÓN

La **nebulosa de Orión** (M42) es una gran nebulosa de emisión situada bajo las tres estrellas que forman el Cinturón de Orión. Es la más brillante del cielo nocturno y puede observarse incluso a simple vista.

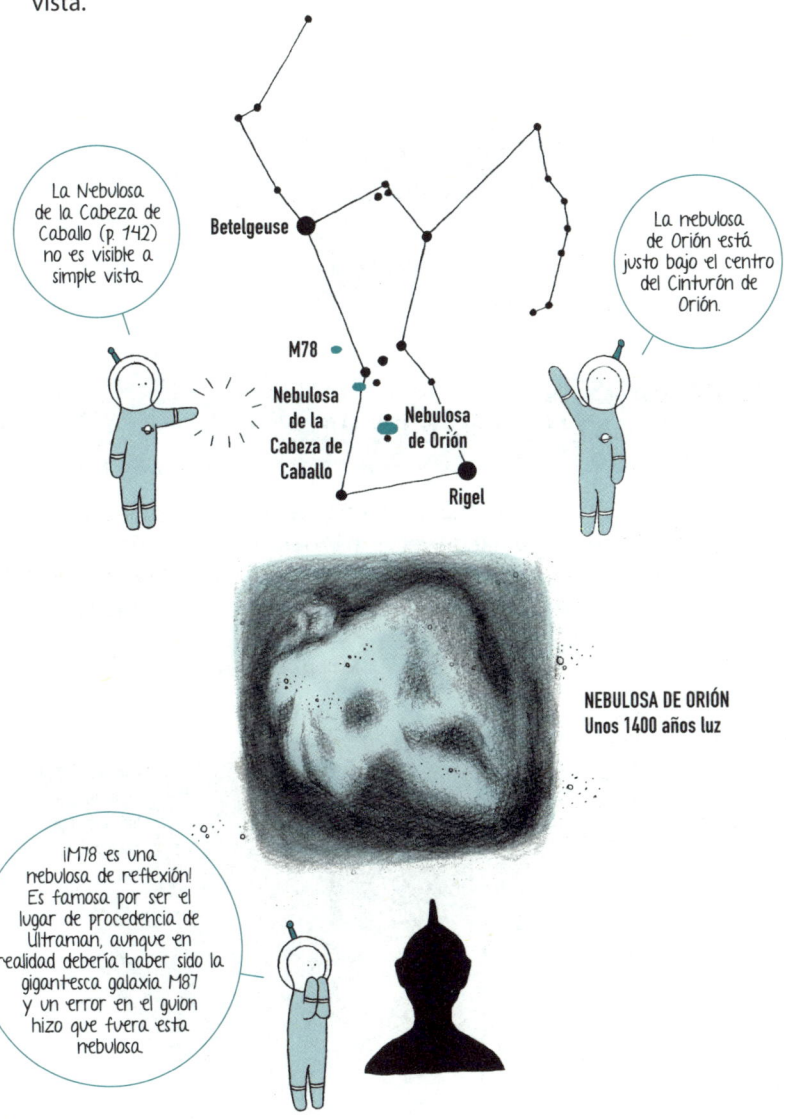

La Nebulosa de la Cabeza de Caballo (p. 142) no es visible a simple vista.

La nebulosa de Orión está justo bajo el centro del Cinturón de Orión.

NEBULOSA DE ORIÓN
Unos 1400 años luz

¡M78 es una nebulosa de reflexión! Es famosa por ser el lugar de procedencia de Ultraman, aunque en realidad debería haber sido la gigantesca galaxia M87 y un error en el guion hizo que fuera esta nebulosa.

NUBE MOLECULAR

Una **nube molecular** es una nebulosa interestelar compuesta fundamentalmente por hidrógeno molecular. Cuando la nube se hace muy densa, dos átomos de hidrógeno se unen para formar una molécula, y de ahí toma el nombre.

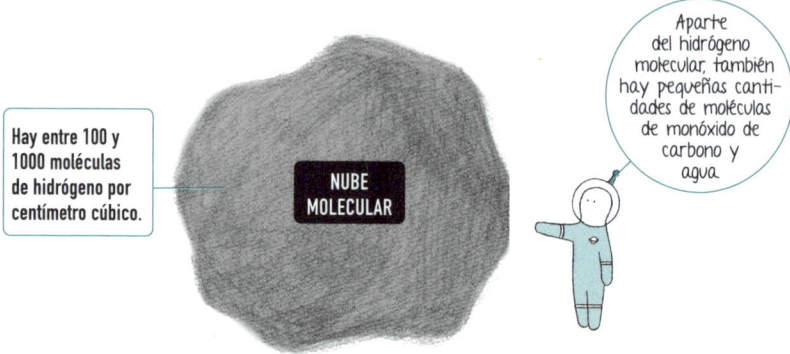

Hay entre 100 y 1000 moléculas de hidrógeno por centímetro cúbico.

Aparte del hidrógeno molecular, también hay pequeñas cantidades de moléculas de monóxido de carbono y agua.

NÚCLEO DE NUBE MOLECULAR

Si, por alguna razón, una zona del interior de una nube molecular se vuelve más de un centenar de veces más densa, se forma un **núcleo de nube molecular** (p. 61). Se cree que estos núcleos de nube molecular son la «matriz» que da lugar a la formación de las estrellas.

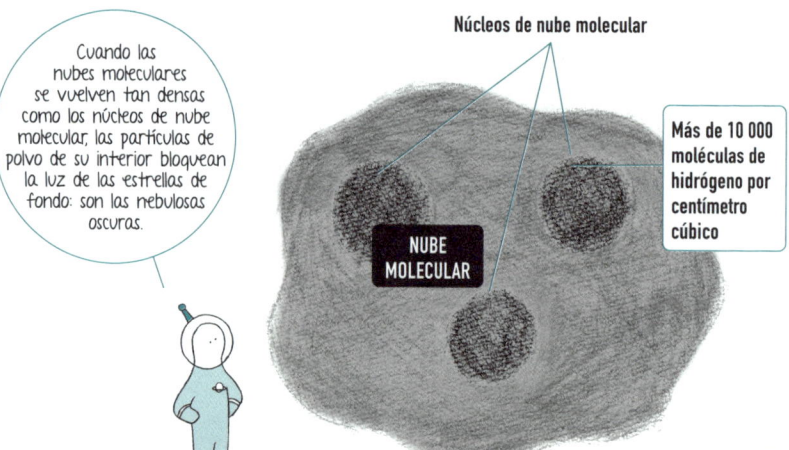

Núcleos de nube molecular

Más de 10 000 moléculas de hidrógeno por centímetro cúbico

Cuando las nubes moleculares se vuelven tan densas como los núcleos de nube molecular, las partículas de polvo de su interior bloquean la luz de las estrellas de fondo: son las nebulosas oscuras.

PROTOESTRELLA

Cuando un núcleo de nube molecular se contrae y aumentan su densidad y temperatura, se forma en su centro una masa muy caliente. Se trata de una **protoestrella**, un embrión estelar (en el caso del Sol se denomina protosol, p. 60). La protoestrella no se ve porque está oculta por el denso gas del núcleo de nube molecular, pero puede observarse por la radiación infrarroja que emite el gas caliente.

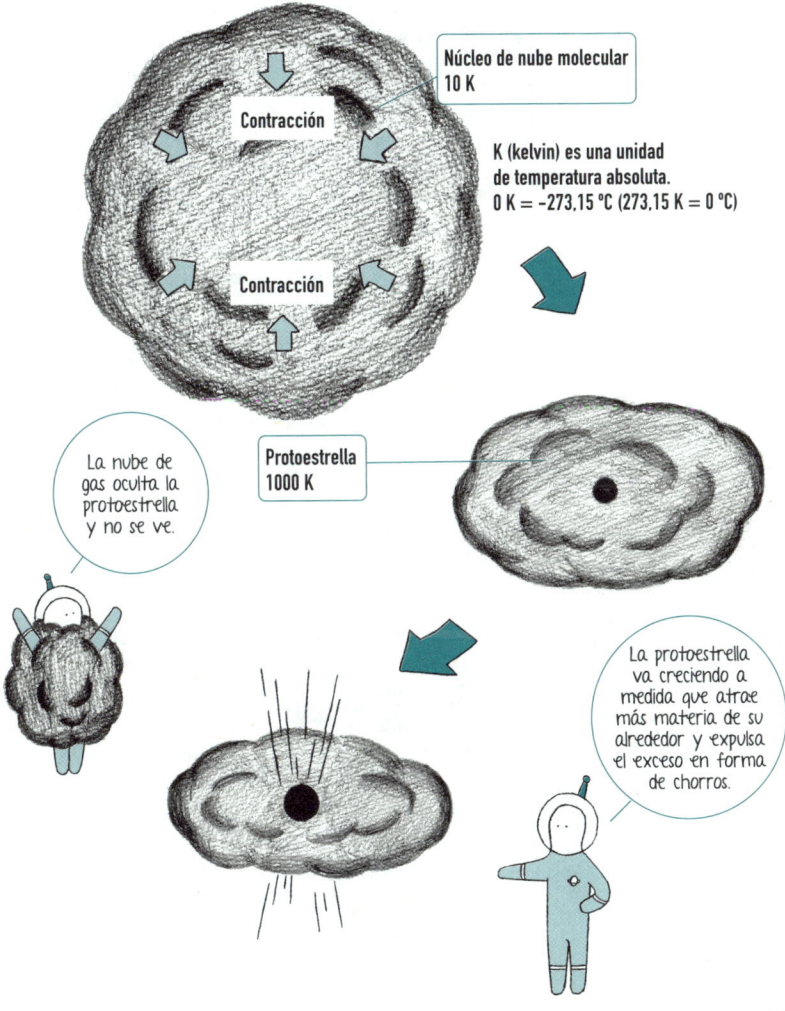

Núcleo de nube molecular
10 K

Contracción

K (kelvin) es una unidad de temperatura absoluta.
0 K = −273,15 °C (273,15 K = 0 °C)

Contracción

La nube de gas oculta la protoestrella y no se ve.

Protoestrella
1000 K

La protoestrella va creciendo a medida que atrae más materia de su alrededor y expulsa el exceso en forma de chorros.

ESTRELLA T TAURI

Una **estrella T Tauri** es una estrella que ha superado la fase de protoestrella. Como todavía no ha iniciado reacciones de fusión nuclear, se considera una «estrella joven» que evoluciona hacia su forma adulta. Emite luz porque está caliente y esa luz puede observarse.

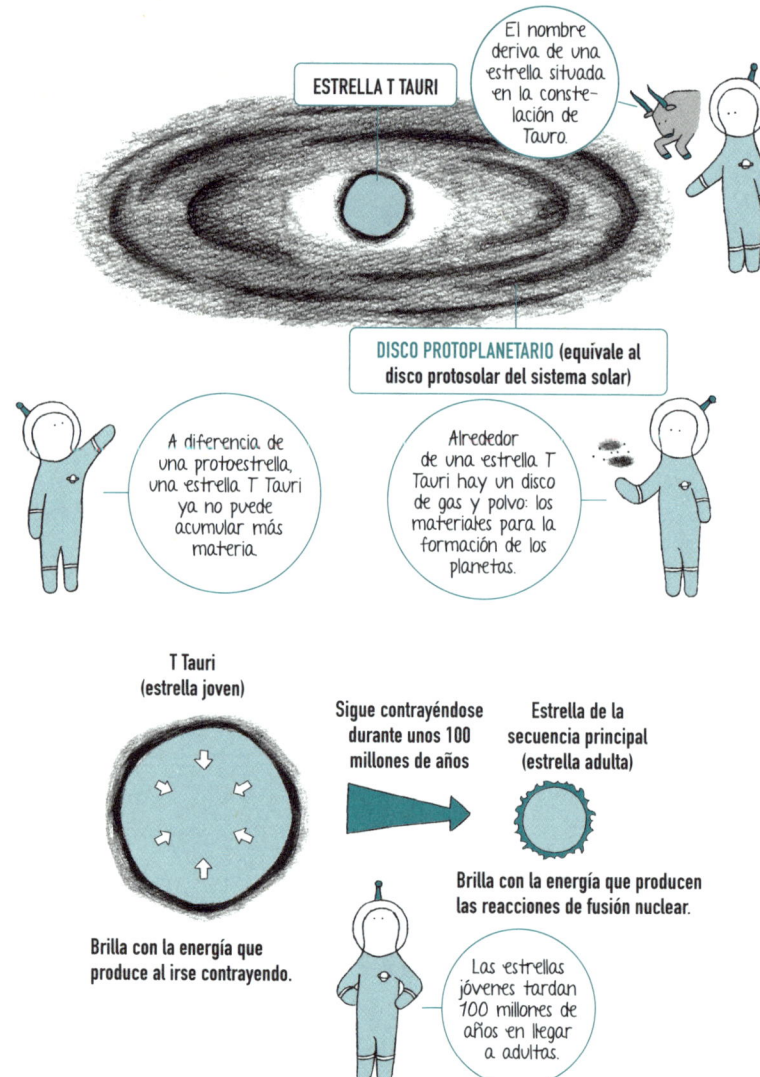

ESTRELLA ENANA MARRÓN

Cuando una protoestrella no puede acumular suficiente materia, no llega a calentarse lo suficiente para desencadenar las reacciones de fusión nuclear del hidrógeno y brilla débilmente emitiendo radiación infrarroja. A estas «estrellas fallidas» se las denomina **enanas marrones** y todas tienen menos del 8 % de la masa del Sol.

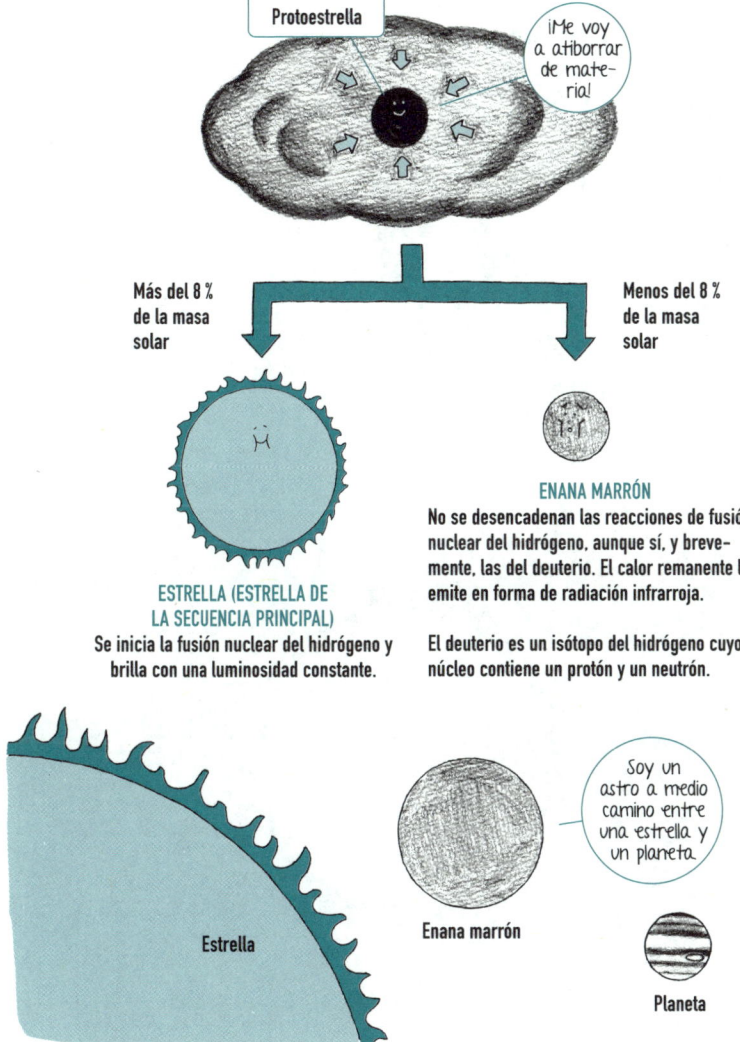

Más del 8 % de la masa solar

ESTRELLA (ESTRELLA DE LA SECUENCIA PRINCIPAL)
Se inicia la fusión nuclear del hidrógeno y brilla con una luminosidad constante.

Menos del 8 % de la masa solar

ENANA MARRÓN
No se desencadenan las reacciones de fusión nuclear del hidrógeno, aunque sí, y brevemente, las del deuterio. El calor remanente lo emite en forma de radiación infrarroja.

El deuterio es un isótopo del hidrógeno cuyo núcleo contiene un protón y un neutrón.

Estrella

Enana marrón

Planeta

ESTRELLA DE LA SECUENCIA PRINCIPAL

Una **estrella de la secuencia principal** es una «estrella adulta» que brilla con una luminosidad constante debido a las reacciones de fusión nuclear. La gran mayoría de las estrellas que vemos en el firmamento nocturno —y, por supuesto, también el Sol— son estrellas de la secuencia principal.

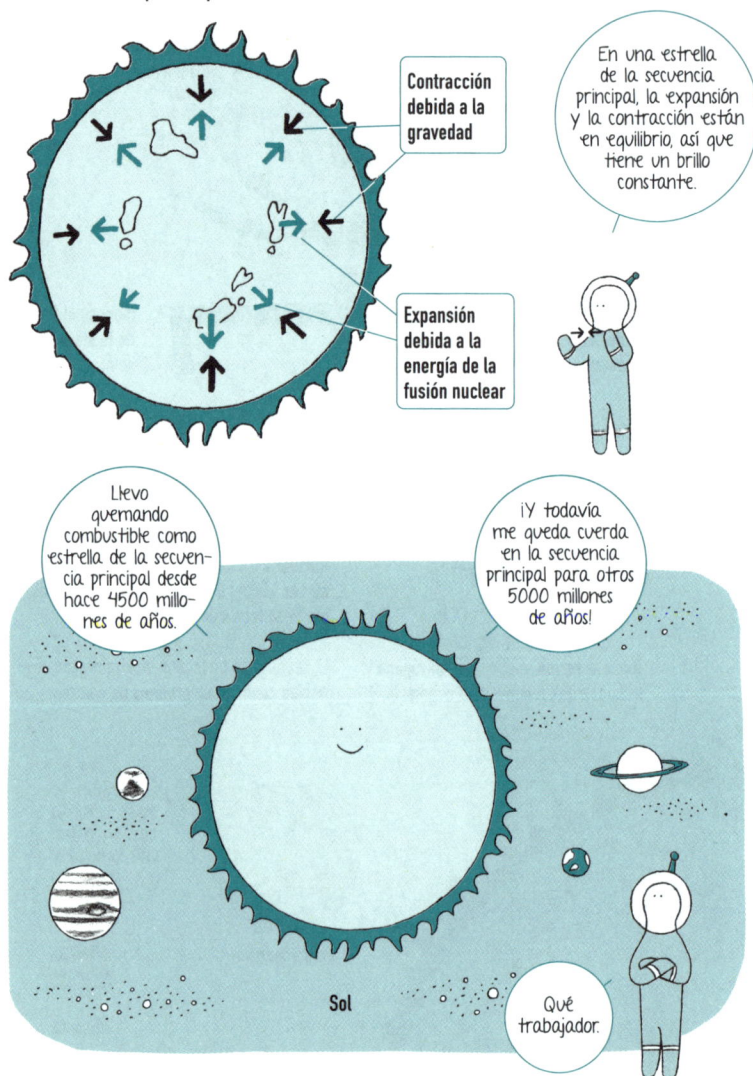

CÚMULO ABIERTO

Un **cúmulo abierto** es un cúmulo estelar (p. 27) formado por entre varias decenas y varios centenares de estrellas relativamente jóvenes. Las estrellas surgidas simultáneamente a partir de la misma nube molecular todavía no se han dispersado y se encuentran cerca unas de otras.

PLÉYADES

Las **Pléyades** (M45) son un famoso cúmulo abierto situado en la constelación de Tauro. Se conocen también como las Siete Cabritillas, las Siete Hermanas y en Japón reciben el nombre de Subaru. Es un grupo de estrellas muy jóvenes con una edad comprendida entre los 60 y los 100 millones de años.

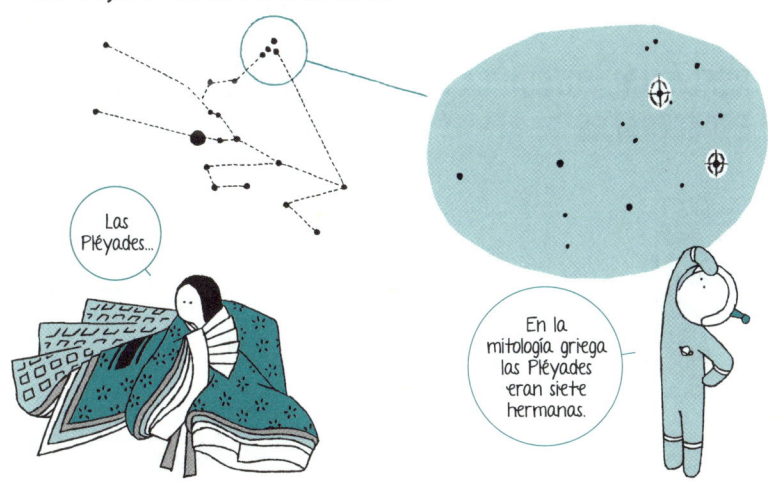

Sei Shōnagon (966-1025), escritora japonesa

TIPO ESPECTRAL

Las estrellas se pueden clasificar según la temperatura de su superficie. En orden de temperatura decreciente: O, B, A, F, G, K y M. A esto se le llama **tipo espectral** de una estrella.

Asimismo, la temperatura de una estrella también se refleja en su color. Las más calientes brillan con un color blanco azulado, mientras que las más frías tienen tonos rojizos. El Sol es una estrella de tipo espectral G, de modo que, si brillara por la noche, se vería de color amarillento.

LAS ESTRELLAS DEL CIELO NOCTURNO INVERNAL Y SU TIPO ESPECTRAL

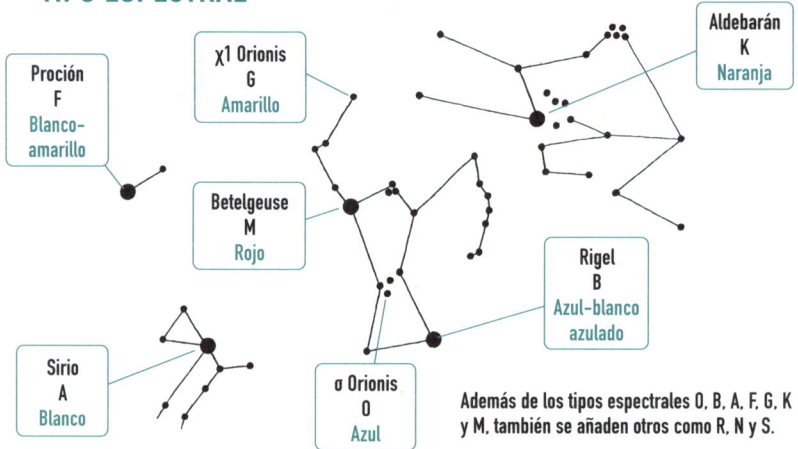

Además de los tipos espectrales O, B, A, F, G, K y M, también se añaden otros como R, N y S.

REGLA MNEMOTÉCNICA PARA RECORDAR LOS TIPOS ESPECTRALES

Oh, Be A Fine Girl, Kiss Me!

OBAFuGuKaMu

La abuela come *fugu*.

N. del T.: En español es «**O**tros **B**uenos **A**strónomos **F**ueron **G**alileo, **K**epler y **M**essier».

¿EL TIPO ESPECTRAL DE UNA ESTRELLA ES TAMBIÉN INDICATIVO DE SU MASA?

Las estrellas de la secuencia principal son tanto más masivas cuanto más alta es su temperatura superficial. Por ejemplo, una estrella O es varias decenas de veces más masiva que el Sol (G). Por otra parte, una estrella M solo tiene un 20 % de la masa del Sol.

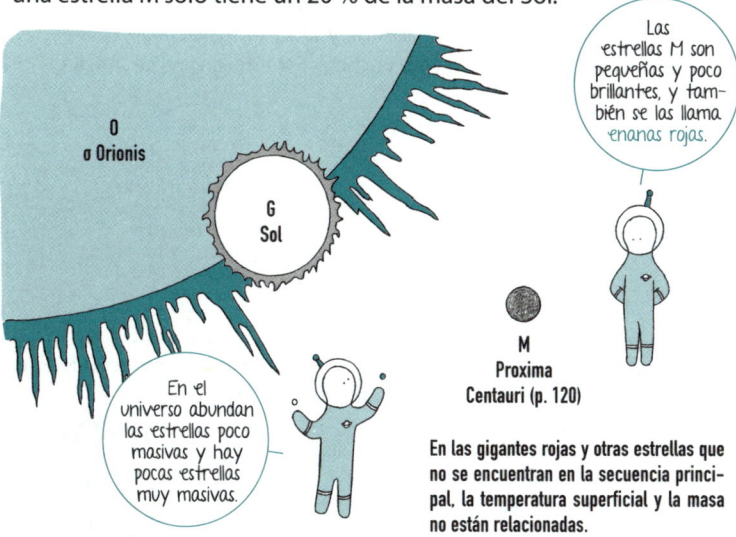

¿LAS ESTRELLAS MASIVAS TIENEN UNA VIDA CORTA?

Como una estrella masiva contiene mucho hidrógeno, el «combustible» de la fusión nuclear, quizá se podría pensar que tiene una vida larga. Sin embargo, cuanta más masa tiene, mayor es su gravedad y más caliente está su núcleo, de modo que las reacciones nucleares son más eficientes, consume más rápidamente el hidrógeno y su vida es más corta.

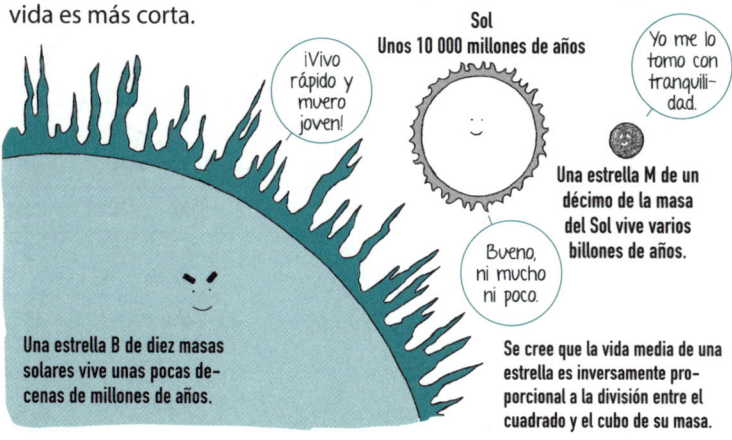

DIAGRAMA HR

El **diagrama HR** (**diagrama de Hertzsprung-Russell**) muestra, mediante un gráfico, la relación entre el tipo espectral (o el color y la temperatura), en el eje horizontal, y la luminosidad de una estrella (magnitud absoluta), en el eje vertical. Este diagrama se emplea para clasificar las estrellas.

La magnitud absoluta indica el brillo intrínseco de una estrella (p. 123).

Ejnar Hertzsprung y Henry Norris Russell fueron dos astrónomos que crearon de forma independiente este diagrama, y por eso recibe sus nombres.

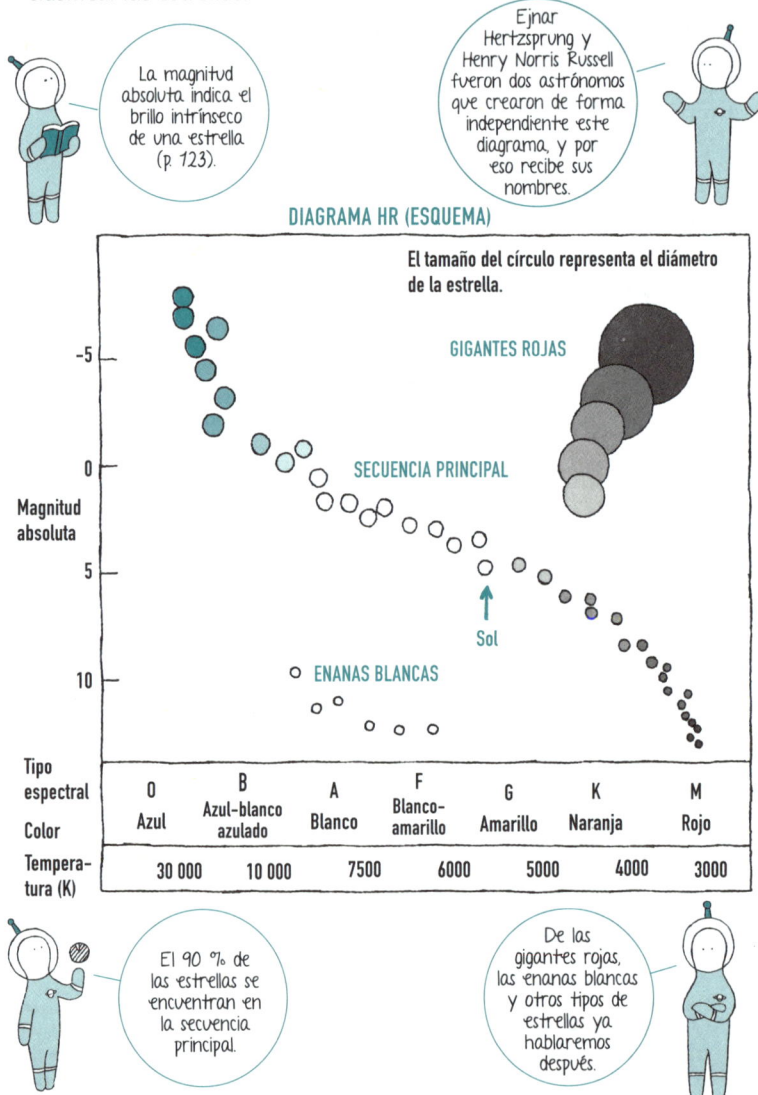

DIAGRAMA HR (ESQUEMA)

El tamaño del círculo representa el diámetro de la estrella.

GIGANTES ROJAS

SECUENCIA PRINCIPAL

Sol

ENANAS BLANCAS

Tipo espectral	O	B	A	F	G	K	M
Color	Azul	Azul-blanco azulado	Blanco	Blanco-amarillo	Amarillo	Naranja	Rojo
Temperatura (K)	30 000	10 000	7500	6000	5000	4000	3000

El 90 % de las estrellas se encuentran en la secuencia principal.

De las gigantes rojas, las enanas blancas y otros tipos de estrellas ya hablaremos después.

EL DIAGRAMA HR SIRVE PARA CALCULAR LAS DISTANCIAS DE LAS ESTRELLAS

Las distancias de las estrellas de la Vía Láctea se pueden estimar con el diagrama HR, usando el método que se describe a continuación (aunque solo es válido para las de la secuencia principal).

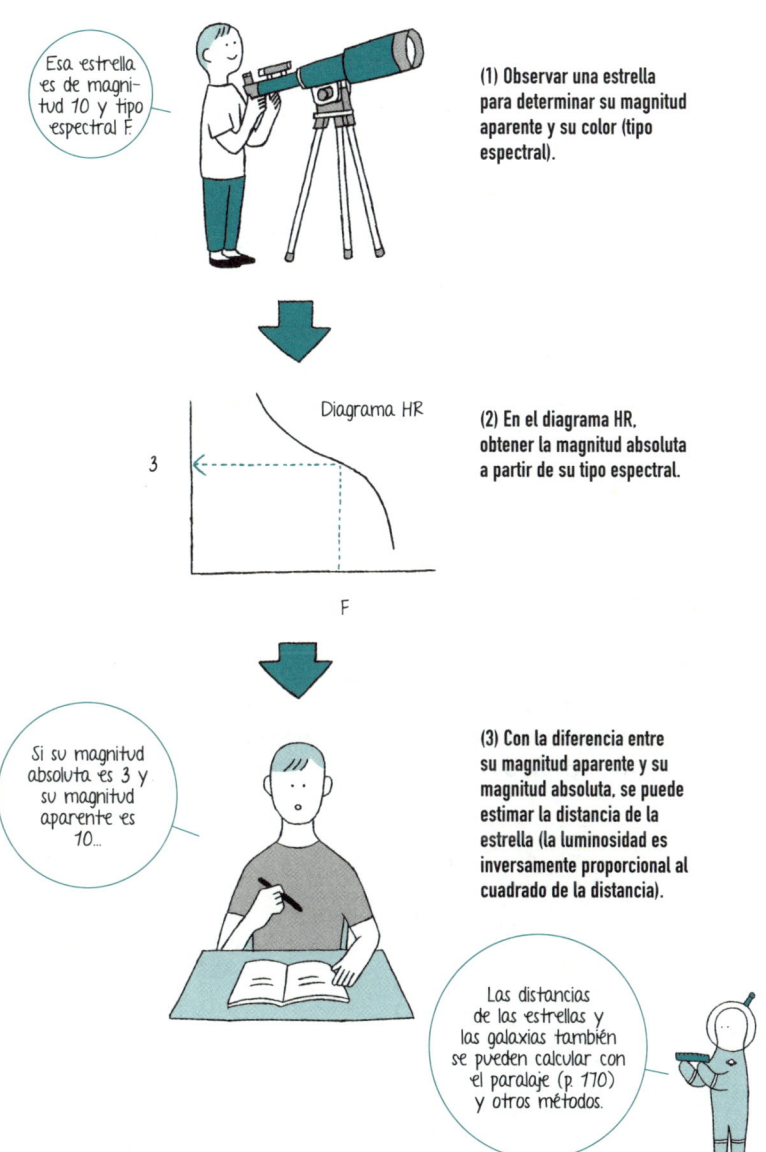

GIGANTE ROJA

Una **gigante roja** es una estrella que se acerca a las etapas finales de su vida. Ha salido de la secuencia principal al agotar casi todo el hidrógeno, y en su núcleo se acumula el helio formado durante las reacciones de fusión. El poco hidrógeno que queda se consume con una mayor intensidad, emitiendo una gran cantidad de calor, y la estrella comienza a expandirse, lo que provoca un enfriamiento de su superficie y su color se vuelve rojizo.

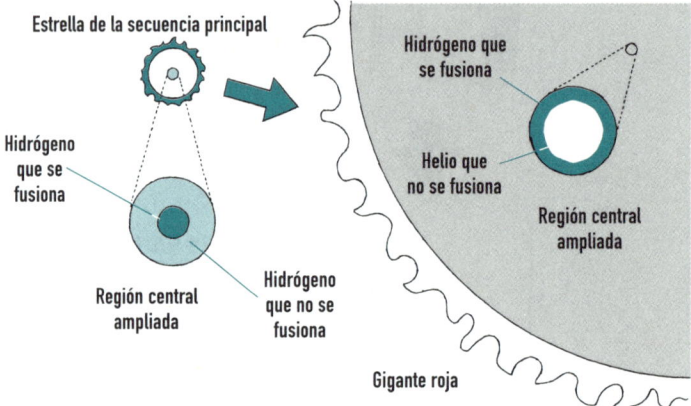

¿CUÁNDO SE CONVERTIRÁ EL SOL EN UNA GIGANTE ROJA?

El Sol permanecerá otros 5000 millones de años como estrella de la secuencia principal, consumiendo de forma estable el hidrógeno, y después irá hinchándose hasta convertirse en una gigante roja. Durante el proceso engullirá a Mercurio y a Venus, y los vaporizará.

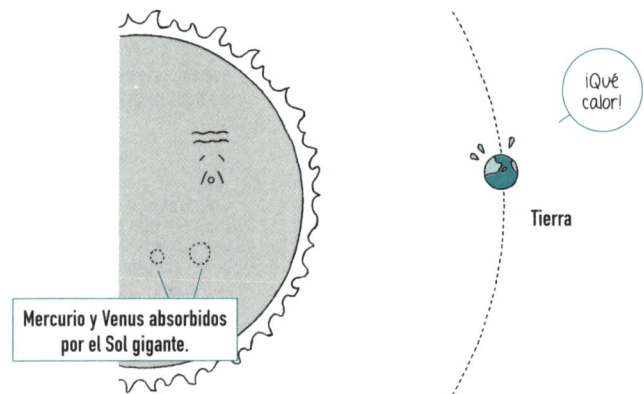

UY SCUTI

Las gigantes rojas que se hacen mucho más grandes reciben el nombre de **supergigantes rojas**. **UY Scuti** es una supergigante roja situada en la constelación del Escudo. Se estima que tiene 1700 diámetros solares, por lo que es la estrella más grande (en términos de diámetro) que se conoce en la actualidad.

COMPARACIÓN DE TAMAÑOS ENTRE LAS GIGANTES Y LAS SUPERGIGANTES ROJAS MÁS REPRESENTATIVAS

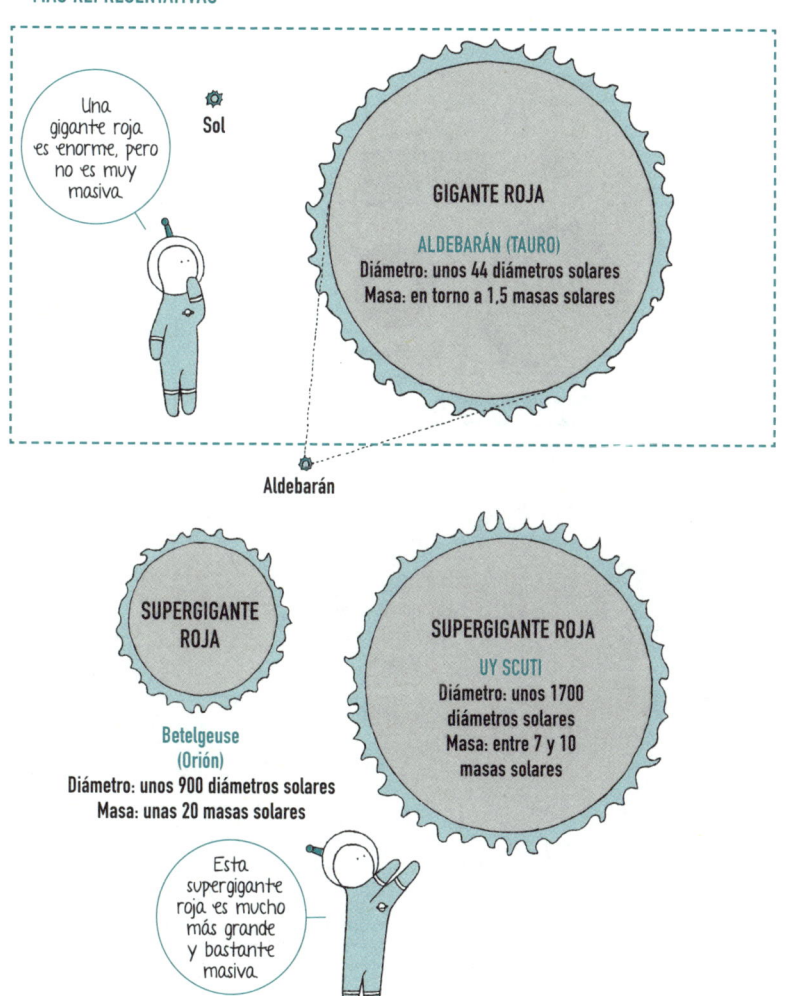

ESTRELLA RAG

La trayectoria vital de una estrella depende de su masa. Tras convertirse en una gigante roja, una estrella como el Sol (y de hasta ocho masas solares) se contrae de nuevo y vuelve a expandirse. A estas estrellas se las denomina **estrellas RAG** o **estrellas de la rama asintótica de las gigantes**. Es la última fase de la vida de estrellas como el Sol.

DE LA VEJEZ A LA MUERTE DEL SOL I

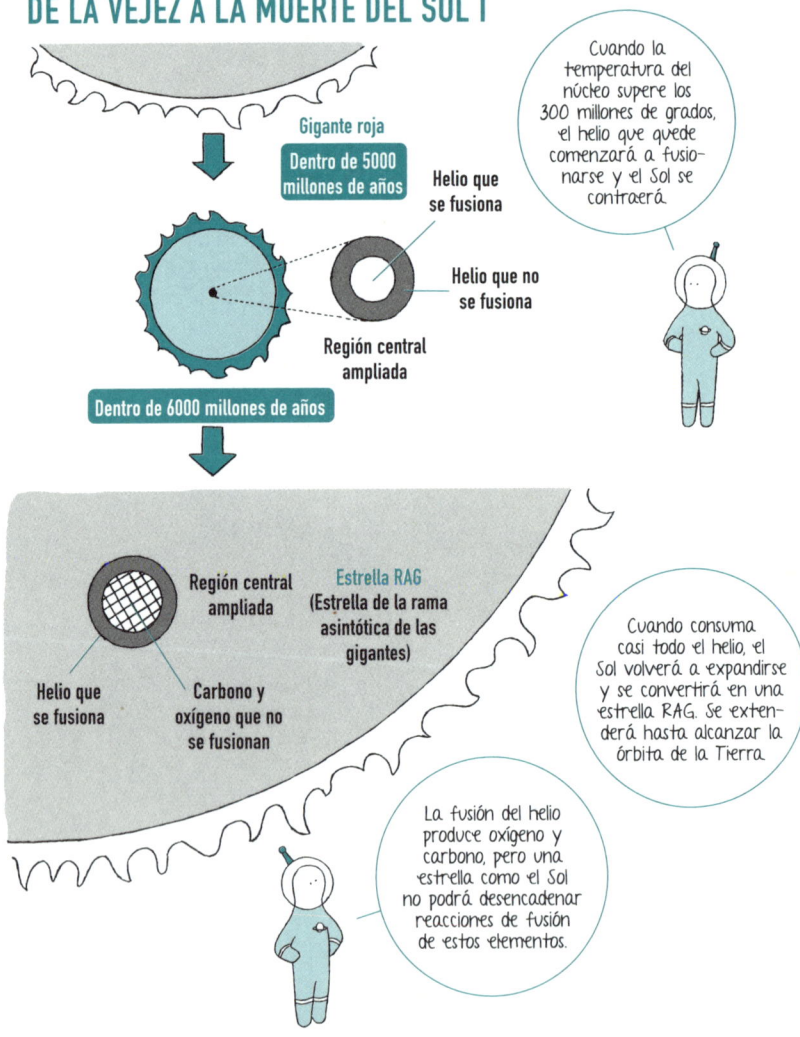

ENANA BLANCA

El proceso de expansión y contracción de una estrella RAG expulsa las capas exteriores y su centro queda al descubierto. La región central se contrae por su propia gravedad y al final queda una estrella blanca y caliente del tamaño de la Tierra. Es una **enana blanca**.

DE LA VEJEZ A LA MUERTE DEL SOL II

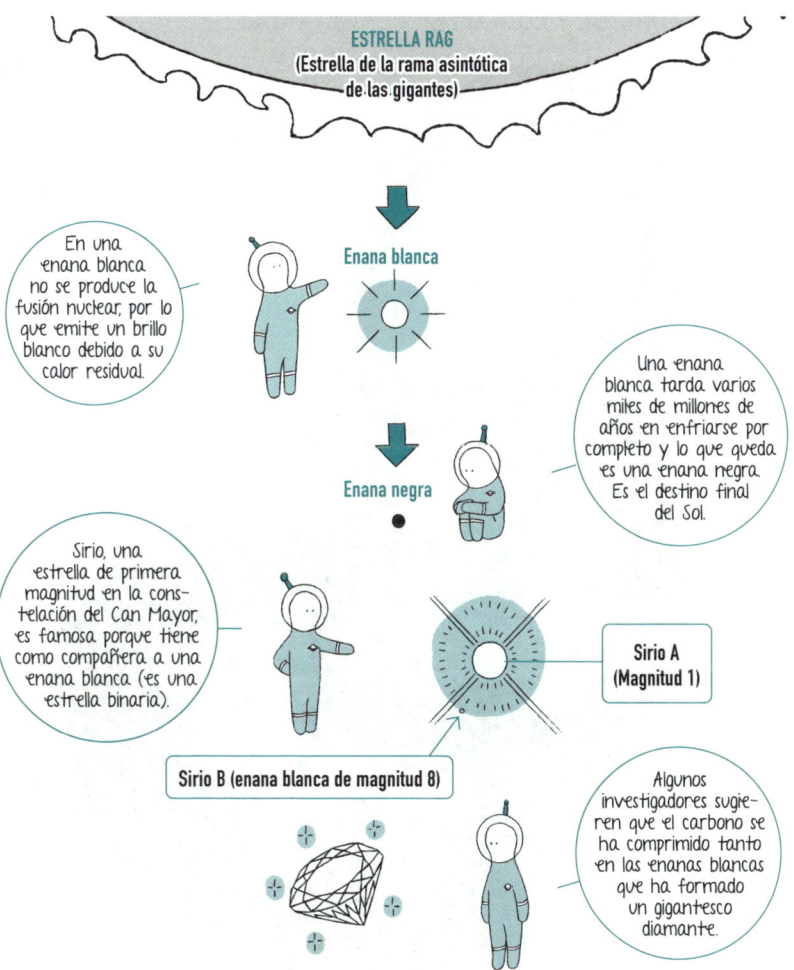

ESTRELLA RAG
(Estrella de la rama asintótica de las gigantes)

Enana blanca

En una enana blanca no se produce la fusión nuclear, por lo que emite un brillo blanco debido a su calor residual.

Enana negra

Una enana blanca tarda varios miles de millones de años en enfriarse por completo y lo que queda es una enana negra. Es el destino final del Sol.

Sirio, una estrella de primera magnitud en la constelación del Can Mayor, es famosa porque tiene como compañera a una enana blanca (es una estrella binaria).

Sirio A (Magnitud 1)

Sirio B (enana blanca de magnitud 8)

Algunos investigadores sugieren que el carbono se ha comprimido tanto en las enanas blancas que ha formado un gigantesco diamante.

NEBULOSA PLANETARIA

Las gigantes rojas y las estrellas RAG se desprenden de su envoltura gaseosa exterior. La parte central de la estrella (fase previa a la de enana blanca) emite radiación ultravioleta que ioniza el gas y hace que brille con una diversa gama de colores. Es lo que se conoce como **nebulosa planetaria** y su caleidoscópico brillo anuncia el inminente fin de la estrella.

DIVERSIDAD DE NEBULOSAS PLANETARIAS

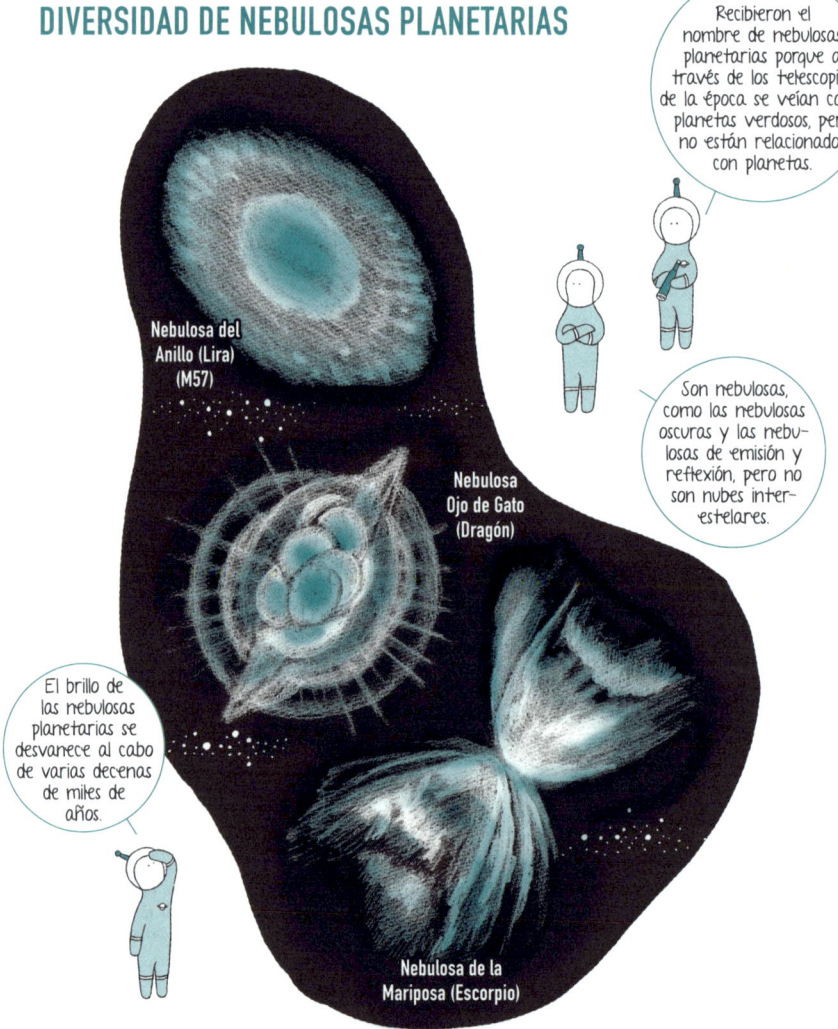

Nebulosa del Anillo (Lira) (M57)

Nebulosa Ojo de Gato (Dragón)

Nebulosa de la Mariposa (Escorpio)

Recibieron el nombre de nebulosas planetarias porque a través de los telescopios de la época se veían como planetas verdosos, pero no están relacionados con planetas.

Son nebulosas, como las nebulosas oscuras y las nebulosas de emisión y reflexión, pero no son nubes interestelares.

El brillo de las nebulosas planetarias se desvanece al cabo de varias decenas de miles de años.

NOVA

Una **nova** es un fenómeno que provoca una explosión en la superficie de una enana blanca y hace que su luminosidad aumente repentinamente y por un corto período de tiempo entre cien y varios cientos de veces. No significa el nacimiento de una nueva estrella. Además, la estrella no se destruye, como ocurre con una supernova (p. 22), sino que su explosión se limita a la superficie.

MECANISMO DE UNA NOVA

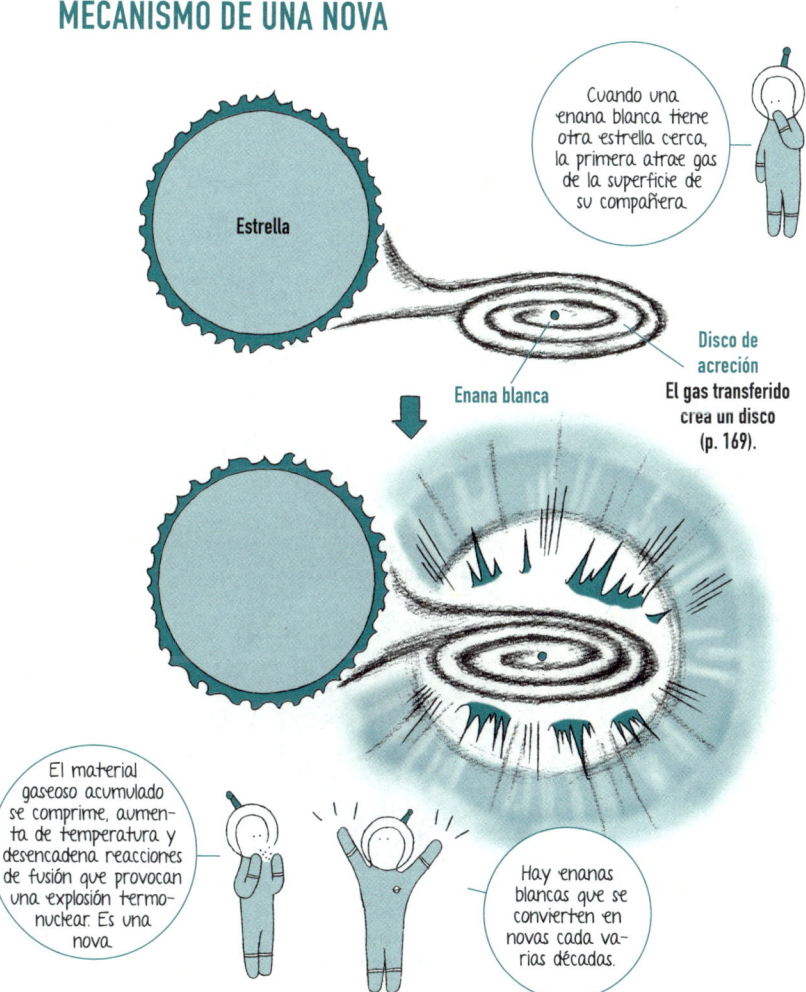

Cuando una enana blanca tiene otra estrella cerca, la primera atrae gas de la superficie de su compañera.

Estrella

Enana blanca

Disco de acreción
El gas transferido crea un disco (p. 169).

El material gaseoso acumulado se comprime, aumenta de temperatura y desencadena reacciones de fusión que provocan una explosión termonuclear. Es una nova.

Hay enanas blancas que se convierten en novas cada varias décadas.

COLAPSO GRAVITATORIO

El **colapso gravitatorio** es un fenómeno por el cual una estrella masiva y vieja no puede resistir su propia gravedad y se desploma sobre sí misma. Las estrellas con más de ocho masas solares sufren un colapso gravitatorio al final de su vida y liberan todas sus capas al explotar. Estas explosiones son supernovas (p. 22).

EL DESTINO DE UNA ESTRELLA DEPENDE DE SU MASA

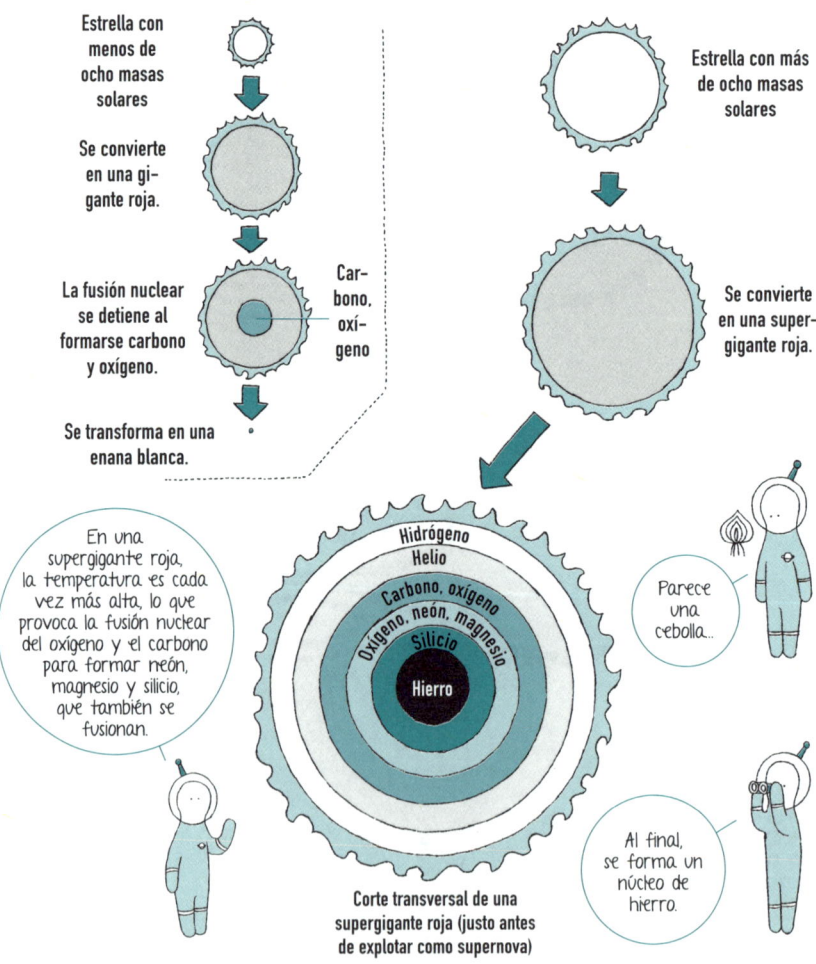

Corte transversal de una supergigante roja (justo antes de explotar como supernova)

¿QUÉ PASA DESPUÉS DE QUE SE FORME EL NÚCLEO DE HIERRO?

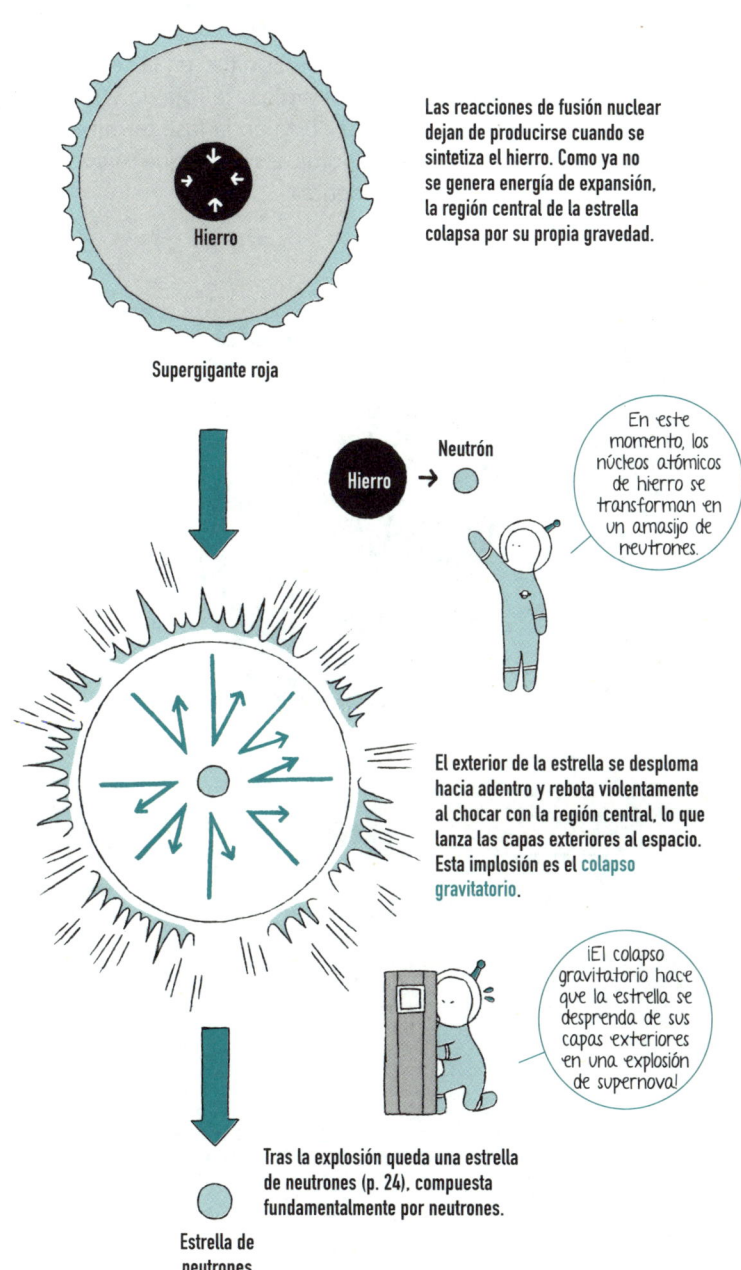

Las reacciones de fusión nuclear dejan de producirse cuando se sintetiza el hierro. Como ya no se genera energía de expansión, la región central de la estrella colapsa por su propia gravedad.

Supergigante roja

En este momento, los núcleos atómicos de hierro se transforman en un amasijo de neutrones.

El exterior de la estrella se desploma hacia adentro y rebota violentamente al chocar con la región central, lo que lanza las capas exteriores al espacio. Esta implosión es el colapso gravitatorio.

¡El colapso gravitatorio hace que la estrella se desprenda de sus capas exteriores en una explosión de supernova!

Tras la explosión queda una estrella de neutrones (p. 24), compuesta fundamentalmente por neutrones.

Estrella de neutrones

BETELGEUSE

Betelgeuse es una estrella de primera magnitud en la constelación de Orión. También es una colosal supergigante roja de 900 diámetros solares (hay otras estimaciones). Está en la fase terminal de su vida como estrella y, a escala astronómica, se cree que se convertirá en una supernova «de forma inminente».

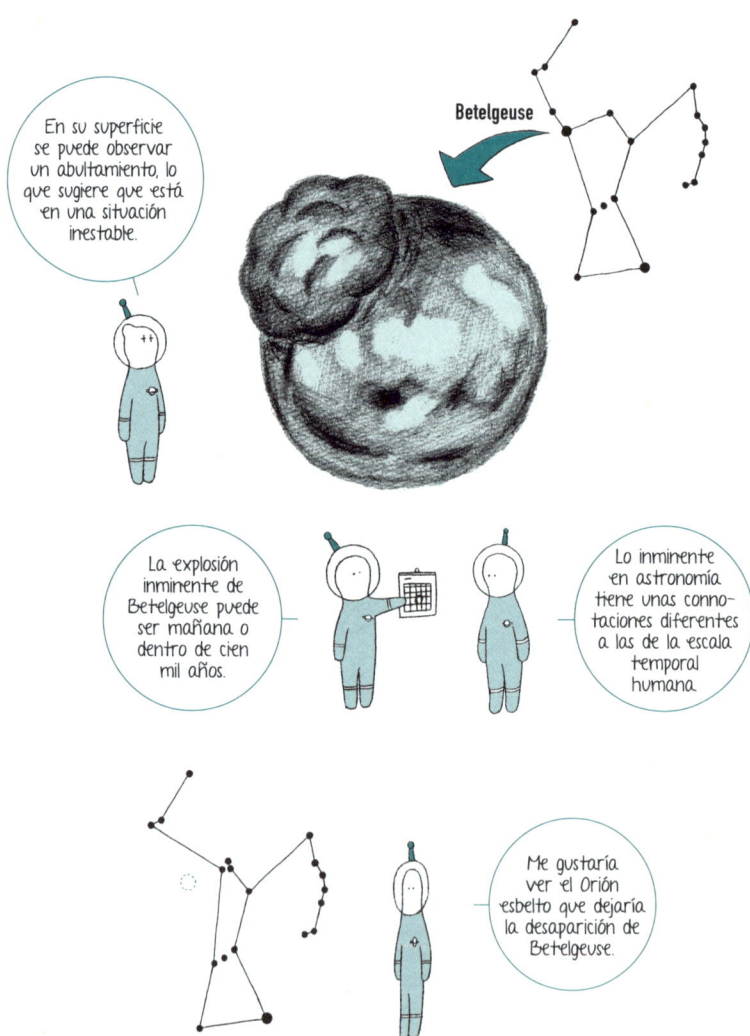

REMANENTE DE SUPERNOVA

Un **remanente de supernova** es el objeto que deja una estrella después de explotar como supernova. Las capas de gas expulsadas a gran velocidad durante la explosión chocan con el medio interestelar, se calientan y brillan de forma esplendorosa. Se considera un tipo de nebulosa (p. 26).

NEBULOSA DEL CANGREJO

La **nebulosa del Cangrejo** (M1) es un famoso remanente de supernova en la constelación de Tauro. Se asocia con una supernova observada en 1054.

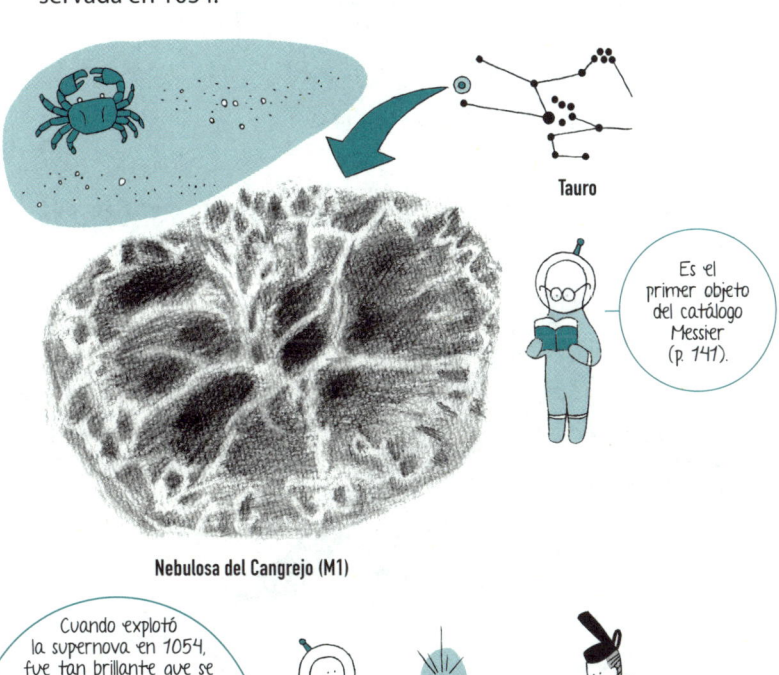

Tauro

Es el primer objeto del catálogo Messier (p. 141).

Nebulosa del Cangrejo (M1)

Cuando explotó la supernova en 1054, fue tan brillante que se pudo ver incluso a la luz del día, tal como atestigua el diario Meigetsuki (*Crónica del plenilunio*), del aristócrata y poeta japonés Fujiwara no Teika (1162-1241), donde la menciona como «la estrella invitada de la segunda quincena de abril del año 2 de la era Tengi».

Fujiwara no Teika

PÚLSAR

Un **púlsar** (de *pulsating star* o «estrella pulsante») es un objeto que emite pulsos de luz y ondas de radio a intervalos cortos y regulares. La radiación periódica que proviene de un púlsar es tan extremadamente precisa que se puede usar como reloj cósmico.

MECANISMO QUE HACE QUE UNA ESTRELLA DE NEUTRONES SE OBSERVE COMO UN PÚLSAR

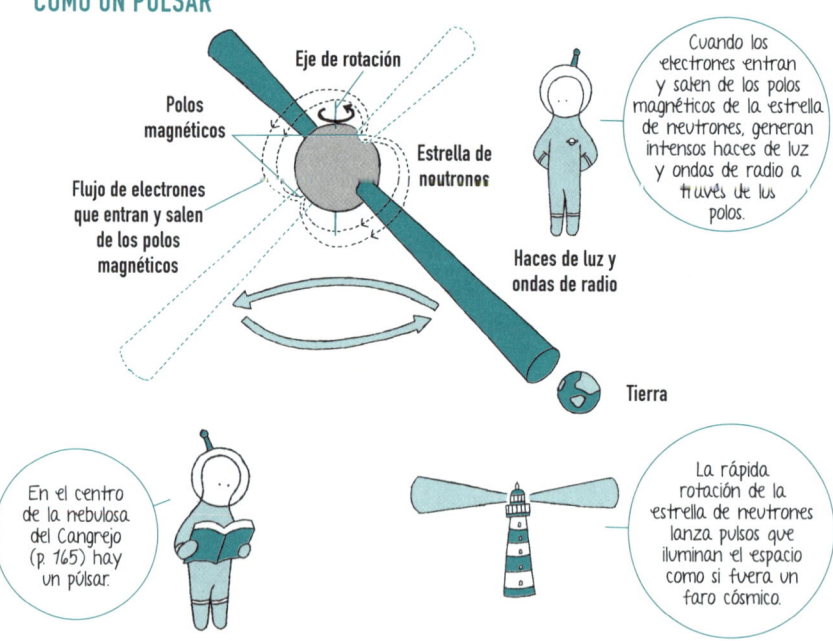

SN 1987A

SN 1987A fue una supernova que explotó en 1987 en la Gran Nube de Magallanes (p. 208), una pequeña galaxia cercana a la Vía Láctea. Fue tan brillante que pudo observarse a simple vista, algo que no ocurría desde hacía cuatrocientos años.

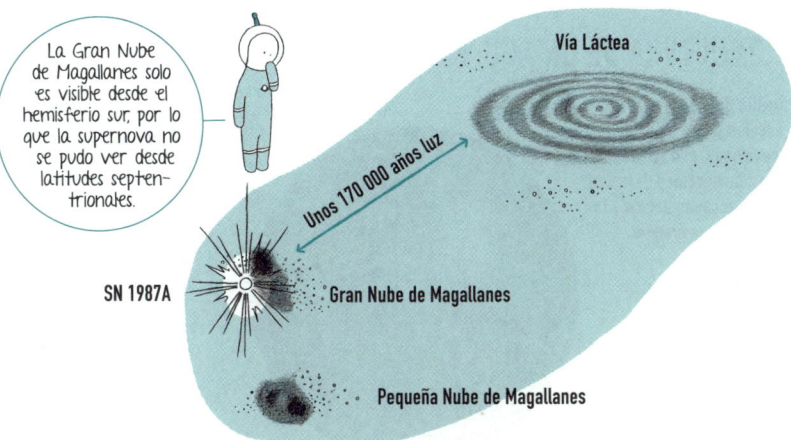

¡SE PUDIERON DETECTAR LOS NEUTRINOS QUE EMITIÓ LA SUPERNOVA!

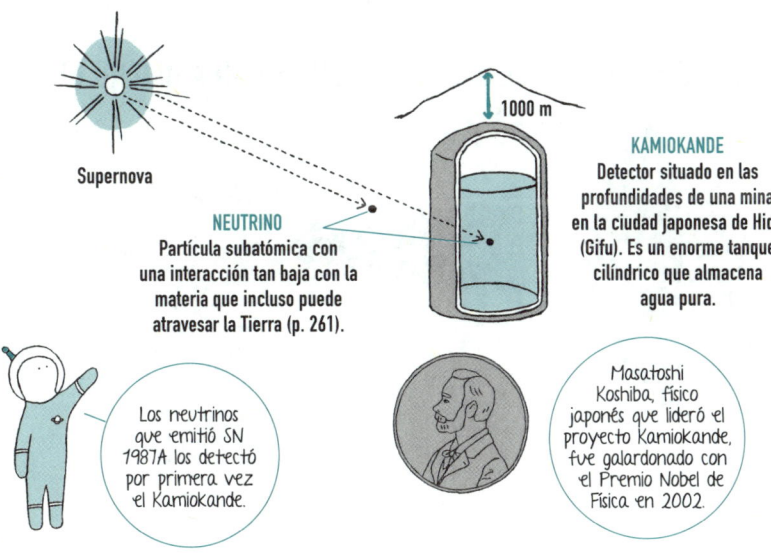

HORIZONTE DE SUCESOS

Cuando las estrellas mucho más masivas que el Sol (del orden de más de 30 masas solares) explotan como supernovas, la región central colapsa indefinidamente y el resultado es un agujero negro (p. 25). Su «superficie» es lo que se denomina **horizonte de sucesos**.

ESTRUCTURA DE UN AGUJERO NEGRO

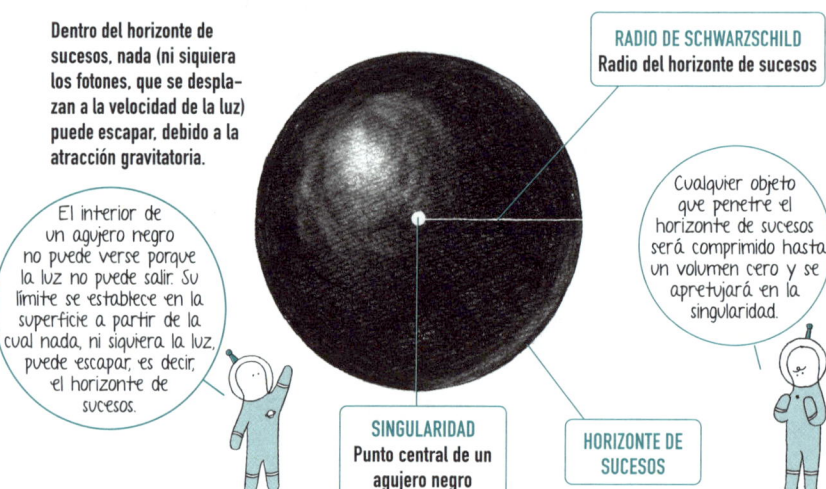

Dentro del horizonte de sucesos, nada (ni siquiera los fotones, que se desplazan a la velocidad de la luz) puede escapar, debido a la atracción gravitatoria.

El interior de un agujero negro no puede verse porque la luz no puede salir. Su límite se establece en la superficie a partir de la cual nada, ni siquiera la luz, puede escapar, es decir, el horizonte de sucesos.

RADIO DE SCHWARZSCHILD
Radio del horizonte de sucesos

Cualquier objeto que penetre el horizonte de sucesos será comprimido hasta un volumen cero y se apretujará en la singularidad.

SINGULARIDAD
Punto central de un agujero negro

HORIZONTE DE SUCESOS

¿CÓMO SE PODRÍA CONVERTIR EL SOL EN UN AGUJERO NEGRO?

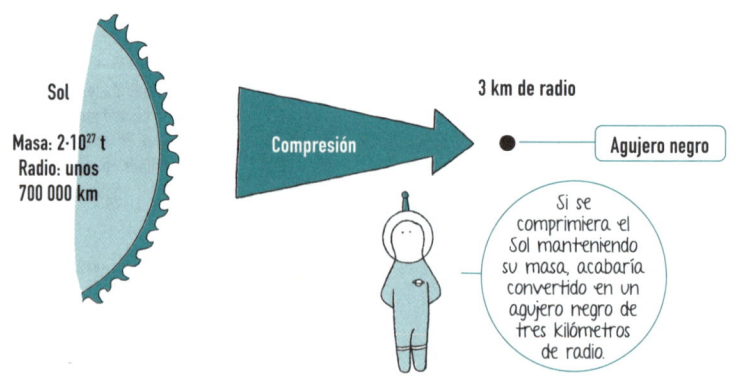

Sol
Masa: $2·10^{27}$ t
Radio: unos 700 000 km

Compresión

3 km de radio

Agujero negro

Si se comprimiera el Sol manteniendo su masa, acabaría convertido en un agujero negro de tres kilómetros de radio.

CYGNUS X-1

Cygnus X-1 es un posible candidato a agujero negro. Se encuentra a 6000 años luz de la Tierra y es un potente emisor de rayos X.

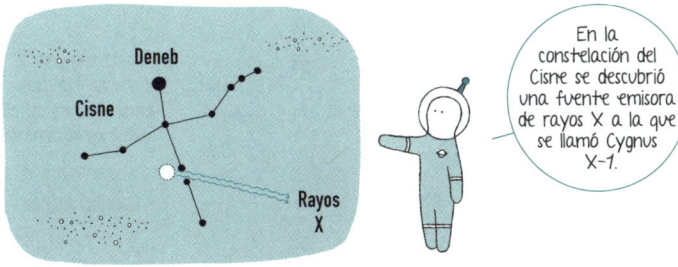

En la constelación del Cisne se descubrió una fuente emisora de rayos X a la que se llamó Cygnus X-1.

REPRESENTACIÓN ARTÍSTICA DE CYGNUS X-1

- Chorro: flujo de materia a lo largo del eje de rotación del disco de acreción.
- Agujero negro
- Atrapa el gas por la poderosa atracción gravitatoria
- Estrella de magnitud 9 (supergigante azul)
- Disco de acreción (Capa de gas con forma de disco)
- Rayos X

Si ni siquiera la luz puede escapar de un agujero negro, ¿por qué emite rayos X?

La fricción en el interior del disco de acreción alrededor del agujero negro hace que el gas se caliente hasta varios cientos de millones de grados y emite radiación en forma de rayos X.

PARALAJE ANUAL

El **paralaje anual** es la desviación de la posición de una estrella a medida que la Tierra se desplaza en su órbita alrededor del Sol. Constituye la evidencia más clara del modelo heliocéntrico.

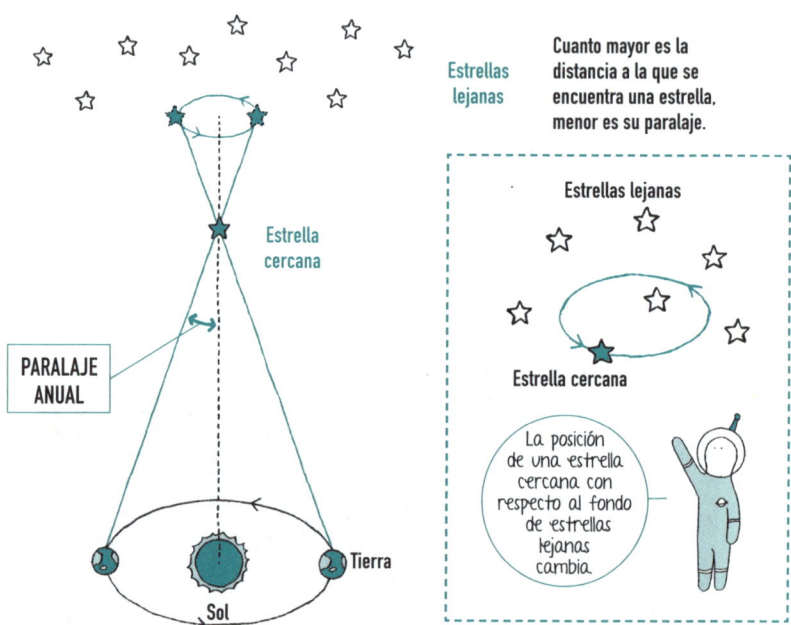

¿ES MUY COMPLICADO DETERMINAR EL PARALAJE ANUAL?

Cuanto más cerca está una estrella, mayor es su paralaje anual. Sin embargo, incluso para la estrella más cercana al Sol, Proxima Centauri, el paralaje anual es de 1/5000 de grado (1/2500 del diámetro de la luna llena), por lo que su determinación no es sencilla.

PARSEC

Si se conoce el paralaje anual de una estrella, se puede calcular la distancia a la que se encuentra. Un **parsec** es la distancia a la que una estrella tendría un paralaje anual de un segundo de arco (1/3600 de grado). Equivale a 3,26 años luz.

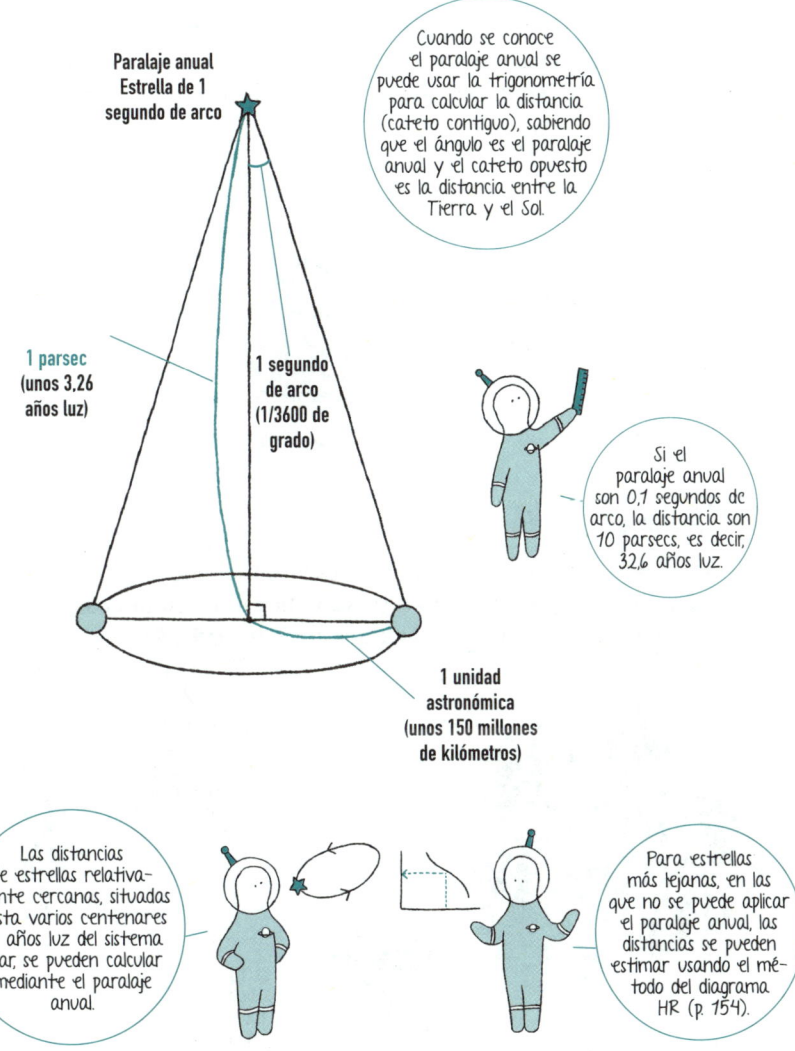

ESTRELLA VARIABLE

Una **estrella variable** es una estrella que experimenta variaciones de brillo. Su clasificación depende de la causa de esa variación.

BINARIA ECLIPSANTE

Una binaria eclipsante es un sistema en el que cada estrella de un sistema binario (p. 176) pasa alternativamente frente a la otra, tapándola total o parcialmente y causando una variación periódica del brillo. **Algol** (β Persei) es una de las binarias eclipsantes mejor conocidas.

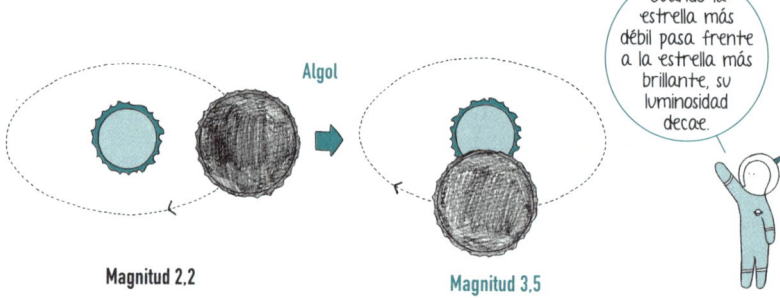

Cuando la estrella más débil pasa frente a la estrella más brillante, su luminosidad decae.

VARIABLE ERUPTIVA

Es una estrella que experimenta variaciones de luminosidad a causa de fenómenos que ocurren en su superficie o en su atmósfera. **R Coronae Borealis** es un ejemplo arquetípico de variable eruptiva.

La estrella expulsa gas con partículas de carbono. Cuando se enfría, las partículas de carbono se condensan en forma de polvo que bloquea la luz.

Es como la bola de humo de los ninja.

VARIABLE CATACLÍSMICA

Las novas (p. 161), supernovas (p. 22) y otras estrellas que experimentan cambios de brillo súbitos son un tipo de estrella variable que recibe el nombre de variable cataclísmica.

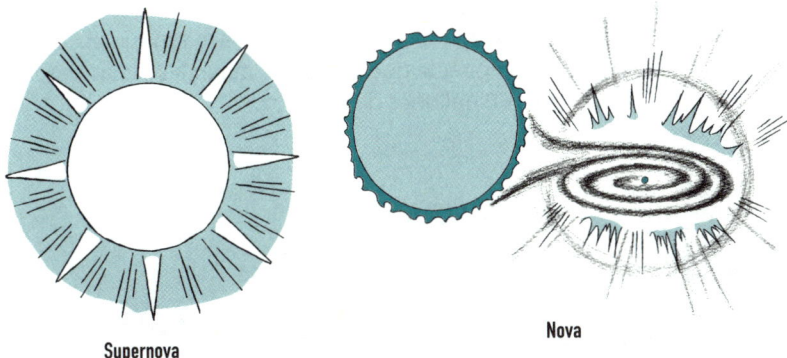

Supernova

Nova

VARIABLE PULSANTE

Es una estrella cuyas capas exteriores se expanden y se contraen periódicamente (**pulsación**) y al hacerlo varía su brillo. Se clasifican en varias categorías según la regularidad de su período de pulsación y los cambios de luminosidad. **Mira** (o Ceti) es una variable pulsante cuyo brillo varía entre magnitud 2 y magnitud 10, y da nombre a una categoría (variables Mira).

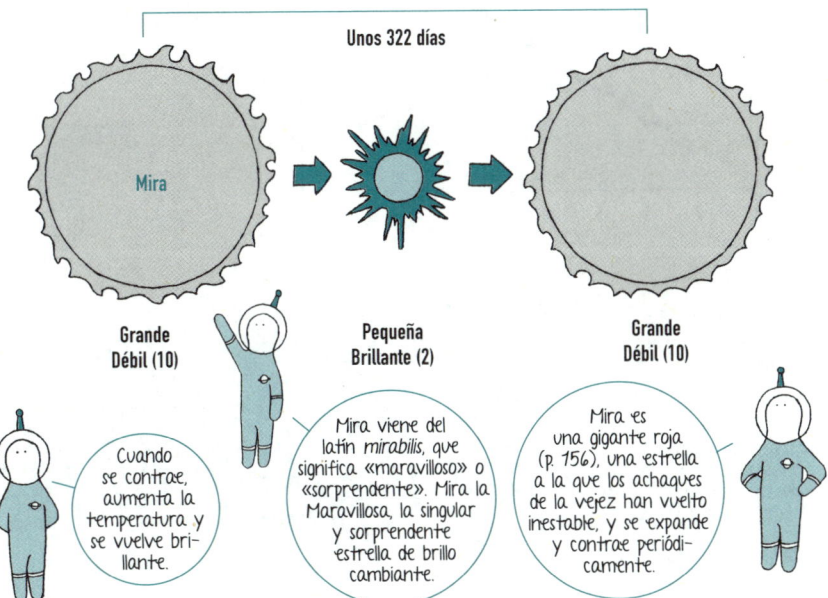

VARIABLE CEFEIDA

Una **variable cefeida** es un tipo de estrella variable pulsante (p. 173). En las variables cefeidas, el período de pulsación y la magnitud absoluta guardan una relación directa que permite estimar las distancias de las estrellas hasta los 60 millones de años luz.

Cada pulso de δ Cephei, el arquetipo de las variables cefeidas, tiene un período exacto de 5 días, 8 horas y 48 minutos, y su brillo varía aproximadamente en una magnitud.

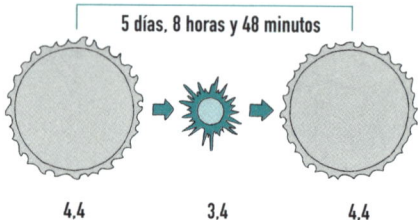

RELACIÓN PERÍODO-LUMINOSIDAD

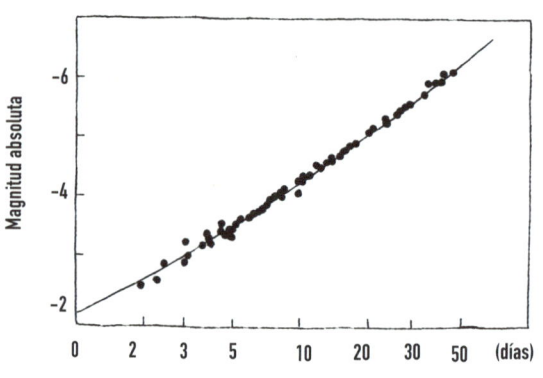

Período de pulsación

Cuanto más largo es su período de pulsación, más luminosa (magnitud absoluta) es una cefeida. A esta correlación se la llama relación período-luminosidad.

Si en una galaxia lejana se encuentra una variable cefeida, a partir de su período de pulsación se puede determinar su magnitud absoluta. Y si se compara con su magnitud aparente, se puede calcular la distancia a la galaxia en la que se encuentra.

Variable cefeida

KIC 8462852

KIC 8462852 es una estrella variable descubierta por el telescopio espacial **Kepler** (p. 187). Sus excepcionales e irregulares cambios de brillo llevaron a pensar que una civilización extraterrestre había construido una megaestructura que bloqueaba la luz. La publicación de un artículo científico en 2015 sugiriendo esta posibilidad causó sensación.

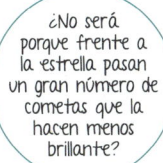

¿No será porque frente a la estrella pasan un gran número de cometas que la hacen menos brillante?

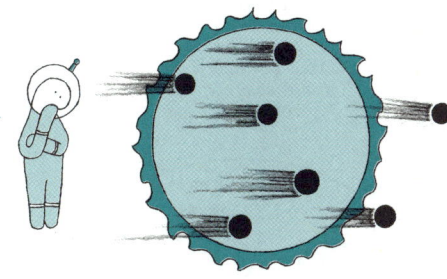

KIC 8462852

El paso de cometas y planetas frente a la estrella hace disminuir su luminosidad un 22 % como mucho, lo que no explica la extraña fluctuación de la luz de la estrella. Una hipótesis sugiere que una civilización extraterrestre construyó una esfera de Dyson y eso daría cuenta de los cambios irregulares de brillo.

Una esfera de Dyson es una megaestructura hipotética que cubriría la estrella como una cáscara de huevo y permitiría aprovechar al máximo su energía.

Una civilización extraterrestre lo suficientemente avanzada podría usar esta clase de construcciones.

ESTRELLA BINARIA

Una **estrella binaria** (o **sistema binario**) es un sistema de dos estrellas que giran una en torno a la otra bajo el influjo de su atracción gravitatoria mutua. La más brillante es la **estrella principal** y la de brillo más débil es la **estrella compañera**.

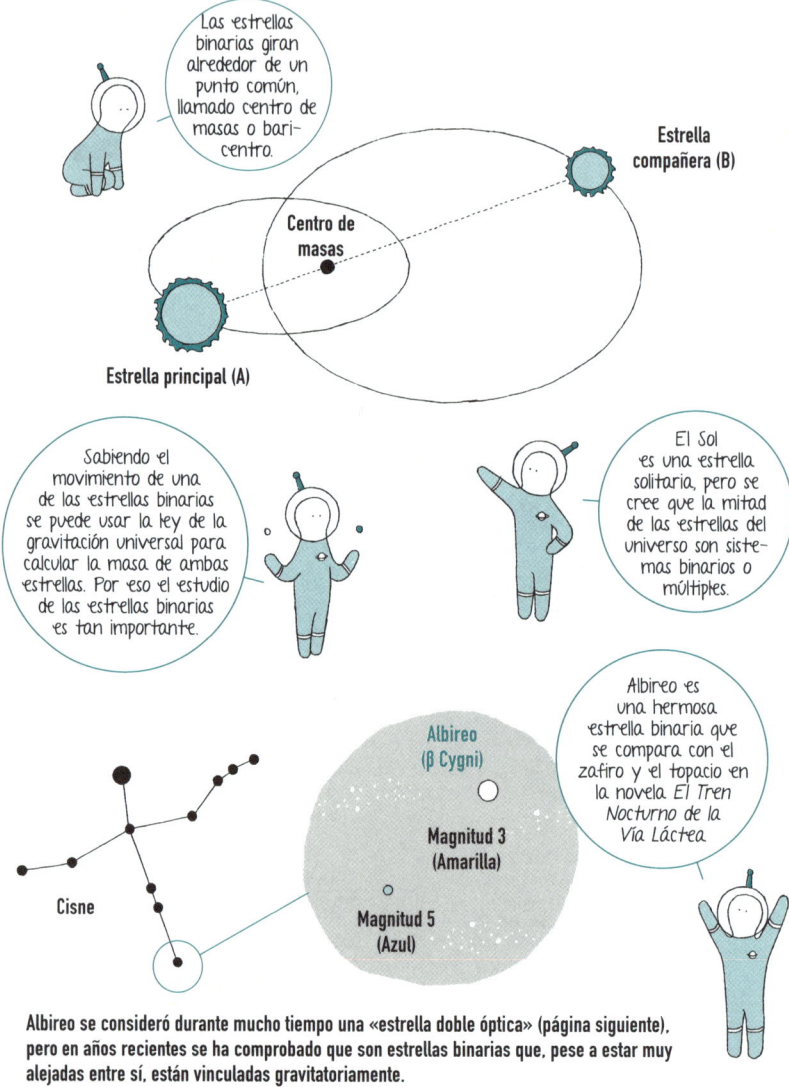

Las estrellas binarias giran alrededor de un punto común, llamado centro de masas o baricentro.

Estrella compañera (B)

Centro de masas

Estrella principal (A)

Sabiendo el movimiento de una de las estrellas binarias se puede usar la ley de la gravitación universal para calcular la masa de ambas estrellas. Por eso el estudio de las estrellas binarias es tan importante.

El Sol es una estrella solitaria, pero se cree que la mitad de las estrellas del universo son sistemas binarios o múltiples.

Albireo es una hermosa estrella binaria que se compara con el zafiro y el topacio en la novela *El Tren Nocturno de la Vía Láctea*.

Cisne

Albireo (β Cygni)

Magnitud 3 (Amarilla)

Magnitud 5 (Azul)

Albireo se consideró durante mucho tiempo una «estrella doble óptica» (página siguiente), pero en años recientes se ha comprobado que son estrellas binarias que, pese a estar muy alejadas entre sí, están vinculadas gravitatoriamente.

¿HAY SISTEMAS FORMADOS POR TRES O MÁS ESTRELLAS?

Los sistemas formados por tres estrellas se llaman **estrellas triples** (o **sistemas triples**). Alfa Centauri (p. 120) es una estrella triple. También se han encontrado estrellas múltiples formadas por cuatro, cinco e incluso seis componentes.

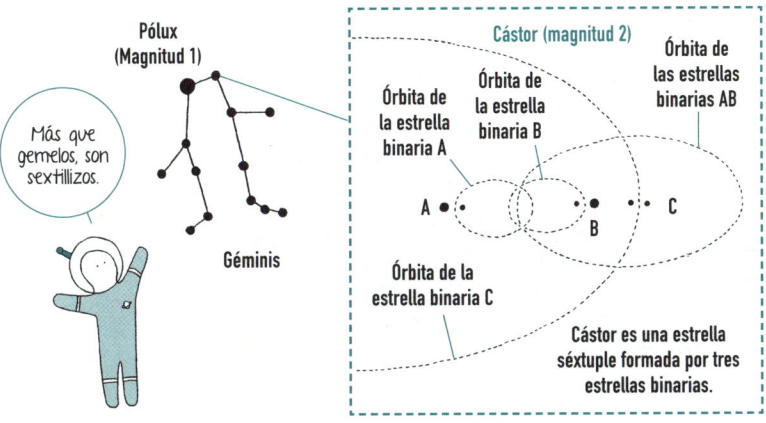

ESTRELLA DOBLE

Una **estrella doble** son dos estrellas que aparecen muy próximas en el cielo cuando se observan desde la Tierra. Si, en efecto, se encuentran muy cerca y giran una alrededor de la otra, forman una estrella binaria. Si, por el contrario, parecen muy próximas porque se encuentran en la misma dirección, pero en realidad se hallan a diferentes distancias y no están conectadas, se llama **estrella doble óptica**.

177

BINARIA CERCANA

Una **binaria cercana** implica un sistema binario en el que las estrellas están muy próximas entre sí. La fuerte atracción gravitatoria a la que están sometidas provoca diversos efectos.

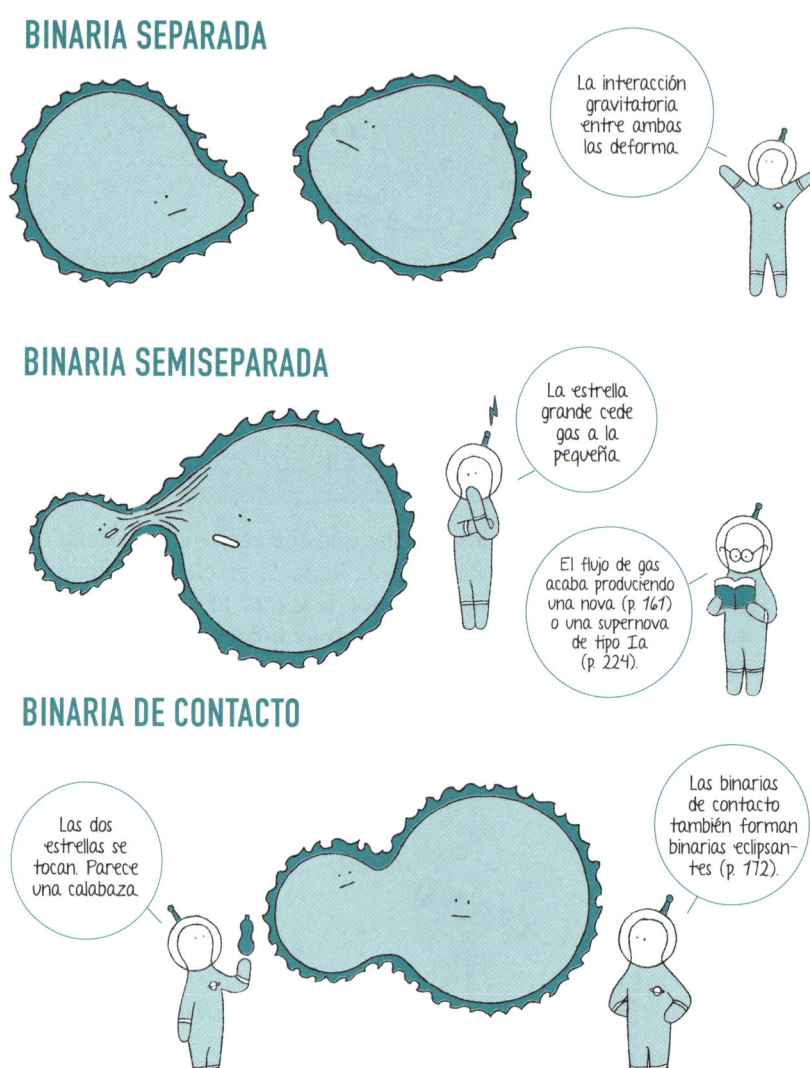

BINARIA SEPARADA

La interacción gravitatoria entre ambas las deforma.

BINARIA SEMISEPARADA

La estrella grande cede gas a la pequeña.

El flujo de gas acaba produciendo una nova (p. 161) o una supernova de tipo Ia (p. 224).

BINARIA DE CONTACTO

Las dos estrellas se tocan. Parece una calabaza.

Las binarias de contacto también forman binarias eclipsantes (p. 172).

NOVA ROJA LUMINOSA

Se cree (existen otras hipótesis) que una **nova roja luminosa** es una explosión causada cuando las dos estrellas de un sistema binario chocan y se fusionan. La explosión supera en brillo (luminosidad) a una nova, pero no llega al nivel de una supernova, y se caracteriza por su color rojizo.

V838 MONOCEROTIS

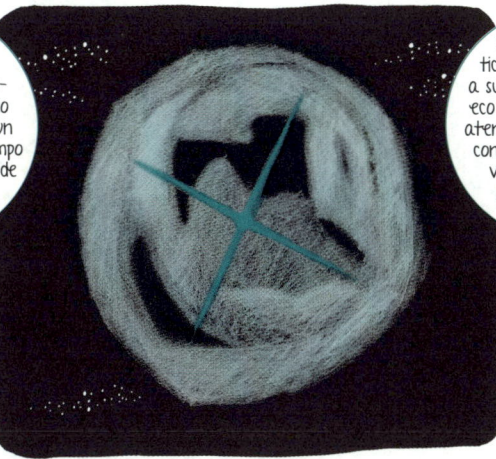

Es una nova roja luminosa que apareció en la constelación del Unicornio en 2002. Durante un breve período de tiempo alcanzó un tamaño de 3200 diámetros solares.

El hermoso vórtice que se extiende a su alrededor se llama eco luminoso y llamó la atención por su parecido con el óleo de Vincent van Gogh titulado *La noche estrellada*.

¿EN 2022 APARECERÁ UNA NOVA ROJA LUMINOSA EN EL CISNE?

En 2017 se anunció que la binaria cercana KIC 9832227, situada en la constelación del Cisne, podría convertirse en una nova roja luminosa en torno a 2022. Pasará de magnitud 12 a magnitud 2 y podrá verse a simple vista.

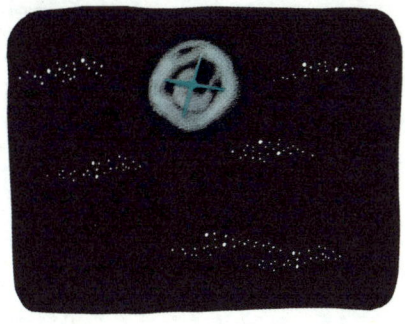

A lo mejor el eco de luz también puede verse en la nova roja del Cisne.

MOVIMIENTO PROPIO

Ya hemos visto que las estrellas del firmamento nocturno no cambian su posición unas con respecto a otras (p. 16), pero eso es solo a escala de unos pocos años o décadas. Vistas a una escala de tiempo aún mayor, las estrellas se mueven en diferentes direcciones y cambian su posición en la esfera celeste. A eso se le llama **movimiento propio**.

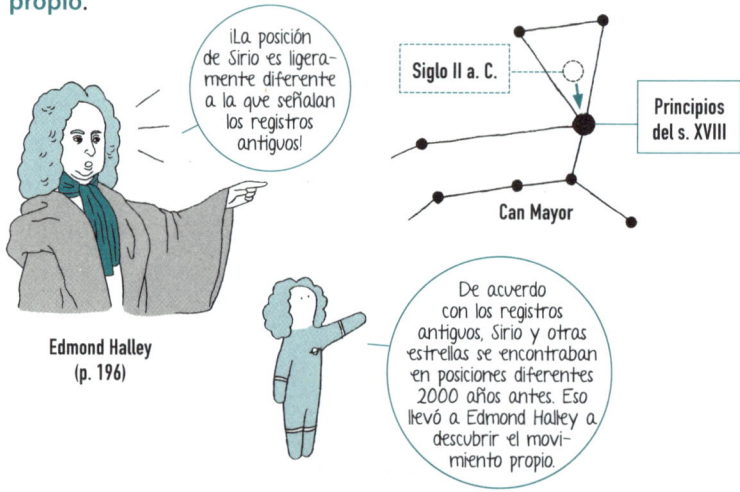

¿DENTRO DE 10 000 AÑOS EL CARRO DARÁ LA VUELTA?

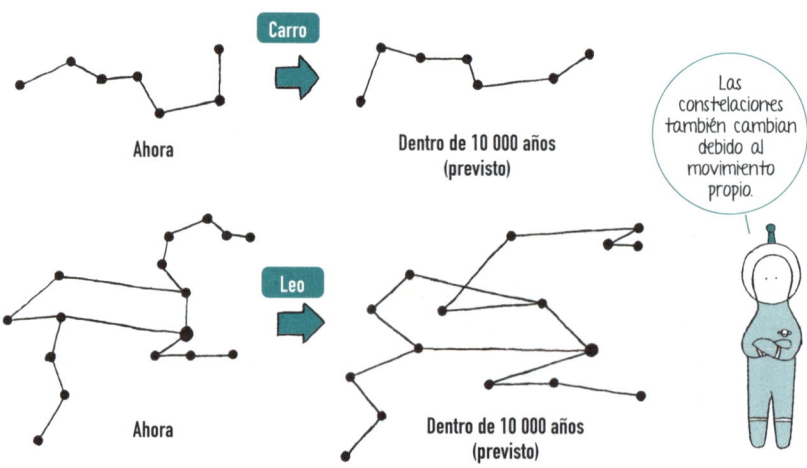

ABERRACIÓN DE LA LUZ

La **aberración de la luz** es un fenómeno por el cual la posición de las estrellas u otros objetos astronómicos aparece desplazada con respecto a la real como consecuencia del movimiento de la Tierra. A la aberración de la luz que se produce por la traslación de la Tierra se la denomina **aberración anual**. La aberración anual es la demostración de que la Tierra gira en torno al Sol.

DESCOMPOSICIÓN DE LA LUZ

La **descomposición de la luz** es la distribución de la luz visible en función de su longitud de onda. Cuando se hace pasar la luz del Sol a través de un prisma, esta aparece en una gama de colores similar a la del arcoíris, debido a la descomposición de la luz solar.

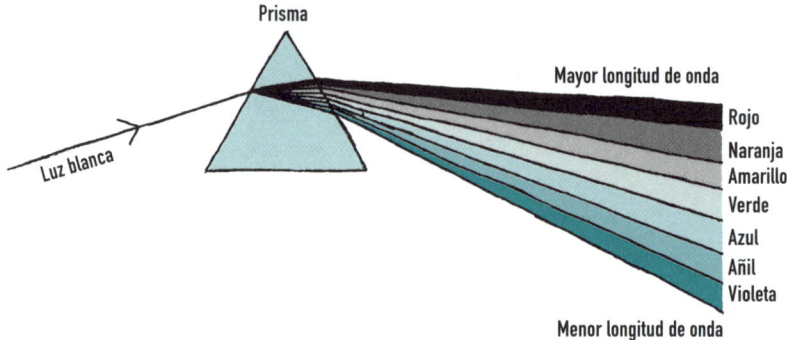

ESPECTRO

Un **espectro** es la representación gráfica de la descomposición de la luz según su longitud de onda.

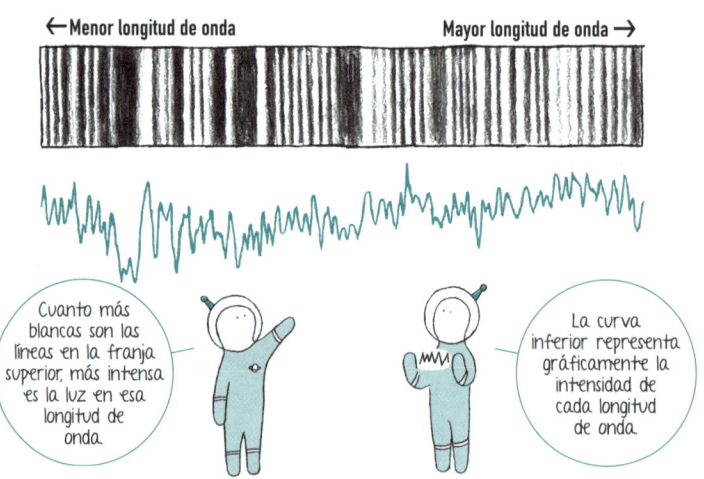

LÍNEA DE EMISIÓN, LÍNEA DE ABSORCIÓN

Cuando se calienta una sustancia (un elemento químico, por ejemplo) a altas temperaturas, emite una luz con unas longitudes de onda características que en un espectro aparecen como líneas claras, llamadas **líneas de emisión**. Si entre la fuente de luz y un observador está presente un elemento, este absorbe la luz en ciertas longitudes de onda, que no llegan al observador, y aparecen como líneas oscuras, llamadas **líneas de absorción**.

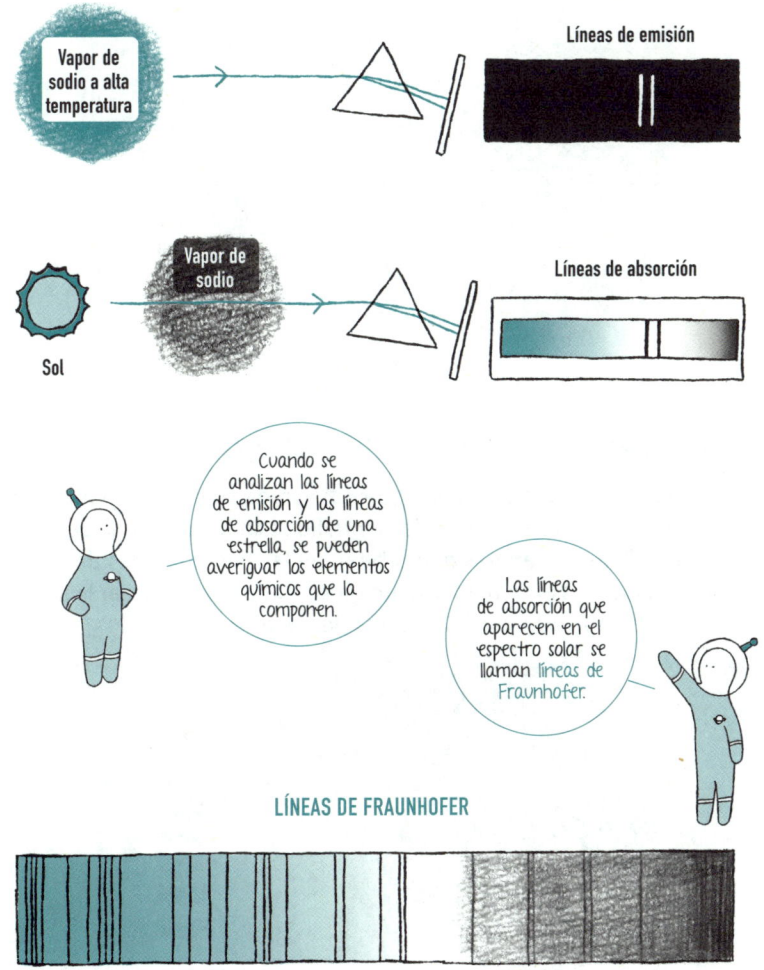

LÍNEAS DE FRAUNHOFER

PLANETA EXTRASOLAR, EXOPLANETA

Un **planeta extrasolar** o **exoplaneta** es un planeta que está fuera del sistema solar. En concreto, cualquier planeta que gire alrededor de estrellas que no son el Sol.

El primero se descubrió a principios de 1995, y en julio de 2021 ya se conocían casi 4800.

Se cree que más de la mitad de las estrellas del cielo nocturno tienen planetas.

¿ES COMPLICADO DESCUBRIR EXOPLANETAS?

Los planetas brillan con la luz que reflejan de su estrella, por lo que su luminosidad es menos de la cienmillonésima parte de la de la estrella. Hallar exoplanetas que orbitan en las proximidades de estrellas brillantes es extremadamente difícil. Sería como buscar la luz de una luciérnaga que revolotea cerca de un faro.

51 PEGASI B

51 Pegasi b fue el primer exoplaneta que se encontró orbitando una estrella de la secuencia principal (p. 150). El hallazgo, ocurrido en 1995, se debió a los astrónomos suizos Michel Mayor y Didier Queloz, que recibieron el Premio Nobel de Física en 2019 por este descubrimiento.

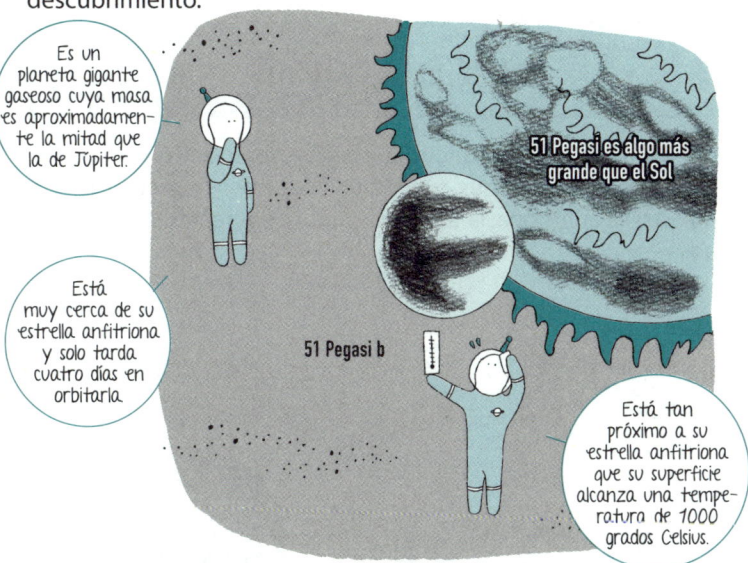

En 1992 se descubrió un exoplaneta alrededor de un púlsar (p. 166). 51 Pegasi b fue el primer exoplaneta que se encontró orbitando una estrella de la secuencia principal.

¿CÓMO SE NOMBRAN LOS EXOPLANETAS?

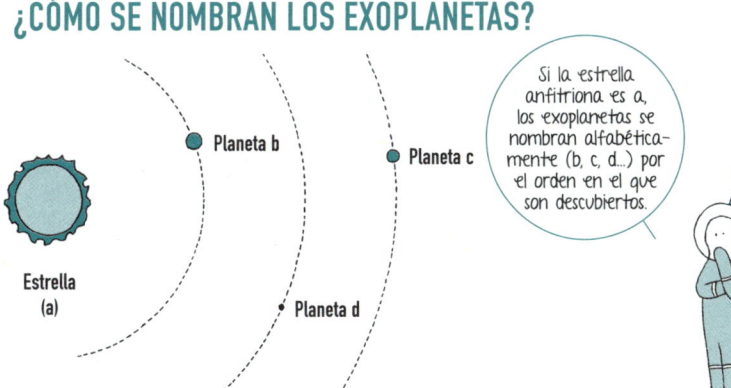

ESPECTROSCOPIA DOPPLER

La **espectroscopia Doppler** (o método de velocidad radial) es uno de los métodos para buscar exoplanetas. Cuando un exoplaneta gira en torno a su estrella anfitriona, la posición de esta cambia ligeramente debido al tirón gravitatorio del planeta. A partir de este «bamboleo» de la estrella se puede deducir la existencia de un exoplaneta.

MÉTODO DE TRÁNSITO

El **método de tránsito** es otro método para detectar exoplanetas. Se basa en el principio de que cuando un exoplaneta pasa por delante de su estrella anfitriona, la tapa y disminuye ligeramente su luminosidad.

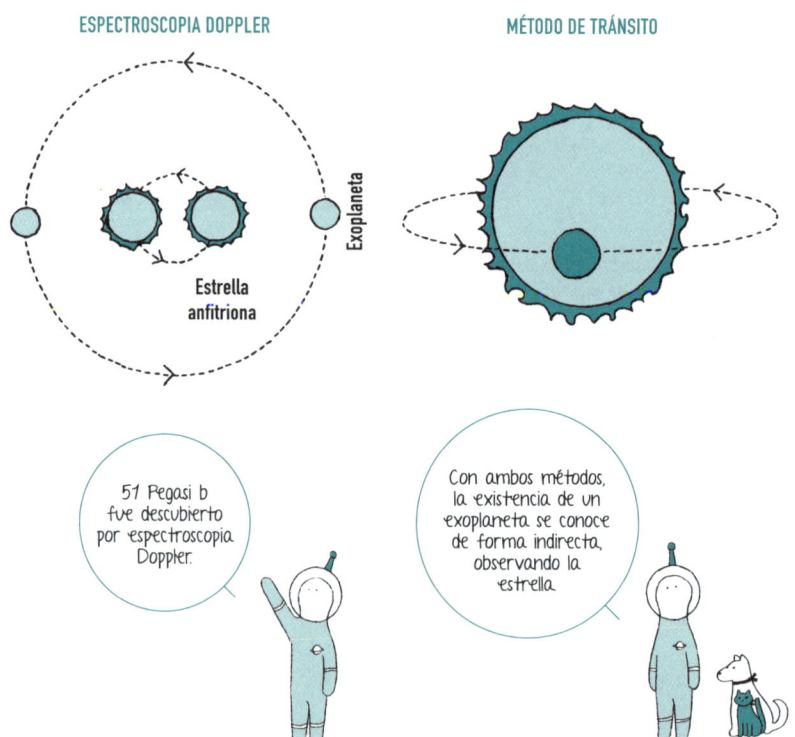

KEPLER (TELESCOPIO ESPACIAL)

Kepler fue un telescopio espacial lanzado por la NASA en marzo de 2009 con el objetivo de localizar exoplanetas usando el método de tránsito. Retirado de servicio a finales de octubre de 2018, durante su vida útil descubrió más de 2600 exoplanetas.

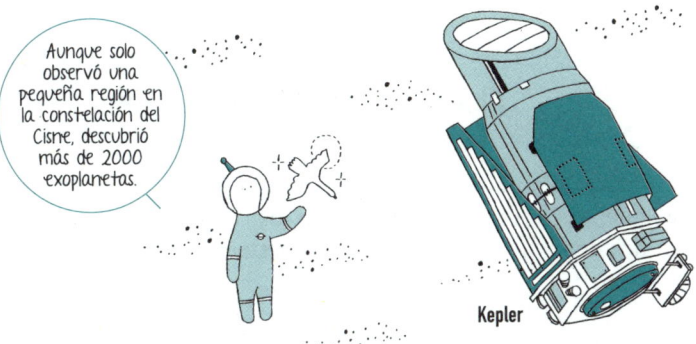

MÉTODO DE LA IMAGEN DIRECTA

El **método de la imagen directa** consiste en captar directamente la débil luz de un exoplaneta. Como permite obtener valiosa información acerca de su brillo, temperatura, órbita, atmósfera y otras características, es de gran utilidad para la exoplanetología.

JÚPITER CALIENTE

Un **júpiter caliente** es un exoplaneta del tamaño de Júpiter que gira muy cerca de su estrella anfitriona. Júpiter es un planeta gaseoso frío porque orbita muy lejos del Sol, pero un júpiter caliente tiene una temperatura abrasadora.

PLANETA EXCÉNTRICO

Un **planeta excéntrico** es un exoplaneta que tiene una órbita extremadamente elíptica, casi como la de los cometas. Esta clase de «excentricidades» no se encuentran en el sistema solar.

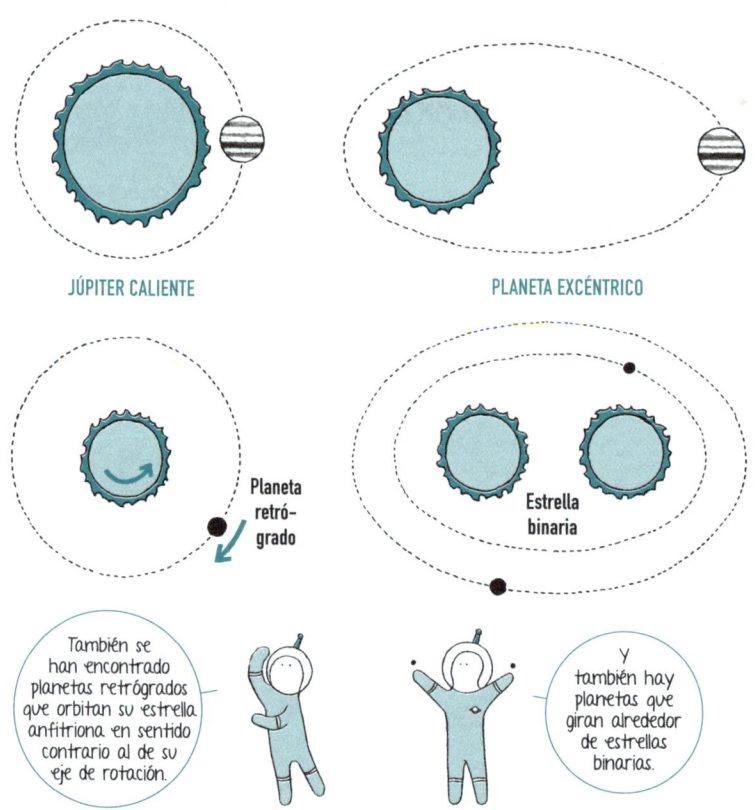

JÚPITER CALIENTE

PLANETA EXCÉNTRICO

Planeta retró-grado

Estrella binaria

También se han encontrado planetas retrógrados que orbitan su estrella anfitriona en sentido contrario al de su eje de rotación.

Y también hay planetas que giran alrededor de estrellas binarias.

PLANETA GLOBO OCULAR

Un **planeta globo ocular** (o **planeta con forma de ojo**) es un planeta que orbita cerca de una enana roja (p. 153). La cara que apunta a la estrella está calcinada, mientras que la cara opuesta está helada. Se cree que el planeta de Proxima Centauri (p. 120) es de este tipo.

Los planetas globo ocular pueden o no tener agua.

MICROLENTE GRAVITATORIA

La **microlente gravitatoria** es otro método para la detección de exoplanetas. Cuando se observa desde la Tierra el paso de una estrella frente a otra más lejana, la gravedad de la primera actúa como una «lente» que concentra la luz y hace que la segunda aumente su brillo de forma transitoria. Si la estrella que actúa como lente tiene algún planeta, la gravedad de este también contribuye, de forma que la luminosidad de la estrella más alejada aumenta de nuevo brevemente mientras está volviendo a su brillo normal. A partir de esta diferencia se puede inferir la existencia de un exoplaneta en la estrella lente.

El principio de la «lente gravitatoria» se explica con más detenimiento en la página 218.

ZONA DE HABITABILIDAD

La **zona de habitabilidad** (o zona habitable) es la región alrededor de una estrella que reúne las condiciones que permiten la presencia de agua en estado líquido, esencial para la vida. Un planeta que se encuentra en esta zona se llama **planeta habitable**.

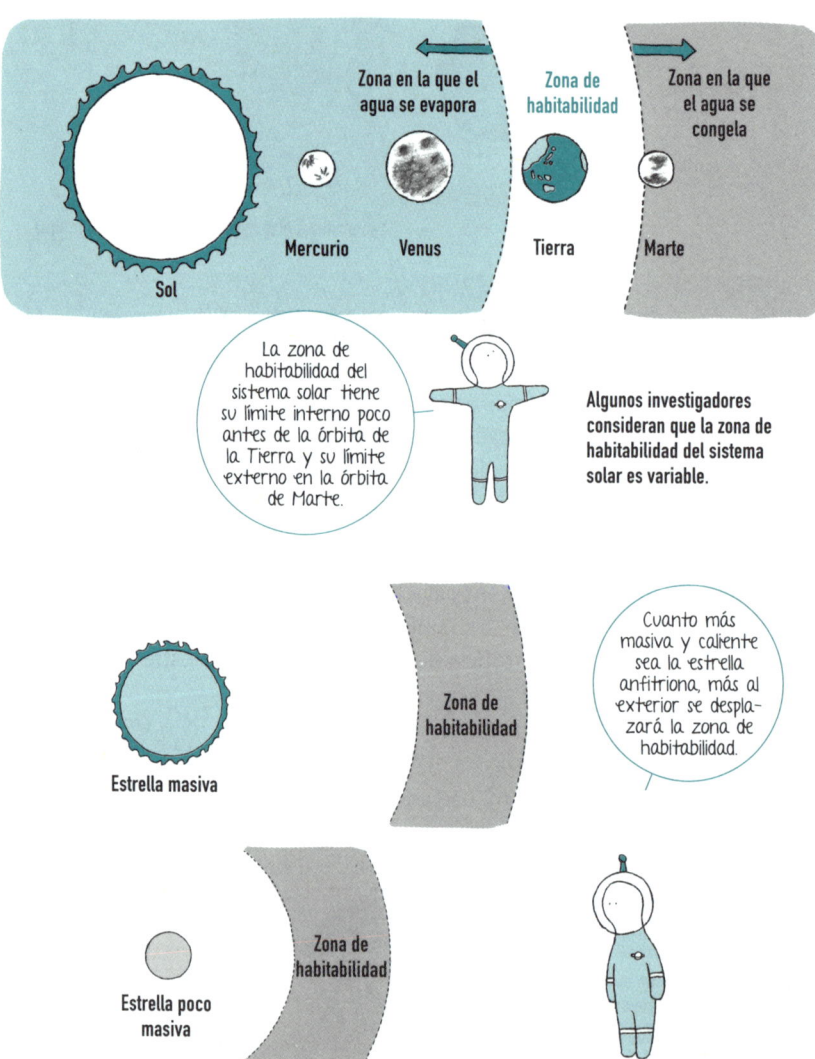

BIOMARCADOR

Un **biomarcador** es una señal de origen biológico que se emplea para buscar vida en los exoplanetas. Por ejemplo, se cree que si se encontrara oxígeno en la atmósfera de un exoplaneta, indicaría la existencia de vida que realiza la fotosíntesis; de modo que el oxígeno es un biomarcador.

BORDE ROJO

Las plantas de la Tierra se caracterizan por reflejar la luz roja e infrarroja, lo que se denomina **borde rojo**. Si en la luz procedente de un exoplaneta se encontrara un borde rojo, es posible que hubiera vida vegetal semejante a la de la Tierra. El borde rojo es otro importante biomarcador.

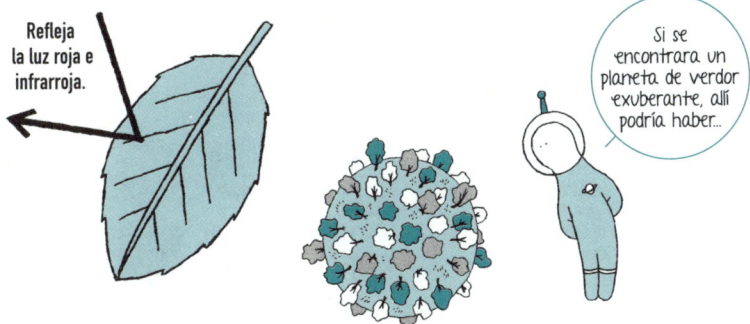

ASTROBIOLOGÍA

La **astrobiología** es una ciencia multidisciplinar cuyo objeto de estudio es el origen, evolución y distribución de la vida en el universo fuera de la Tierra. Con el desarrollo en los últimos años de la observación de exoplanetas, esta nueva disciplina científica ha atraído a investigadores de otros campos que aspiran a desentrañar el gran misterio de «la vida en el universo».

La astrobiología une la astronomía con la biología.

Solo conocemos la vida de la Tierra, pero si la encontráramos en otros lugares del universo, nos indicaría que la vida no es algo accidental, sino común.

ECUACIÓN DE DRAKE

La **ecuación de Drake** es una ecuación para calcular la cantidad de civilizaciones extraterrestres capaces de comunicarse por radio en nuestra galaxia, la Vía Láctea. La propuso en 1961 el astrónomo estadounidense Frank Drake.

$$N = R_* \cdot f_p \cdot n_e \cdot f_l \cdot f_i \cdot f_c \cdot L$$

N es el número de civilizaciones avanzadas que han desarrollado una tecnología para comunicarse por radio en la Vía Láctea.

R_* es el ritmo anual de formación de estrellas en la Vía Láctea.

f_p es la fracción de estrellas que tienen planetas.

n_e es el número de planetas habitables en esas estrellas (es decir, que tienen las condiciones favorables para la vida).

f_l es la fracción de esos planetas habitables en los que la vida se ha desarrollado.

f_i es la fracción de esos planetas en los que la vida inteligente se ha desarrollado.

f_c es la fracción de esos planetas donde la vida inteligente ha desarrollado una civilización capaz de comunicarse por radio.

L es la longevidad de una civilización capaz de comunicarse por radio.

SETI

SETI es el acrónimo de *Search for ExtraTerrestrial Intelligence*, es decir, la búsqueda de inteligencia extraterrestre o, más concretamente, un proyecto para descubrir vida extraterrestre a partir de la captación de señales de radio procedentes del espacio.

Frank Drake

Radiotelescopio que se usó en el primer SETI

El primer SETI fue el **Proyecto Ozma**, llevado a cabo por Frank Drake (p. 193) en 1960 mediante el radiotelescopio del Observatorio Nacional de Radioastronomía en Green Bank, Estados Unidos. Observó durante doscientas horas dos estrellas muy parecidas al Sol (situadas a una distancia de unos diez años luz), pero no detectó ninguna señal proveniente de una civilización extraterrestre.

SEÑAL WOW!

En 1977, el radiotelescopio Big Ear de la Universidad Estatal de Ohio recibió una intensa señal de radio de origen desconocido durante 72 segundos. Cuando el astrónomo que revisaba los registros descubrió la señal, la rodeó con un círculo y al lado escribió «*Wow!*» («¡guau!»), de modo que pasó a ser conocida como la «**señal Wow!**».

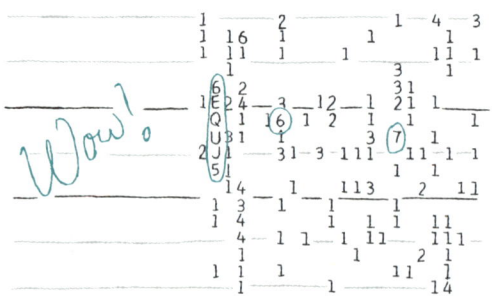

La señal no volvió a detectarse, por lo que no se sabe si fue una señal auténtica o algo fortuito.

¿QUÉ DEBEMOS HACER SI CONTACTAMOS CON UNA INTELIGENCIA EXTRATERRESTRE?

No hay que responder a la ligera en caso de recibir una comunicación de vida inteligente extraterrestre. Estos son los pasos que deben seguirse.

DECLARACIÓN DE PRINCIPIOS RELATIVOS A LAS ACTIVIDADES POSTERIORES A LA DETECCIÓN DE INTELIGENCIA EXTRATERRESTRE (RESUMEN)

(1) Antes de anunciar la señal, su descubridor debe verificar su autenticidad. (Artículo 1)

(2) Antes de anunciar la señal, su descubridor debe notificarlo a institutos de investigación para que corroboren su autenticidad de forma independiente. (Artículo 2)

(3) Si se determina que la señal es auténtica, su descubridor debe informar a la comunidad científica internacional y al secretario general de las Naciones Unidas. (Artículo 3)

(4) Confirmada la autenticidad de la señal, debe anunciarse de forma abierta y transparente a la sociedad. (Artículo 4)

(5) No se debe responder a la señal hasta que no se haya discutido internacionalmente su idoneidad. (Artículo 8)

Estas directrices se adoptaron en el Comité SETI de la Academia Internacional de Astronáutica (IAA) en 1989.

La búsqueda de civilizaciones extraterrestres es una de las pocas empresas humanas en la cual incluso un fracaso es un éxito.

Palabras de Carl Sagan (astrónomo estadounidense que lideró el proyecto SETI junto con Frank Drake)

Quizá llegue el día en el que vosotros, los terrícolas, realicéis vuestro auténtico «primer contacto».

CIENTÍFICOS Y FILÓSOFOS RELACIONADOS CON EL UNIVERSO

07
ISAAC NEWTON

1643-1727

Isaac Newton fue un matemático, físico y astrónomo británico que descubrió la ley de la gravitación universal y las tres leyes del movimiento (ley de inercia, ley fundamental de la dinámica y principio de acción y reacción). Estableció los principios básicos de la mecánica clásica, que dan una explicación física a la órbita elíptica de los planetas y al movimiento de estos alrededor del Sol, y sentó las bases de la cosmología moderna.

08
EDMOND HALLEY

1656-1742

Amigo de Newton, el astrónomo británico Edmond Halley le ayudó a publicar los *Principia* (*Philosophiae naturalis principia mathematica* o *Principios matemáticos de la filosofía natural*) y, basándose en la mecánica que había desarrollado Newton, predijo el regreso del cometa que posteriormente llevaría su nombre (p. 98). Fue el primer gran éxito de la mecánica celeste: la mecánica newtoniana aplicada al estudio del movimiento de los cuerpos del sistema solar.

CAPÍTULO 5
LA VÍA LÁCTEA Y EL ESPACIO GALÁCTICO

VÍA LÁCTEA

La **Vía Láctea**, también conocida como **Camino de Santiago**, es una franja difusa y tenue que corta el cielo nocturno. Cuando Galileo dirigió el telescopio que él mismo había construido a la Vía Láctea, descubrió que estaba formada por incontables estrellas pequeñas y poco luminosas.

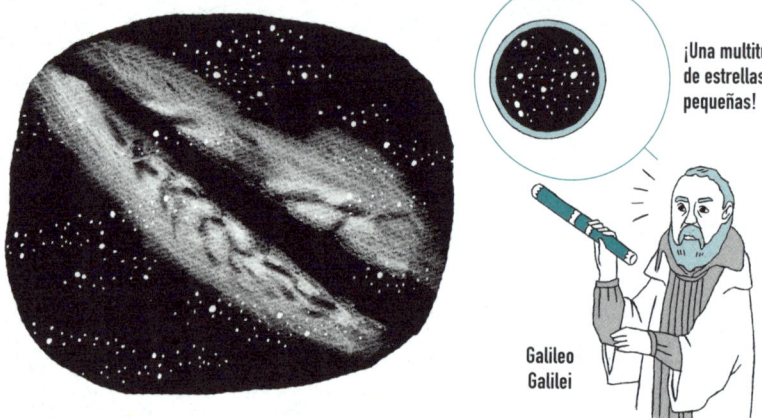

¡Una multitud de estrellas pequeñas!

Galileo Galilei

¿POR QUÉ LA VÍA LÁCTEA SE VE COMO UNA BANDA?

La Vía Láctea rodea el cielo nocturno como una banda. Esto se debe a que las estrellas que la forman se extienden a nuestro alrededor como un disco difuso. El Sol y la Tierra también están en ese disco, por lo que al mirar alrededor aparece como una delgada franja.

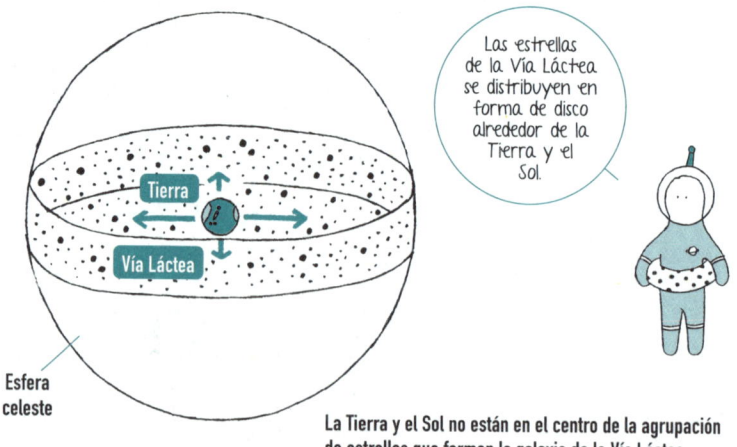

Las estrellas de la Vía Láctea se distribuyen en forma de disco alrededor de la Tierra y el Sol.

La Tierra y el Sol no están en el centro de la agrupación de estrellas que forman la galaxia de la Vía Láctea.

GALAXIA DE LA VÍA LÁCTEA

La **Vía Láctea** es la galaxia (p. 30) en la que se encuentra el sistema solar. Está formada por unos 100 000 millones (el doble según otras estimaciones) de estrellas y en torno a un 10-15 % de su masa se debe al medio interestelar (p. 140).

Cada uno de los puntos que forman las espirales es una estrella como el Sol.

¿CÓMO SE PUEDE HACER UNO LA IDEA DE «100 000 MILLONES DE ESTRELLAS»?

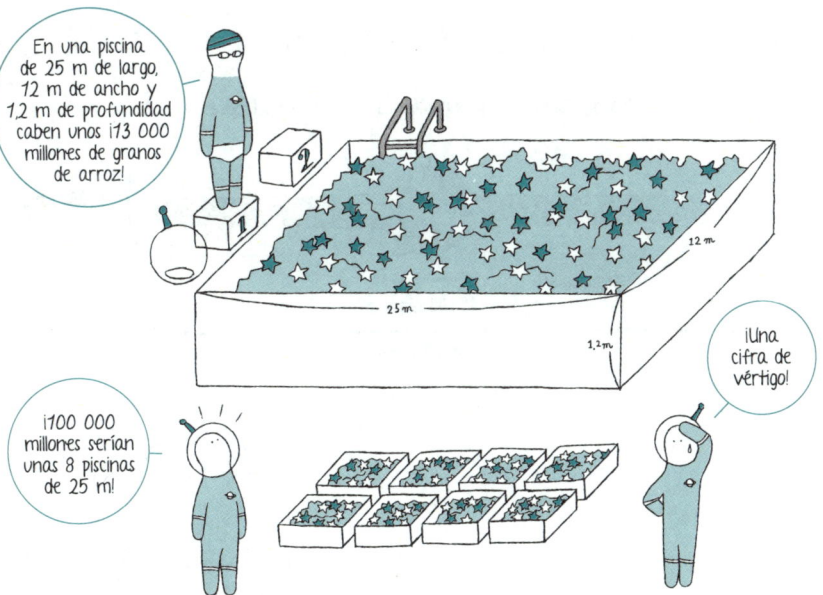

En una piscina de 25 m de largo, 12 m de ancho y 1,2 m de profundidad caben unos ¡13 000 millones de granos de arroz!

¡100 000 millones serían unas 8 piscinas de 25 m!

¡Una cifra de vértigo!

DISCO GALÁCTICO

La Vía Láctea es una agrupación de 100 000 millones de estrellas, de forma circular, con un abultamiento en la zona central. A la zona más plana que rodea esa protuberancia se la denomina **disco galáctico**. El conjunto tiene un aspecto parecido al de una lente convexa.

BULBO GALÁCTICO, NÚCLEO GALÁCTICO

Al abombamiento central de la Vía Láctea se le denomina **bulbo galáctico** o **núcleo galáctico**. Mientras que el disco galáctico está formado por estrellas jóvenes y medio interestelar, materia prima para la formación de estrellas, el núcleo galáctico está formado por estrellas viejas con una edad de 10 000 millones de años y casi no tiene medio interestelar.

LA VÍA LÁCTEA VISTA DE LADO (ESQUEMA)

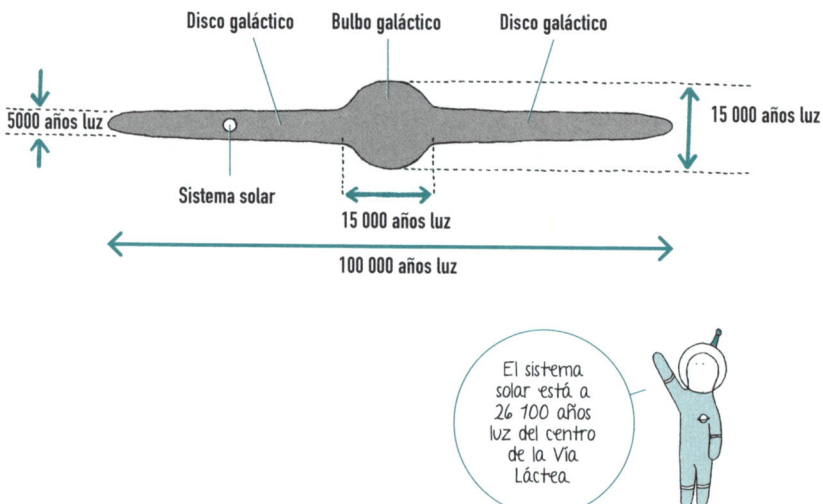

El sistema solar está a 26 100 años luz del centro de la Vía Láctea.

BRAZO ESPIRAL

Visto desde arriba, el disco galáctico de la Vía Láctea tiene unas estructuras en forma de espiral que se llaman **brazos espirales**. En la Vía Láctea se pueden distinguir cuatro grandes brazos. El sistema solar está en otro más pequeño, que se llama **brazo de Orión**.

LA VÍA LÁCTEA VISTA DESDE ARRIBA (ESQUEMA)

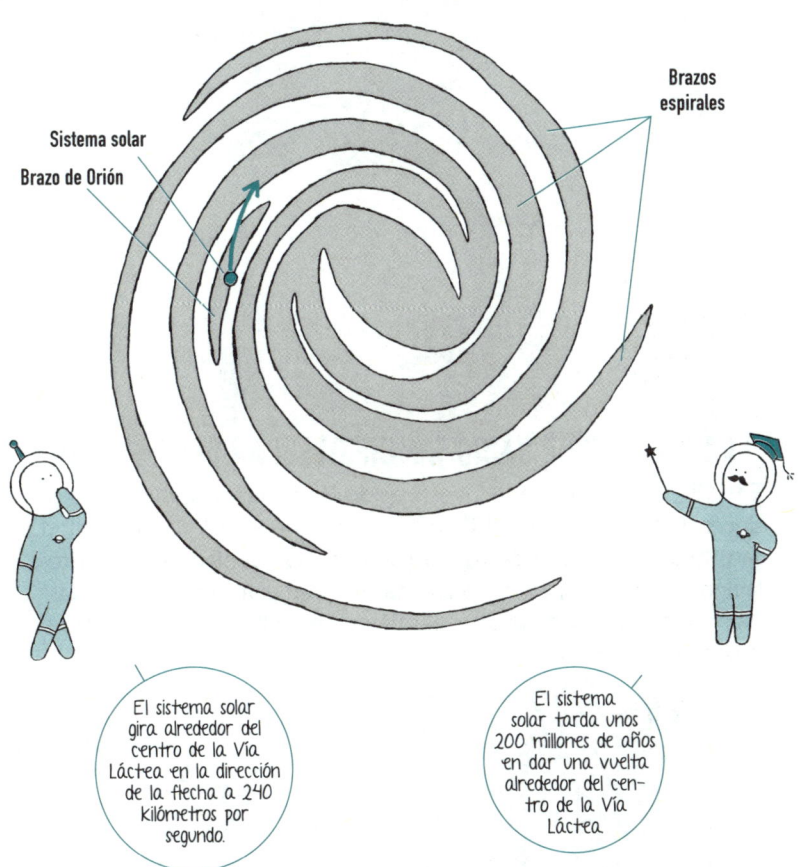

El sistema solar gira alrededor del centro de la Vía Láctea en la dirección de la flecha a 240 kilómetros por segundo.

El sistema solar tarda unos 200 millones de años en dar una vuelta alrededor del centro de la Vía Láctea.

SAGITARIO A*

Sagitario A* es un objeto compacto situado en la constelación de Sagitario que, aunque no se puede ver en luz visible, es una poderosa fuente emisora de ondas de radio. Se encuentra en el centro de la Vía Láctea y se cree que es un agujero negro supermasivo (p. 203).

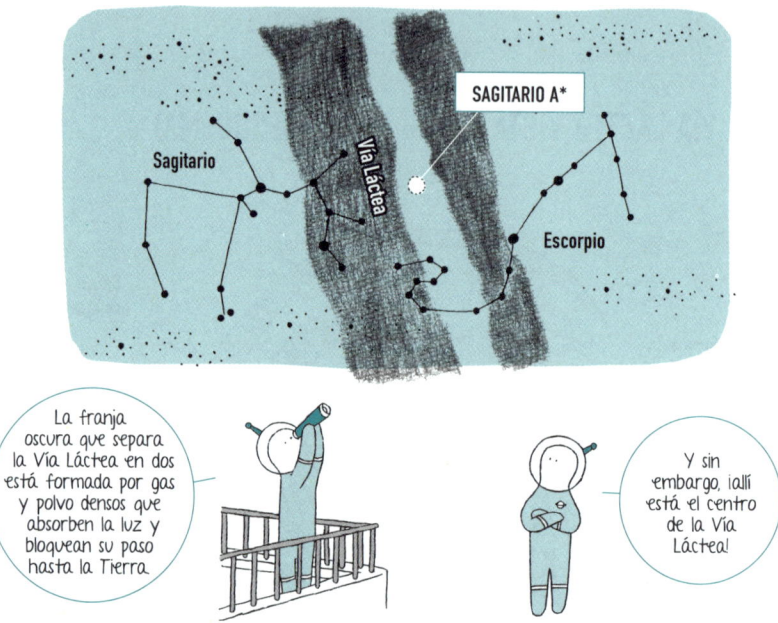

¡LAS SEÑALES DE RADIO TAMBIÉN LLEGAN DEL ESPACIO!

En 1931, mientras estaba investigando las ondas de radio que producen los relámpagos, el ingeniero de radio estadounidense Karl Jansky descubrió por casualidad señales que venían de la constelación de Sagitario, en la Vía Láctea. Este fue el inicio de la **radioastronomía**, la rama de la astronomía que estudia las ondas de radio procedentes del cosmos.

AGUJERO NEGRO SUPERMASIVO

Un **agujero negro supermasivo** es un agujero negro que tiene entre cien mil masas solares y diez mil millones de masas solares. Aparte de la Vía Láctea, se cree que muchas galaxias albergan un agujero negro supermasivo en el centro.

EL AGUJERO NEGRO SUPERMASIVO DE NUESTRA GALAXIA

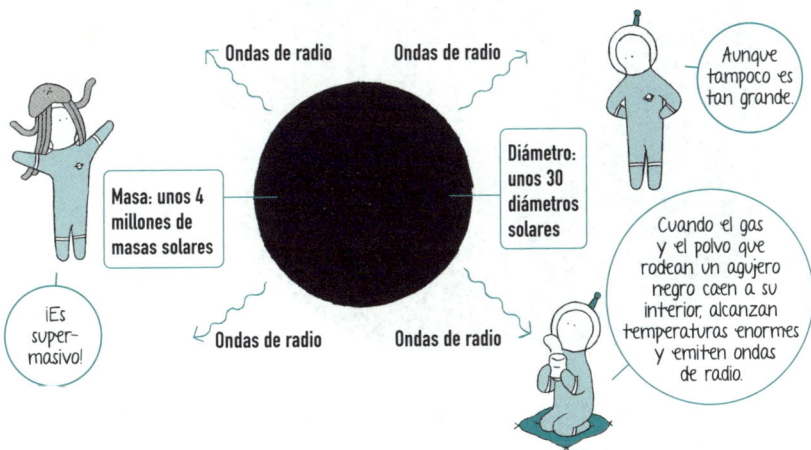

¿CÓMO SE FORMAN LOS AGUJEROS NEGROS SUPERMASIVOS?

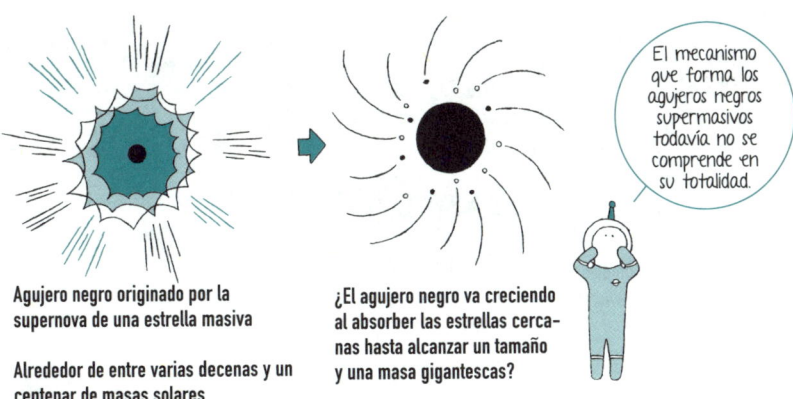

CÚMULO GLOBULAR

Un **cúmulo globular** es una agrupación de forma esférica que contiene entre varias decenas de miles y varios millones de estrellas muy viejas (p. 27), con una edad que supera los 10 000 millones de años.

En el centro de un cúmulo globular se concentran varios centenares de estrellas en un año luz cuadrado.

¿EN QUÉ SE DIFERENCIA UN CÚMULO GLOBULAR DE UN CÚMULO ABIERTO?

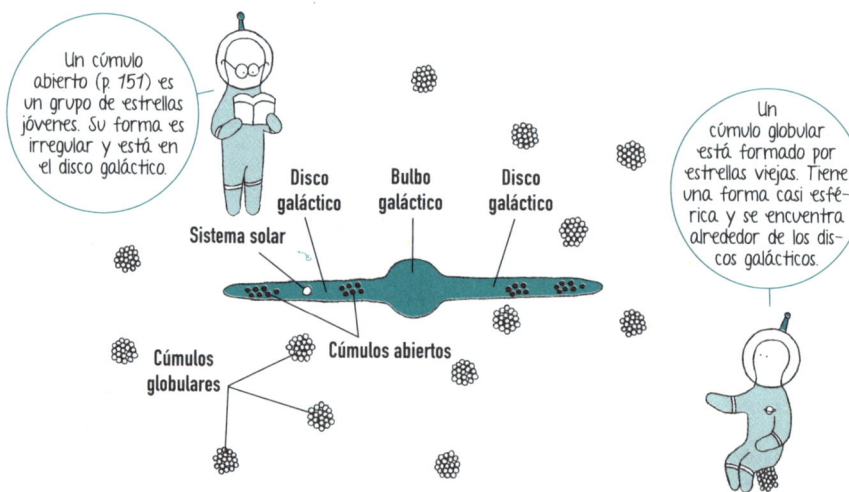

Un cúmulo abierto (p. 151) es un grupo de estrellas jóvenes. Su forma es irregular y está en el disco galáctico.

Un cúmulo globular está formado por estrellas viejas. Tiene una forma casi esférica y se encuentra alrededor de los discos galácticos.

HALO GALÁCTICO

El **halo galáctico** es una región esférica que rodea a una galaxia. Su tamaño no está claramente definido, aunque se considera que su diámetro es unas diez veces el diámetro del disco galáctico

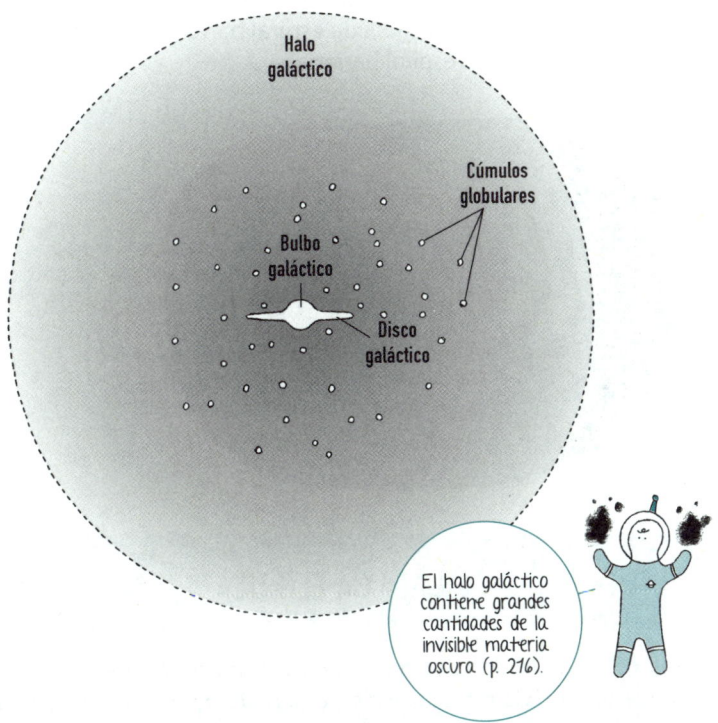

El halo galáctico contiene grandes cantidades de la invisible materia oscura (p. 216).

POBLACIÓN ESTELAR

La **población estelar** es uno de los métodos para clasificar las estrellas. Las estrellas de la **población I** son estrellas jóvenes que contienen hidrógeno y elementos más pesados que el helio (carbono, oxígeno, etc.), y se encuentran fundamentalmente en el disco galáctico. Las estrellas de la **población II** son estrellas viejas que casi no contienen elementos más pesados que el helio y forman el bulbo galáctico y los cúmulos globulares. También se ha propuesto la hipotética **población III**: una primera generación de estrellas muy masivas que se formaron en el universo temprano.

GALAXIA ESPIRAL

Una **galaxia espiral** es una galaxia cuyo disco tiene forma de espiral (brazos espirales). Los brazos espirales contienen muchas estrellas de la población I (p. 205) y medio interestelar, y son el lugar de formación de nuevas estrellas. La que tiene un núcleo alargado con forma de barra se denomina **galaxia espiral barrada**. Se cree que la Vía Láctea es una galaxia espiral barrada.

Es la más común entre las galaxias de brillo medio.

GALAXIA ELÍPTICA

Una **galaxia elíptica** es una galaxia con forma ovalada o esférica. Contiene muchas estrellas viejas, casi nada de medio interestelar y no se forman estrellas nuevas. En una galaxia elíptica, las estrellas se mueven de manera errática.

También hay galaxias elípticas gigantescas formadas por un billón de estrellas.

En algunas galaxias elípticas se pueden encontrar estrellas jóvenes, lo que indica que la formación estelar no se ha detenido.

GALAXIA LENTICULAR

Una **galaxia lenticular** se parece a una galaxia espiral en que tiene bulbo y disco galáctico, pero carece de brazos espirales. También se parece a una galaxia elíptica en el gran contenido de estrellas viejas y en la casi ausencia de medio interestelar.

Es una galaxia con forma de lente convexa, a medio camino entre una galaxia espiral y una galaxia elíptica.

GALAXIA IRREGULAR

Como indica su nombre, una **galaxia irregular** es una galaxia que carece de una estructura claramente definida. Es una galaxia pequeña, con mucho medio interestelar y muy activa desde el punto de vista de la formación estelar.

GALAXIA ENANA

Una **galaxia enana** es una galaxia muy pequeña y poco brillante formada solo por varios miles de millones de estrellas. Pueden tener distintas formas, desde esférica a irregular, y son mucho más numerosas que las galaxias de brillo normal (espirales, elípticas, etc.).

GRAN NUBE DE MAGALLANES

La **Gran Nube de Magallanes** es una galaxia irregular (p. 207) visible desde el hemisferio sur. Es la galaxia más cercana a la Vía Láctea (a unos 160 000 años luz del sistema solar) y tiene aproximadamente un cuarto de su tamaño.

PEQUEÑA NUBE DE MAGALLANES

La **Pequeña Nube de Magallanes** es una galaxia irregular visible desde el hemisferio sur. Se encuentra a unos 200 000 años luz del sistema solar y es unas seis veces más pequeña que la Vía Láctea. Junto con la Gran Nube de Magallanes, se cree que son «galaxias acompañantes» (**galaxias satélites**) que giran alrededor de la Vía Láctea.

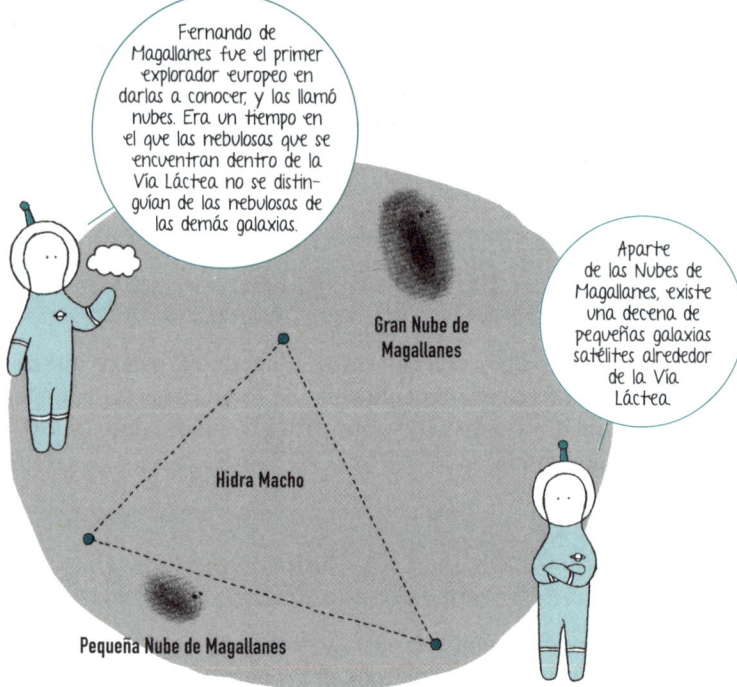

Fernando de Magallanes fue el primer explorador europeo en darlas a conocer, y las llamó nubes. Era un tiempo en el que las nebulosas que se encuentran dentro de la Vía Láctea no se distinguían de las nebulosas de las demás galaxias.

Aparte de las Nubes de Magallanes, existe una decena de pequeñas galaxias satélites alrededor de la Vía Láctea.

Gran Nube de Magallanes

Hidra Macho

Pequeña Nube de Magallanes

Una reciente investigación postula que las Nubes de Magallanes no son galaxias vinculadas gravitatoriamente a la Vía Láctea, sino que ha dado la casualidad de que están cerca y podrían estar alejándose.

GALAXIA DE ANDRÓMEDA

La **galaxia de Andrómeda** (M31) es una gigantesca galaxia espiral situada en la constelación de Andrómeda, que se ve con un tamaño de seis lunas llenas. Está situada a 2,3 millones de años luz del sistema solar y se cree que duplica a la Vía Láctea en tamaño y en número de estrellas.

Antiguamente se la llamaba «gran nebulosa de Andrómeda», nombre con el que también se la conoce hoy en día.

¡Junto con las Nubes de Magallanes, Andrómeda es una de las tres galaxias visibles a simple vista!

¿ANDRÓMEDA SURGIÓ DE LA FUSIÓN DE OTRAS GALAXIAS?

Se sabe que el núcleo de Andrómeda tiene dos agujeros negros supermasivos (p. 203), lo que sugiere que dos galaxias chocaron y se unieron para formar esta galaxia mayor.

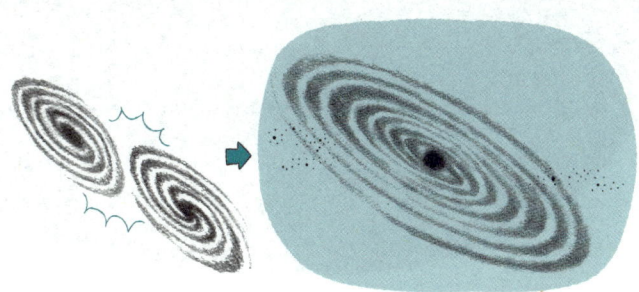

GRUPO LOCAL

El **Grupo Local** es un grupo de galaxias (p. 31) al que pertenece la Vía Láctea. La Vía Láctea, Andrómeda y la **galaxia del Triángulo** (M33) son sus tres galaxias más grandes y, junto con sus galaxias satélites y otras galaxias enanas, forman una agrupación de medio centenar que se extiende a lo largo de varios millones de años luz. Se cree que puede haber más porque hay muchas galaxias enanas que aún no se han descubierto.

GRUPO LOCAL (GALAXIAS MÁS REPRESENTATIVAS)

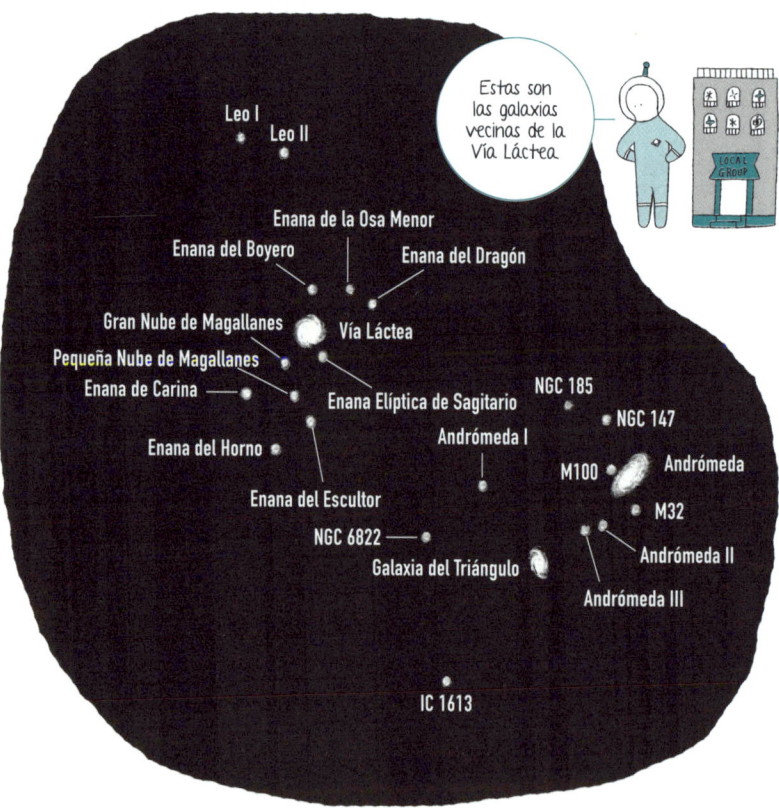

LACTÓMEDA

La atracción gravitatoria entre la Vía Láctea y Andrómeda está acercando ambas galaxias a 300 kilómetros por segundo. Esta velocidad irá aumentando a medida que estén más cerca y se cree que dentro de unos 4000 millones de años chocarán y se fusionarán en una galaxia gigante llamada **Lactómeda**.

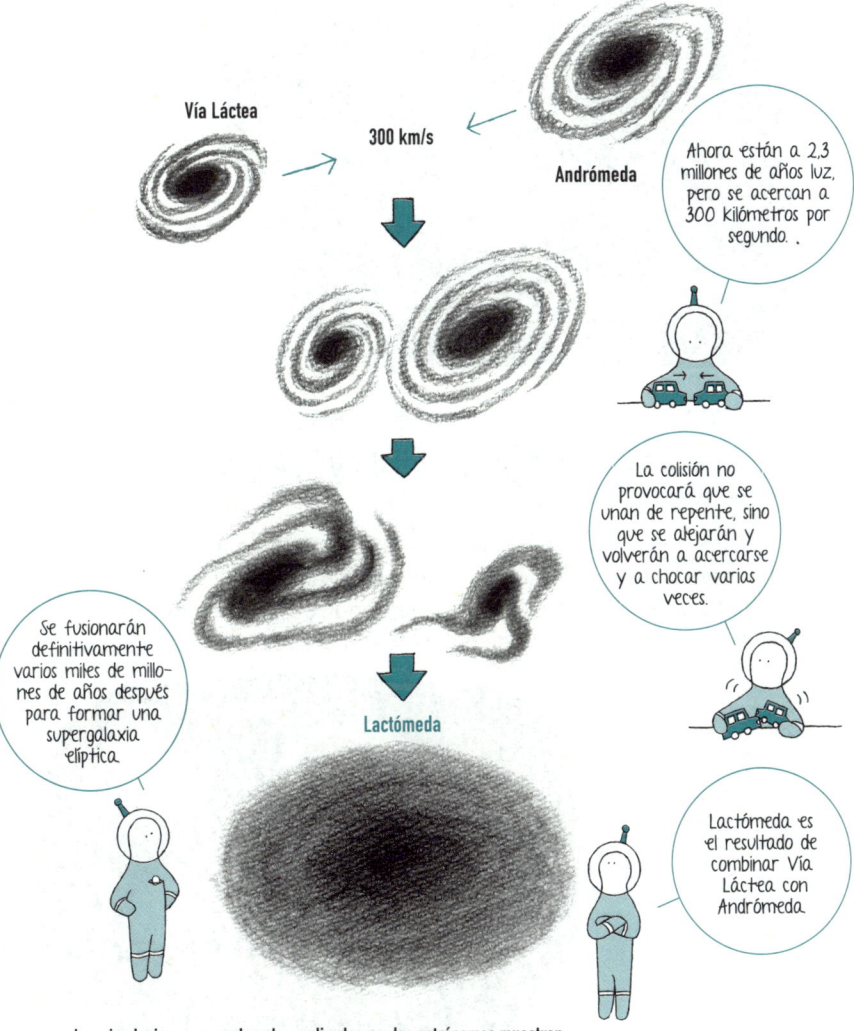

Las simulaciones por ordenador realizadas por los astrónomos muestran resultados dispares: desde una colisión hasta un alejamiento.

GALAXIAS DE LAS ANTENAS

Las **galaxias de las Antenas** (o **Antenas**) son un par de galaxias situadas en la constelación del Cuervo. Ambas galaxias (NGC 4038 y NGC 4039) chocaron hace varios cientos de millones de años y sus interacciones provocaron la aparición de dos estructuras alargadas compuestas de estrellas con forma de antena.

GALAXIA DE LA RUEDA DE CARRO

La **galaxia de la Rueda de Carro** es una galaxia lenticular (p. 207) en la constelación del Escultor. Hace unos 200 millones de años una galaxia pequeña la atravesó cerca de su núcleo y se cree que esa colisión desencadenó una violenta y repentina formación de estrellas.

¿LAS COLISIONES DE GALAXIAS SON FRECUENTES?

Una galaxia típica suele tener un diámetro en torno a 100 000 años luz, y la distancia que separa a las galaxias en un grupo de galaxias (p. 31) es del orden de varios millones de años luz; por lo que las colisiones galácticas no son raras. Por otra parte, la distancia media entre estrellas en una galaxia es de unos diez millones de veces el diámetro estelar; de modo que, aunque choquen las galaxias, es muy poco probable que se produzcan colisiones entre estrellas.

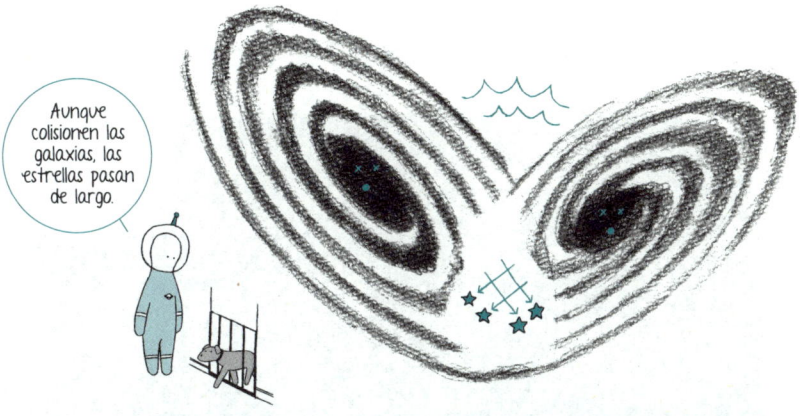

Aunque colisionen las galaxias, las estrellas pasan de largo.

BROTE ESTELAR

Cuando dos galaxias chocan o se aproximan mucho, el medio interestelar se comprime y se vuelve más denso, lo que da lugar a un nacimiento súbito de estrellas de más de diez masas solares en muy poco tiempo. A este fenómeno de enérgica formación de estrellas se le denomina **brote estelar**.

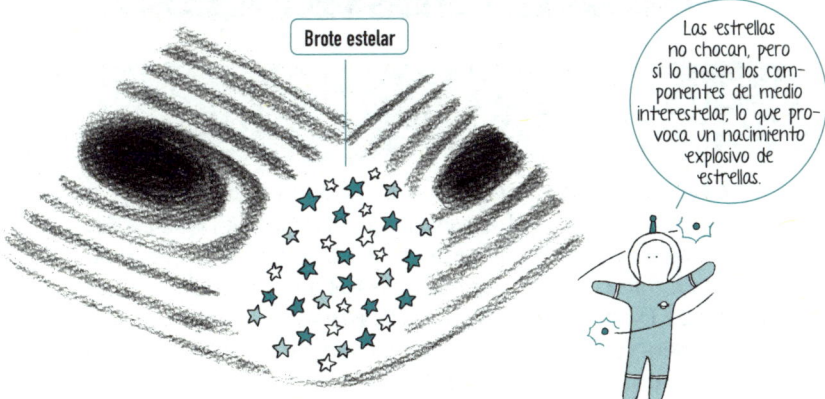

Brote estelar

Las estrellas no chocan, pero sí lo hacen los componentes del medio interestelar, lo que provoca un nacimiento explosivo de estrellas.

CÚMULO DE VIRGO

El **cúmulo de Virgo** es el cúmulo galáctico (p. 31) más próximo al Grupo Local (a unos 59 millones de años luz del sistema solar). Está formado por unas 2000 galaxias que se extienden a lo largo de 12 millones de años luz.

ALGUNAS GALAXIAS DEL CÚMULO DE VIRGO

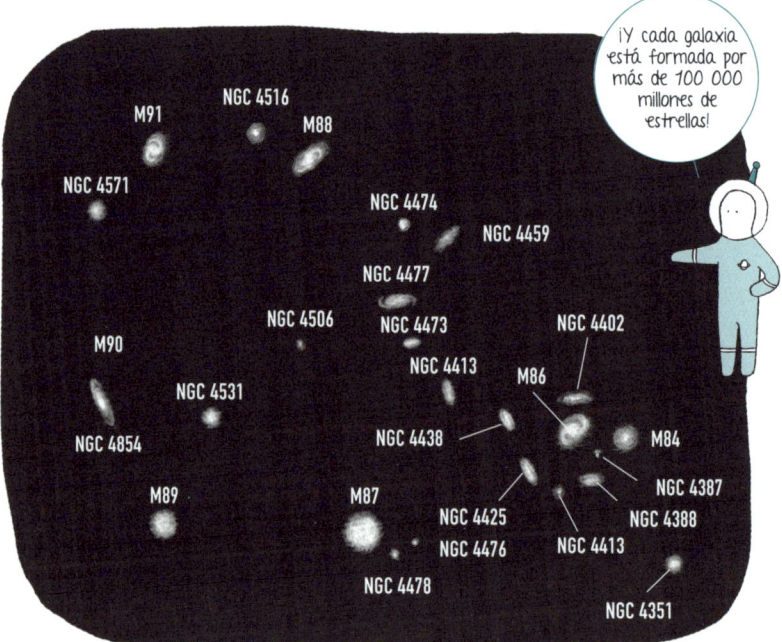

¡Y cada galaxia está formada por más de 100 000 millones de estrellas!

M87

M87 es una gigantesca galaxia elíptica que ocupa el lugar central en el cúmulo de Virgo. Tres veces más masiva que la Vía Láctea, en su centro se encuentra un agujero negro supermasivo de 6000 millones de masas solares. Aparte de ser el auténtico lugar de procedencia de Ultraman (p. 145), es la galaxia en la que se consiguió ver por primera vez de forma directa un agujero negro, imágenes que se hicieron públicas en abril de 2019.

¿POR QUÉ LOS CÚMULOS GALÁCTICOS EMITEN RAYOS X?

Cuando los satélites de rayos X observan los cúmulos galácticos, detectan una potente radiación electromagnética. Esto se debe a que en el interior de las galaxias que los forman hay grandes cantidades de plasma (gas muy caliente) a varias decenas de millones de grados, que emite radiación en forma de rayos X.

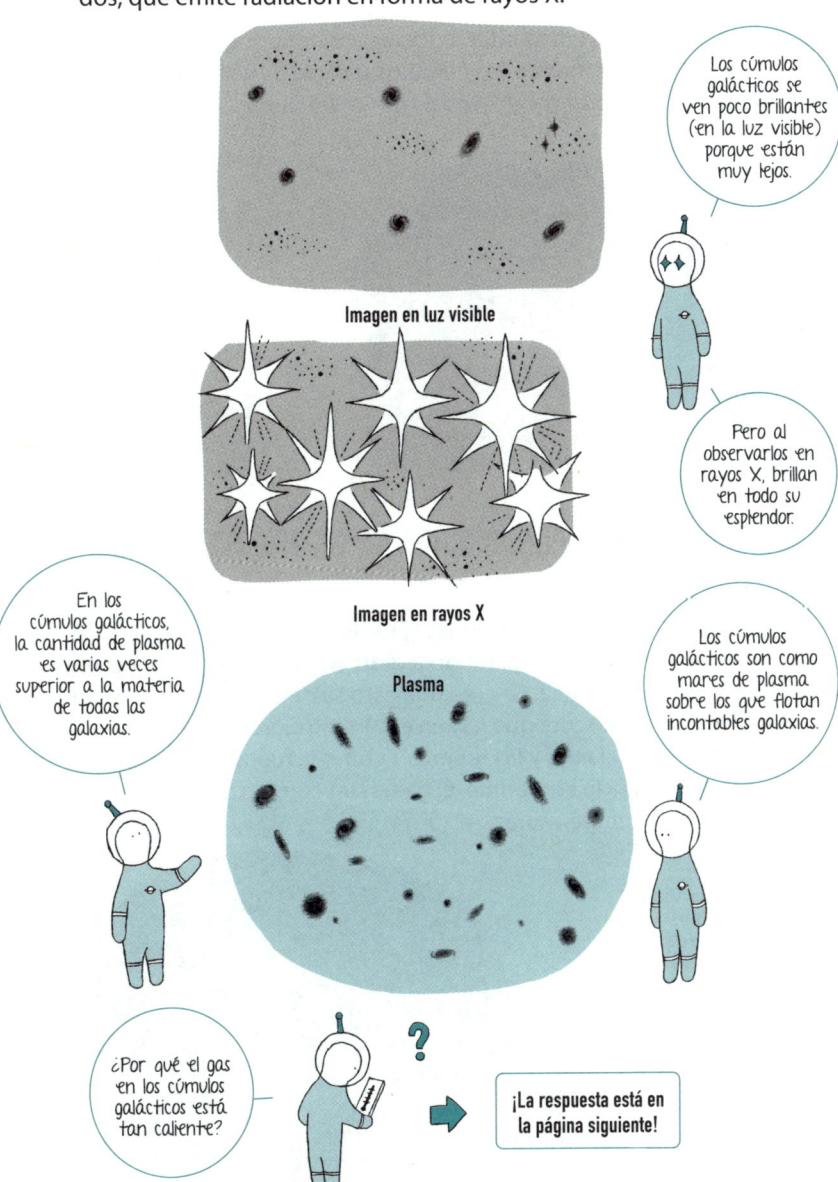

MATERIA OSCURA

La **materia oscura** es una materia de origen desconocido que no se ve (no absorbe ni emite luz u otro tipo de radiación electromagnética), pero que ejerce una interacción gravitatoria sobre todo cuanto la rodea. En el interior de los cúmulos galácticos y alrededor de las galaxias hay de diez a cien veces más materia oscura que materia visible.

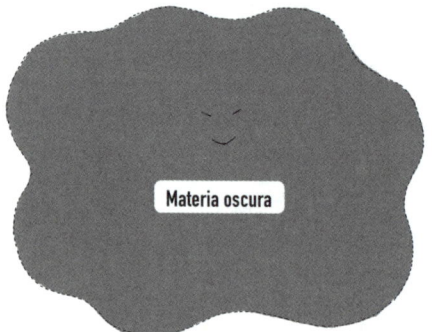

La materia oscura y las nebulosas oscuras (p. 142) son dos cosas diferentes.

¿HAY MUCHA MATERIA OSCURA EN EL INTERIOR DE LOS CÚMULOS GALÁCTICOS?

Al estudiar el movimiento de las galaxias en un cúmulo, se comprobó que se estaban separando a gran velocidad. Sin embargo, el cúmulo no se expandía. Se cree que esto se debe a que la gran cantidad de materia oscura que hay en el cúmulo ejerce un tirón gravitatorio sobre las galaxias y las retiene. Y como la fuerza gravitatoria de la materia oscura lo comprime, el gas en un cúmulo galáctico puede alcanzar altas temperaturas.

El poderoso influjo gravitatorio de la materia oscura en un cúmulo mantiene cohesionadas las galaxias que se mueven a gran velocidad.

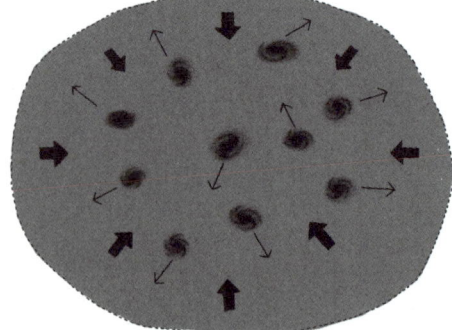

¿LA VÍA LÁCTEA ESTÁ ENVUELTA EN MATERIA OSCURA?

Las estrellas y el gas giran alrededor de la Vía Láctea y, en teoría, su velocidad de rotación debería ser menor cuanto más lejos se encuentren del centro. Sin embargo, se desplazan rápidamente. Si las estrellas y el gas no salen despedidos a causa de la fuerza centrífuga es porque la materia oscura envuelve la galaxia y ejerce su acción gravitatoria sobre ellos.

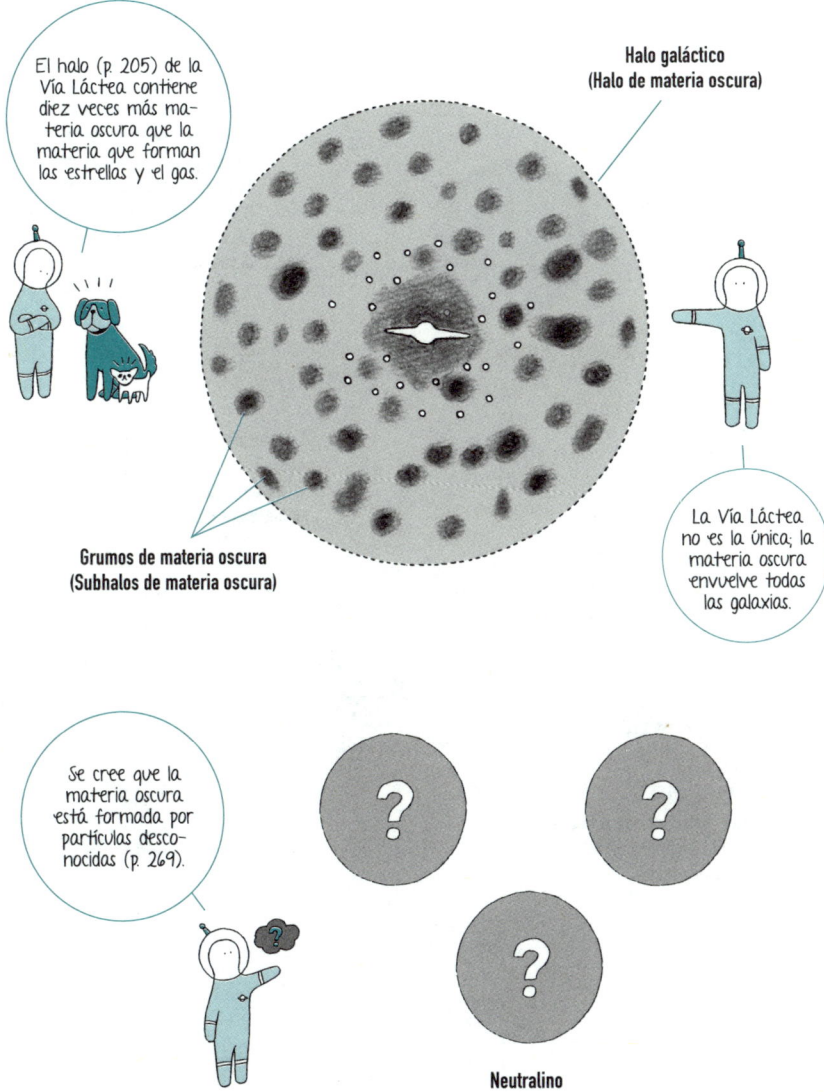

Neutralino

LENTE GRAVITATORIA

Una **lente gravitatoria** es un fenómeno por el cual la luz procedente de un objeto distante se curva alrededor de otro cuerpo más cercano por acción de la gravedad y produce una imagen ampliada o distorsionada de dicho objeto cuando se ve desde la Tierra. Albert Einstein publicó un breve artículo en el que exploraba la posibilidad de usar un campo gravitatorio como lente en 1936, y en 1979 se observó por primera vez.

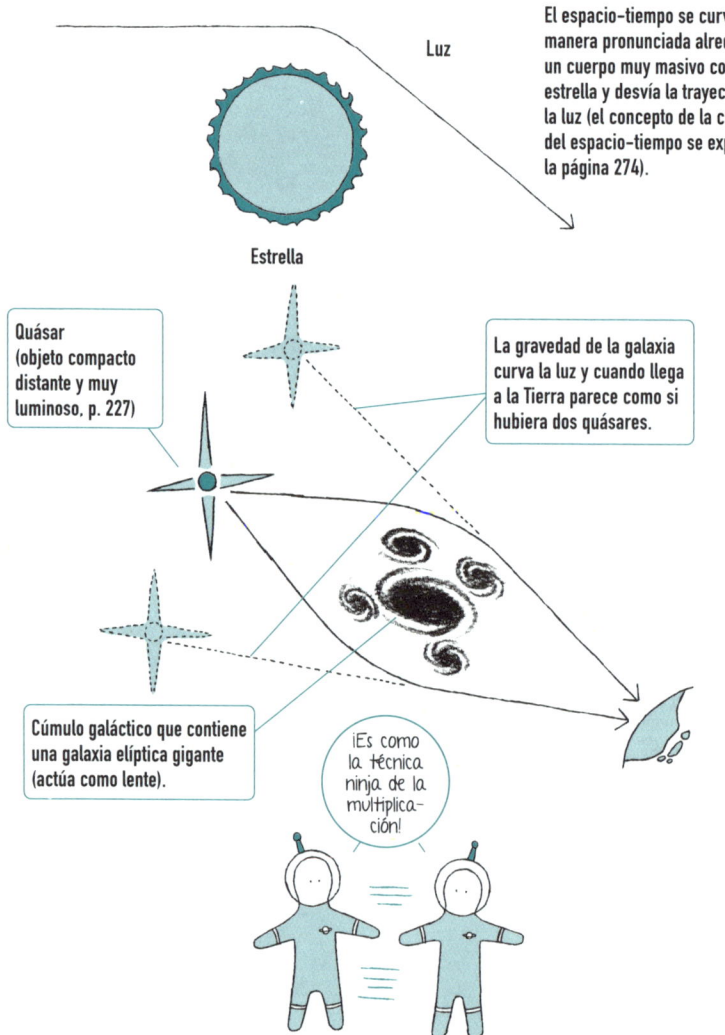

ALGUNOS EFECTOS PROVOCADOS POR LENTES GRAVITATORIAS

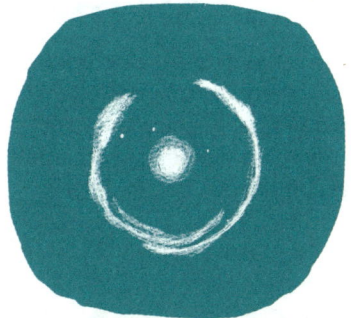

Anillo de Einstein: cuando la Tierra, la fuente de luz y el objeto que actúa como lente están alineados.

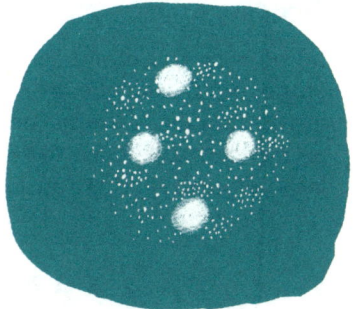

Cruz de Einstein: la gravedad del objeto que actúa como lente produce cuatro imágenes de la fuente de luz.

Arco: la gravedad del cúmulo galáctico que está delante distorsiona y comba las galaxias que están en el fondo.

¿SE PUEDEN USAR LAS LENTES GRAVITATORIAS PARA BUSCAR LA DISTRIBUCIÓN DE LA MATERIA OSCURA?

Dado que la materia oscura también ejerce un influjo gravitatorio, la luz procedente de una galaxia que está en el fondo se curva al pasar y se produce un «efecto de lente gravitatoria débil», de modo que llega a la Tierra una imagen ligeramente distorsionada. Un análisis estadístico de imágenes de galaxias bajo este efecto permite conocer la distribución espacial de la materia oscura.

SUPERCÚMULO

Un **supercúmulo** es una agregación de varias decenas de cúmulos y grupos de galaxias que se extienden a lo largo de más de 100 millones de años luz. El Grupo Local en el que se encuentra la Vía Láctea pertenece al **supercúmulo de Virgo** (también llamado supercúmulo local), en cuyo centro se encuentra el cúmulo de Virgo (p. 214)

SUPERCÚMULO DE VIRGO

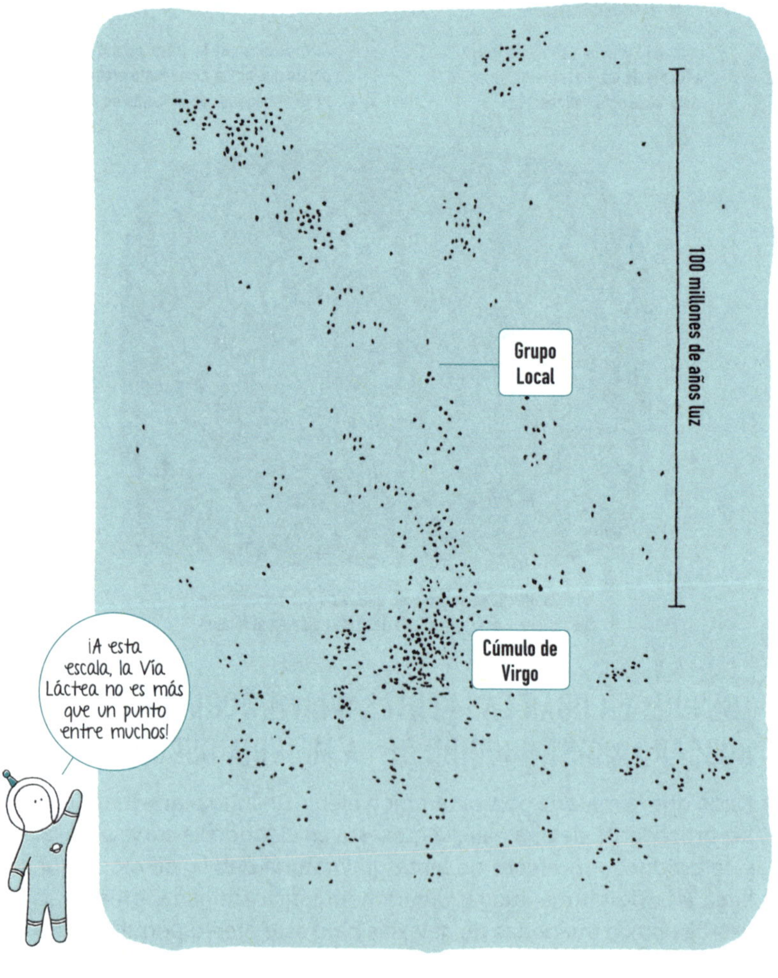

100 millones de años luz

Grupo Local

Cúmulo de Virgo

¡A esta escala, la Vía Láctea no es más que un punto entre muchos!

SUPERCÚMULO DE LANIAKEA

En 2014 un grupo de investigadores de la Universidad de Hawái anunció la hipótesis de que el supercúmulo de Virgo es una parte de un supercúmulo aún mayor: el **supercúmulo de Laniakea**.

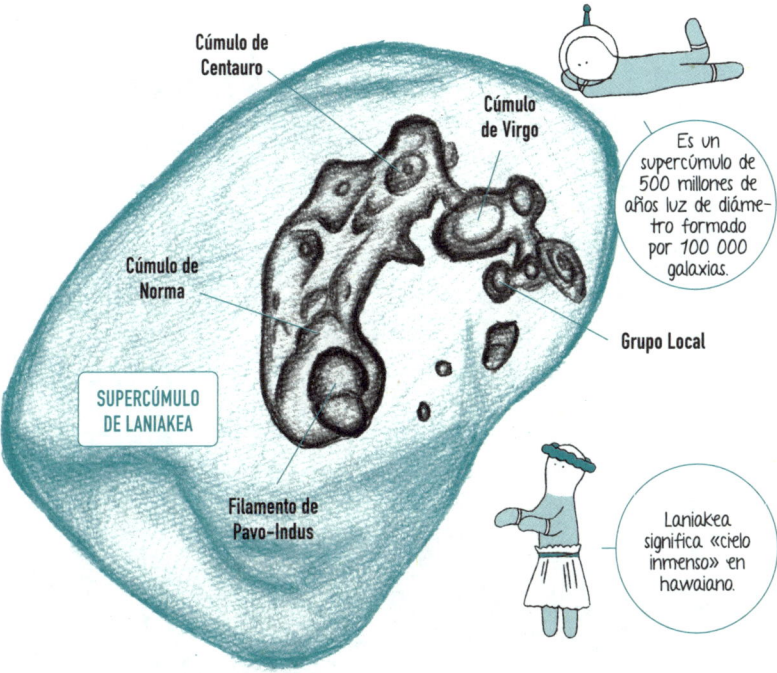

Basado en Planes of satellite galaxies and the cosmic web. *Monthly Notices of the Royal Astronomical Society*, vol. 452, n.º 1-01, pp 1052-1059. LIBESKIND, NOAM I.; HOFFMAN, YEHUDA; TULLY, R. BRENT; COURTOIS, HELENE M.; POMARÈDE, DANIEL; GOTTLÖBER, STEFAN y STEINMETZ, MATTHIAS (2015).

VACÍOS

En el universo existen regiones de agrupaciones densas de galaxias que forman los supercúmulos y regiones de varios cientos de millones de años luz en las que casi no hay galaxias. Estos huecos enormes y aparentemente sin nada se denominan **vacíos**.

ESTRUCTURA A GRAN ESCALA DEL UNIVERSO

La **estructura a gran escala del universo** refleja la distribución reticular de las galaxias a una escala de miles de millones de años luz. Las galaxias se agrupan en cúmulos y supercúmulos, y estos se alinean en filamentos que rodean regiones en las que no hay galaxias: los vacíos (p. 221).

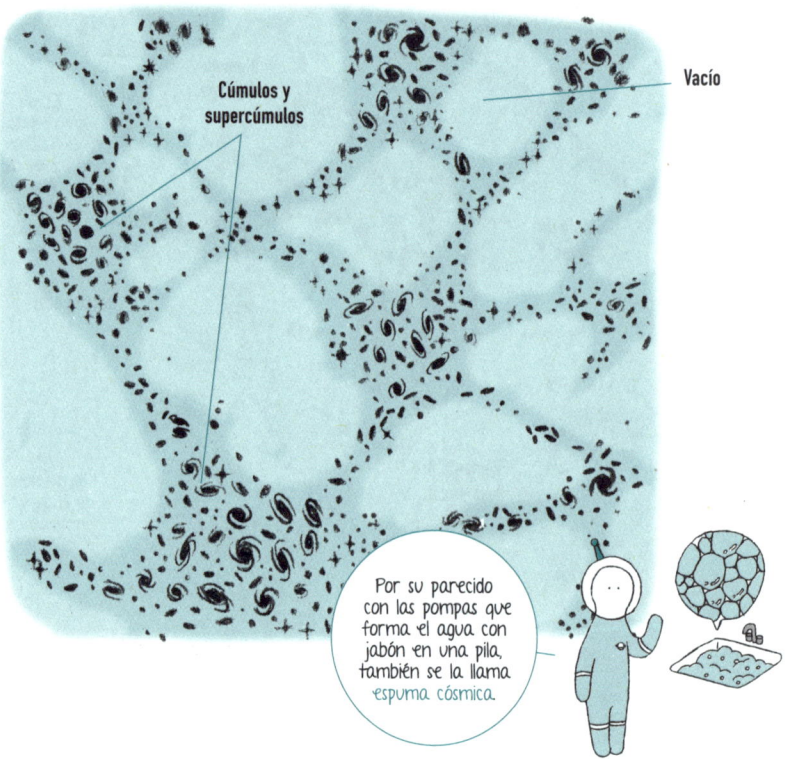

Cúmulos y supercúmulos

Vacío

Por su parecido con las pompas que forma el agua con jabón en una pila, también se la llama *espuma cósmica*.

¿LA MATERIA OSCURA HA CREADO LA ESTRUCTURA A GRAN ESCALA DEL UNIVERSO?

Se cree que en el universo primitivo, la materia oscura se unió por la gravedad y creó «semillas estructurales» alrededor de las cuales se congregó después la materia ordinaria, de la que surgieron las estrellas y las galaxias. En otras palabras, la estructura a gran escala del universo fue obra de la invisible materia oscura.

GRAN MURALLA

La **Gran Muralla** es una estructura con forma de «muro», situada a unos 200 millones de años luz de la Tierra, en la que una enorme cantidad de galaxias se disponen a lo largo de más de 600 millones de años luz. Es una de las estructuras más grandes que se conocen en el universo.

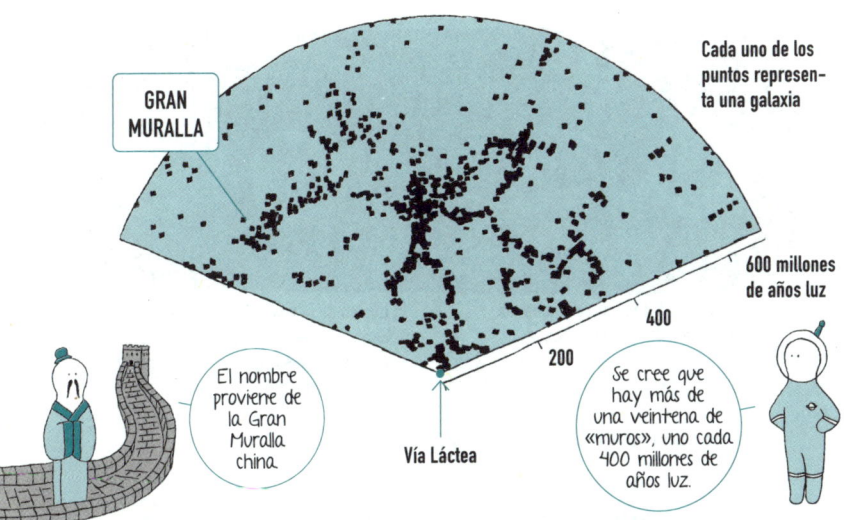

CARTOGRAFIADO DIGITAL DEL CIELO SLOAN

El **cartografiado digital del cielo Sloan** (*Sloan Digital Sky Survey* o SDSS) es un proyecto conjunto entre Alemania, Estados Unidos y Japón que ha cartografiado una cuarta parte del cielo. Con un telescopio específico situado en Nuevo México, se han detectado más de 100 millones de galaxias y se ha creado un mapa en tres dimensiones de su distribución.

SUPERNOVA DE TIPO IA

Una **supernova de tipo Ia** es un tipo de supernova (p. 22) provocada por la violenta explosión de una enana blanca (p. 159).

MECANISMO DE UNA SUPERNOVA DE TIPO IA

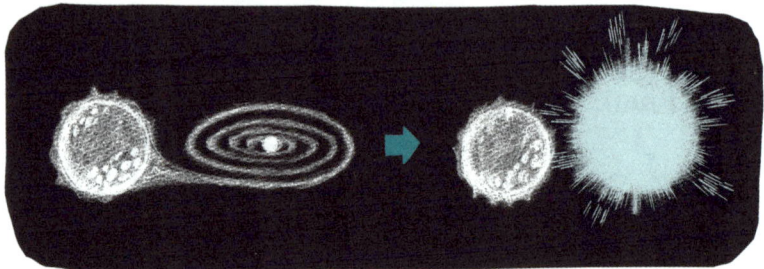

Una enana blanca atrae y acumula el gas de una estrella cercana.

El núcleo de la enana blanca alcanza temperaturas enormes y desencadena reacciones de fusión espontáneas que provocan una explosión de supernova.

También hay supernovas de tipo Ib, Ic y II que se diferencian por su espectro (p. 182).

¿LAS SUPERNOVAS DE TIPO IA PUEDEN USARSE PARA MEDIR DISTANCIAS?

Todas las supernovas de tipo Ia tienen el mismo pico de luminosidad (en magnitud absoluta). Por lo tanto, cuanto más débil es su brillo, más lejos están. Así se puede medir la distancia a la galaxia donde se han producido.

Las supernovas de tipo Ia se emplean para medir las distancias de galaxias situadas a varios miles de millones de años luz.

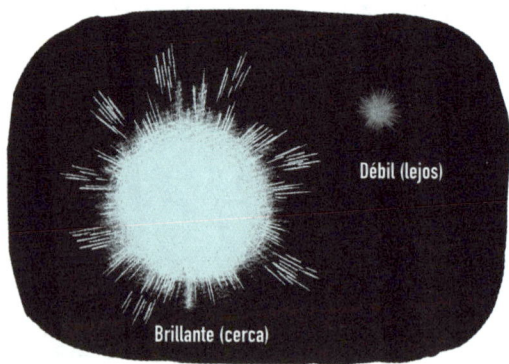

Débil (lejos)

Brillante (cerca)

RELACIÓN DE TULLY-FISHER

La **relación de Tully-Fisher** establece que «la luminosidad de una galaxia espiral es proporcional a la cuarta potencia de su velocidad de rotación». Usando esta relación, se puede calcular la distancia hasta galaxias espirales lejanas.

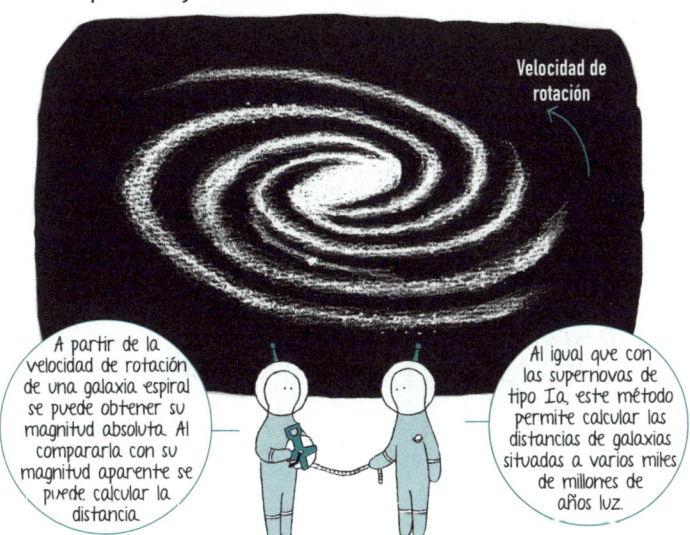

¿QUÉ ES LA «ESCALERA DE DISTANCIAS CÓSMICAS»?

El paralaje anual (p. 170), el diagrama HR (154), las variables cefeidas (p. 174), las supernovas de tipo Ia y la relación de Tully-Fisher son métodos para medir la distancia a objetos cada vez más lejanos. Su sucesión recibe el nombre de **escalera de distancias cósmicas**.

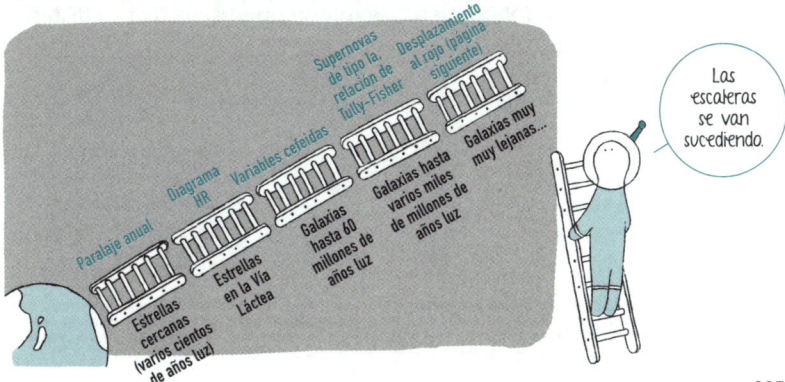

DESPLAZAMIENTO AL ROJO

El **desplazamiento al rojo** es un fenómeno por el cual la longitud de onda de la luz procedente de un objeto que se aleja de la Tierra se hace más larga. En el caso de la luz principalmente amarilla que emite el Sol, se traduce en un desplazamiento hacia el color rojo, que tiene una longitud de onda mayor.

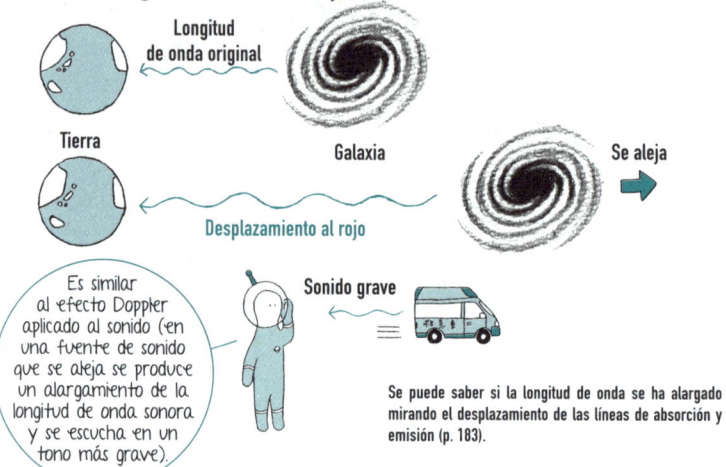

Es similar al efecto Doppler aplicado al sonido (en una fuente de sonido que se aleja se produce un alargamiento de la longitud de onda sonora y se escucha en un tono más grave).

Se puede saber si la longitud de onda se ha alargado mirando el desplazamiento de las líneas de absorción y emisión (p. 183).

LAS DISTANCIAS A LAS GALAXIAS MÁS LEJANAS SE PUEDEN CALCULAR CON EL DESPLAZAMIENTO AL ROJO

Como el universo se está expandiendo (p. 232), las galaxias se alejan y lo hacen a mayor velocidad cuanto más lejos están de la Tierra. Esto permite estimar su distancia a partir de su velocidad de recesión. Cuanto más alejadas están, más se «estira» su luz, y a partir del alcance de su desplazamiento al rojo se puede calcular su distancia.

La magnitud del desplazamiento al rojo se define como 1 si la longitud de onda se dobla, 2 si se triplica y así sucesivamente.

Distancia*	Desplazamiento al rojo
0,1	1200 millones de años luz
0,5	5000 millones de años luz
1	8000 millones de años luz
2	10 500 millones de años luz

*Existen varios métodos para definir distancias cósmicas superiores a los mil millones de años luz, como la distancia de luminosidad o la distancia comóvil, que arrojan valores numéricos diferentes para el mismo valor del desplazamiento al rojo. Por tanto, no se calculan distancias (en años luz), sino que lo habitual es expresarlo en valores de desplazamiento al rojo o en términos de la edad del universo, que se corresponde con el desplazamiento al rojo. Las cifras de las distancias mostradas arriba deben verse como mera guía orientativa.

QUÁSAR

Un **quásar** es un potente emisor de luz y ondas de radio que, al estar situado a varios miles de millones de años luz, solo se ve como un «punto» parecido a una estrella. Su nombre deriva del inglés *quasar* (*quasi-stellar radio source* o «fuente de radio cuasiestelar»).

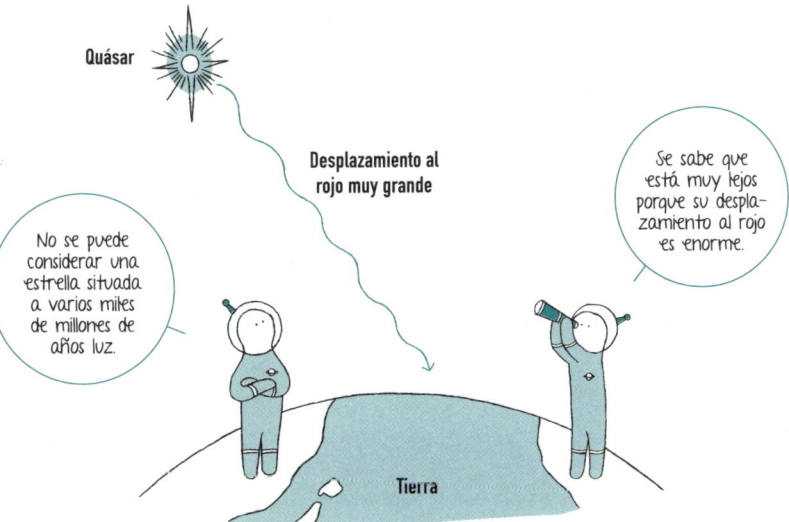

¿QUÉ ES EN REALIDAD UN QUÁSAR?

Se cree que un quásar es el núcleo de una galaxia joven (**núcleo de galaxia activa**) que contiene un titánico agujero negro cuyos alrededores son poderosas fuentes de emisión de luz y ondas de radio.

Quásar (representación artística)

CIENTÍFICOS Y FILÓSOFOS RELACIONADOS CON EL UNIVERSO

09
WILLIAM HERSCHEL

1738-1822

William Herschel fue un astrónomo británico de origen alemán que empezó siendo compositor y organista y después se aficionó a la astronomía. Descubrió el nuevo planeta Urano (p. 96) y realizó un modelo de la Vía Láctea (p. 199) con la posición del sistema solar a partir de un estudio detallado de la distribución de las estrellas. También descubrió la radiación infrarroja (p. 284).

10
ALBERT EINSTEIN

1879-1955

El físico alemán Albert Einstein era un joven de 26 años cuando publicó la teoría de la relatividad especial (p. 272) y revolucionó la física. Una década después completó la teoría de la relatividad general (p. 274), en la que ofrecía una nueva interpretación de la gravedad. El Big Bang (p. 236), las ondas gravitatorias (p. 288) y las lentes gravitatorias (p. 218) tienen su base en la relatividad general, lo que demuestra el genio de Einstein.

CAPÍTULO 6
HISTORIA DEL UNIVERSO

COSMOLOGÍA

La **cosmología** es un campo de la astronomía que estudia el origen, la historia, la estructura y la evolución del universo. Las cuestiones relativas a los límites del universo y si tuvo un principio y tendrá un final son el ámbito de la cosmología.

La «creación del cielo y la tierra» según el cristianismo

El «mito de la creación de Japón» del Kojiki («Crónica de los acontecimientos antiguos»)

El «*damaru* de la creación cósmica» del hinduismo

La cosmología moderna explica en el lenguaje de la ciencia la cosmogonía de la mitología y la religión.

PARADOJA DE OLBERS

El astrónomo alemán del siglo XIX Heinrich Olbers se planteó una objeción que se conoce como la **paradoja de Olbers**: «si las estrellas del cielo nocturno son tan brillantes como el Sol y, además, se distribuyen de forma prácticamente uniforme por todo el universo, el cielo debería aparecer tanto o más brillante que si fuera de día».

¿Por qué el cielo nocturno es oscuro si existen infinitas estrellas que habrían de iluminarlo como si fuera de día?

Heinrich Olbers

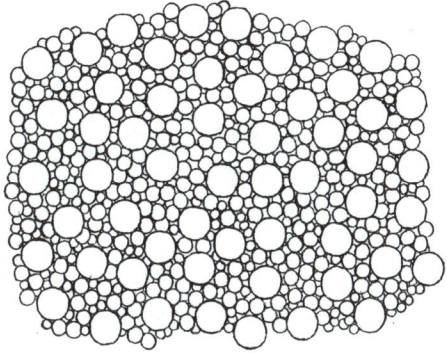

La disminución del brillo aparente de una estrella es inversamente proporcional al cuadrado de su distancia. Por otra parte, si las estrellas del universo se distribuyen uniformemente, su número es directamente proporcional al cubo de su distancia. Por tanto, aunque tenemos un gran número de estrellas distantes de brillo débil, la cantidad total de luz debería aumentar.

¿CUÁL ES LA SOLUCIÓN A LA PARADOJA?

El universo en el que vivimos se está expandiendo. Esto significa que en el pasado estaba un poco más contraído o, lo que es lo mismo, tuvo un «principio». Pero si ha transcurrido un tiempo limitado desde el origen del universo hasta ahora, solo vemos las estrellas que están cerca (la luz de las estrellas lejanas todavía no ha llegado a la Tierra) y el cielo nocturno es oscuro.

Asimismo, debido al desplazamiento al rojo (p. 226) producido por la expansión del universo, la longitud de onda de la luz (luz visible) de las estrellas distantes se ha alargado hasta la zona del infrarrojo, por lo que resultan invisibles al ojo humano. Esa es otra explicación de por qué el cielo es oscuro de noche.

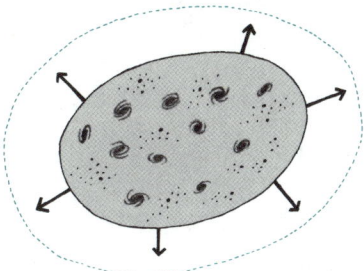

UNIVERSO EN EXPANSIÓN

El **universo en expansión** es el concepto de que nuestro universo se está haciendo cada vez más grande. El «borde» del universo no se está extendiendo, sino que las distancias entre las grandes estructuras del universo se están incrementando de manera progresiva. Dicho de otro modo, el universo en su totalidad (el espacio en el que vivimos) se está «hinchando» como un globo.

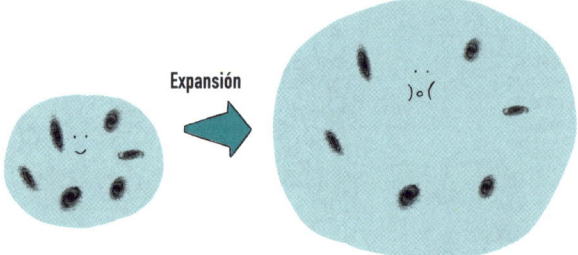

SI EL UNIVERSO SE EXPANDE, ¿LA TIERRA SE SEPARARÁ DEL SOL?

La Tierra está sometida a la acción gravitatoria del Sol, por lo que la distancia entre ambos no cambia a pesar de que el universo se está expandiendo. Las estrellas de la Vía Láctea también se mantienen unidas por sus vínculos gravitatorios, de modo que la expansión tampoco les afecta. No obstante, las galaxias distantes sí se separan unas de otras por efecto de la expansión del universo.

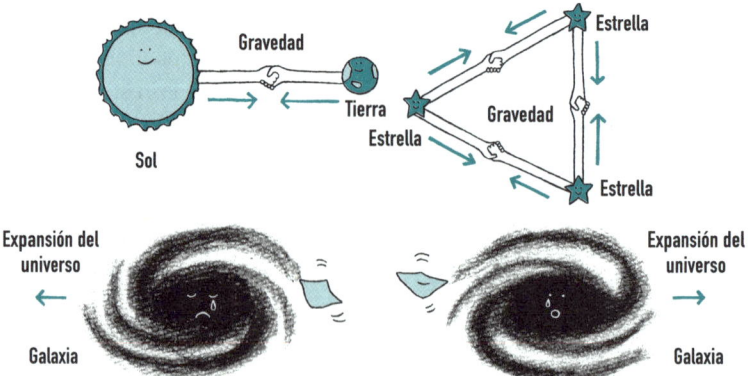

En las galaxias de un cúmulo galáctico (p. 31) la fuerza dominante es la gravedad que las mantiene unidas, pero la expansión del universo hace que se vayan alejando progresivamente de las galaxias de otros cúmulos.

UNIVERSO ESTÁTICO DE EINSTEIN

El **universo estático de Einstein** es un modelo del universo que propuso Albert Einstein (p. 228) en 1917. Él sostenía que el universo debía contraerse por la acción de la gravedad, pero existía una fuerza de repulsión, desconocida todavía, que equilibraba la atracción gravitatoria y el universo mantenía un tamaño constante (estaba estático).

Siguiendo la concepción del cosmos reinante en su época (principios del siglo XX), Einstein creía que el universo no se expandía ni se contraía, sino que era inmutable y eterno.

LEY DE HUBBLE-LEMAÎTRE

La **ley de Hubble-Lemaître** es una ley descubierta por el astrónomo estadounidense Edwin Hubble (p. 254) que establece que «la velocidad de recesión de una galaxia respecto a la Tierra es directamente proporcional a su distancia». Esta ley demostró que el universo se estaba expandiendo.

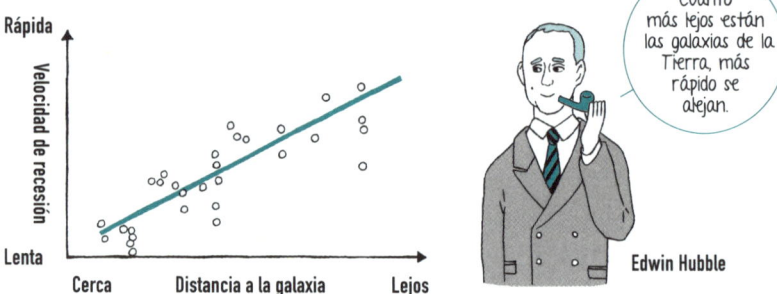

Cuanto más lejos están las galaxias de la Tierra, más rápido se alejan.

Edwin Hubble

¿POR QUÉ LA LEY DE HUBBLE-LEMAÎTRE DEMUESTRA QUE EL UNIVERSO SE ESTÁ EXPANDIENDO?

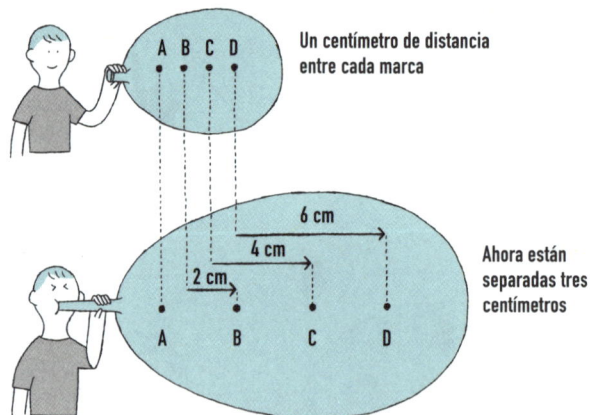

Al inflar este globo, si nos situamos en cualquiera de las marcas, vemos que las otras se alejan a una velocidad tanto mayor cuanto más separadas están de la nuestra. Del mismo modo, las galaxias se alejan a mayor velocidad cuanto más lejos están, debido a que el espacio (distancia) entre ellas se incrementa como un globo cuando se hincha.

¿EINSTEIN ESTABA EQUIVOCADO?

Cuando Einstein conoció el descubrimiento de Hubble, admitió que el universo se expandía y abandonó la idea de que era inmutable. No obstante, en años recientes ha quedado patente que en el universo existe una «fuerza de repulsión desconocida» (p. 245).

CONSTANTE DE HUBBLE

La **constante de Hubble** es la constante de proporcionalidad en la ley de Hubble-Lemaître que indica la velocidad de expansión (tasa de expansión) del universo.

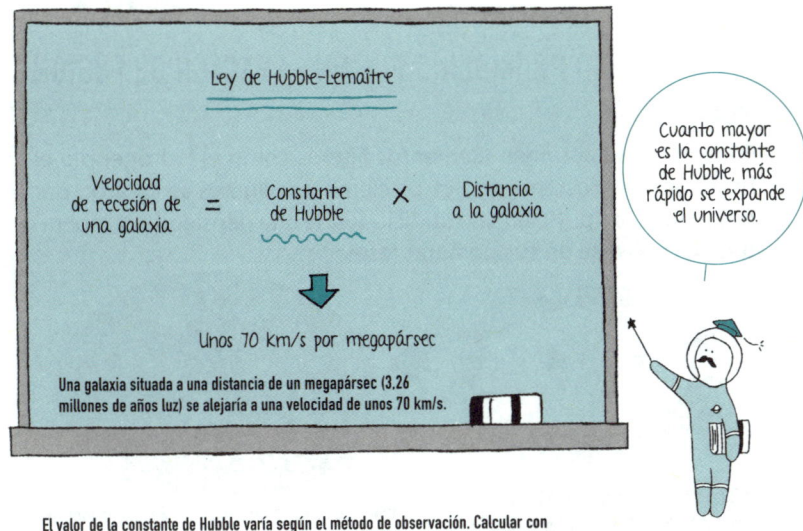

El valor de la constante de Hubble varía según el método de observación. Calcular con precisión su valor es una de las cuestiones más importantes de la cosmología moderna.

TEORÍA DEL BIG BANG

La **teoría del Big Bang** («Gran Explosión») sostiene que el universo se originó en un pasado remoto a partir de un estado inicial extremadamente denso y caliente (una «pequeña bola de fuego») que se expandió hasta dar lugar al vasto y frío universo actual. Fue propuesta en 1948 por el físico de origen ruso **George Gamow** (p. 254).

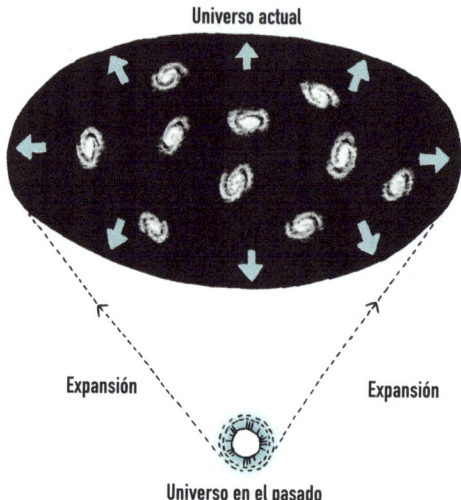

«En un pasado remoto, el universo fue una pequeña bola de fuego muy densa y caliente». Aunque no me gusta, así es como resumen mi teoría los cosmólogos de la competencia.

George Gamow

¿EL UNIVERSO PRIMIGENIO FUE UN «REACTOR DE FUSIÓN NUCLEAR»?

En el universo abundan elementos ligeros como el hidrógeno o el helio. Gamow sostenía que estos elementos ligeros se crearon por fusión nuclear (p. 40) en las condiciones de alta densidad y temperatura del universo en sus primeras fases.

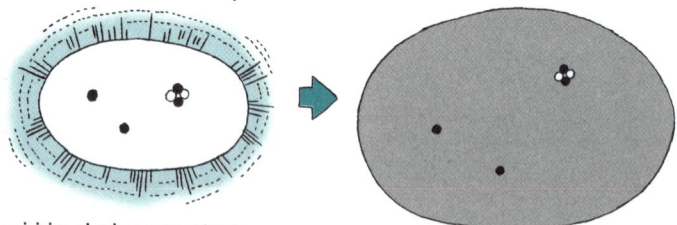

En sus inicios, el universo era extremadamente caliente y denso y los elementos ligeros se crearon por reacciones nucleares.

El universo se fue enfriando y haciéndose menos denso conforme se expandía, de modo que la fusión nuclear se detuvo y no se formaron elementos más pesados.

El proceso de formación de elementos más pesados que el helio se explica en la página 257.

¿EL TÉRMINO *BIG BANG* SE DEBE A UN DETRACTOR?

El término *Big Bang* fue acuñado de forma jocosa por el astrónomo británico **Fred Hoyle**. La teoría del Big Bang sostiene que el universo tuvo un «principio», algo que se oponía a la visión ortodoxa del universo y que contó con el rechazo inicial de algunos científicos.

> Esta idea de la gran explosión (*big bang*) se me antoja muy poco satisfactoria, incluso antes de que un examen detallado muestre que tiene serias dificultades.

Fred Hoyle

TEORÍA DEL ESTADO ESTACIONARIO

La **teoría del estado estacionario** fue propuesta por un equipo liderado por Fred Hoyle en 1948, contrario a que el universo tuviera un principio tal y como defendía la teoría del Big Bang. Según ellos, la expansión del universo se ve compensada por la creación de galaxias (materia) a partir de la nada, que rellena los huecos dejados por la expansión del espacio, de modo que el universo mantiene una densidad y temperatura estables.

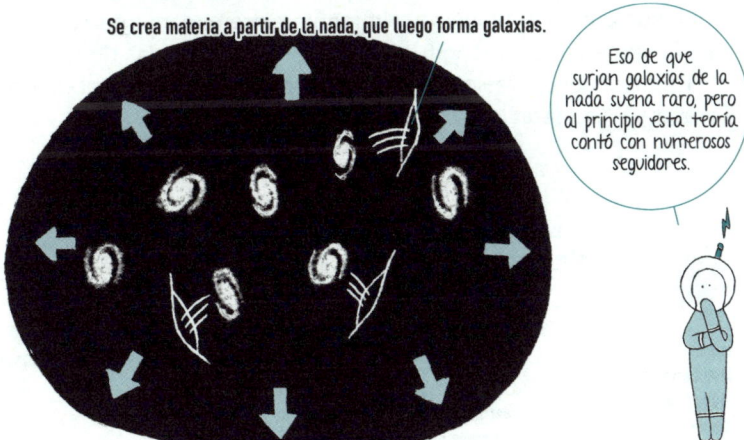

Se crea materia a partir de la nada, que luego forma galaxias.

> Eso de que surjan galaxias de la nada suena raro, pero al principio esta teoría contó con numerosos seguidores.

RADIACIÓN DE FONDO DE MICROONDAS CÓSMICAS

La **radiación de fondo de microondas cósmicas** (o **fondo de radiación cósmica de microondas**) es una radiación de microondas (un tipo de onda electromagnética) detectable por todo el cielo, en todas direcciones y a todas horas. Fue descubierta por casualidad en 1964 por los físicos estadounidenses **Arno Penzias** y **Robert Wilson** cuando trabajaban en una empresa de telecomunicaciones.

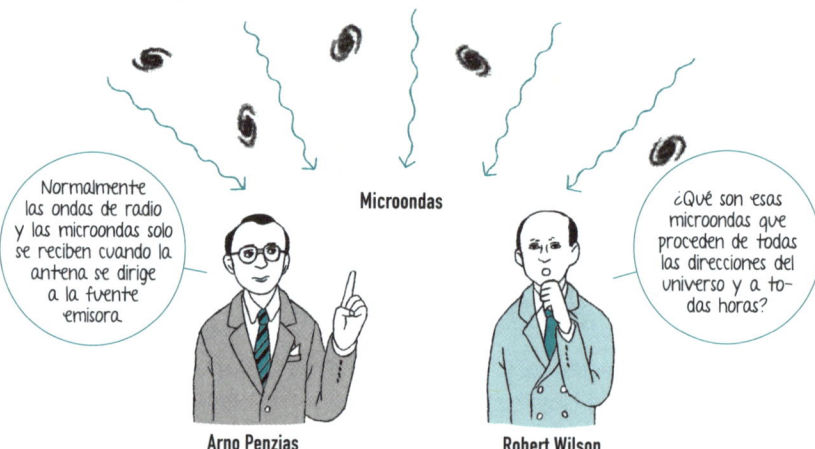

¡LAS MISTERIOSAS MICROONDAS SON «LA LUZ REMANENTE DEL BIG BANG»!

La teoría del Big Bang de Gamow predecía que, con la expansión, la luz que emitió el universo primigenio extremadamente caliente habría aumentado su longitud de onda hasta las ondas de radio y microondas del universo actual. Las microondas que descubrieron Penzias y Wilson son la luz remanente del Big Bang.

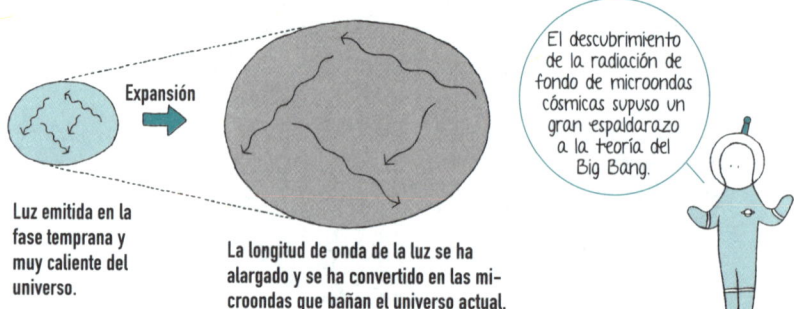

RECOMBINACIÓN

Poco después de su nacimiento, el universo tenía una temperatura altísima y era «opaco», pero fue enfriándose al expandirse. La **recombinación** marca el momento en el que el universo se hizo «transparente» porque la luz podía desplazarse libremente. Esa luz surgida 380 000 años después del Big Bang es la que vemos ahora como la radiación de fondo de microondas.

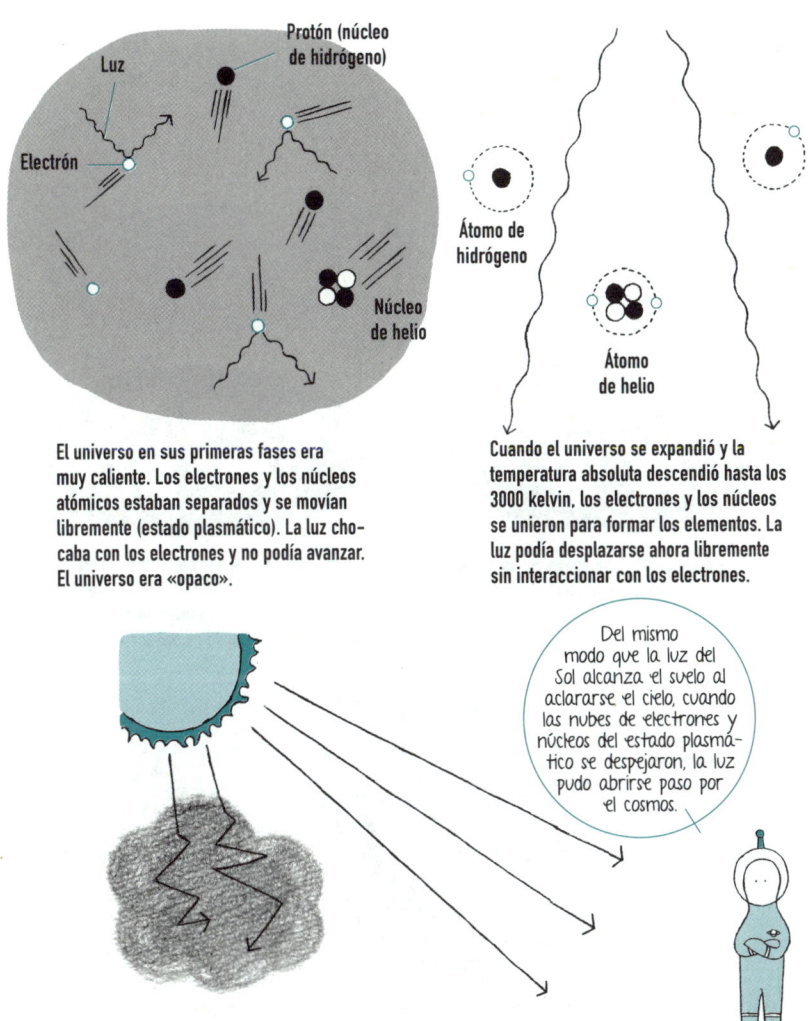

El universo en sus primeras fases era muy caliente. Los electrones y los núcleos atómicos estaban separados y se movían libremente (estado plasmático). La luz chocaba con los electrones y no podía avanzar. El universo era «opaco».

Cuando el universo se expandió y la temperatura absoluta descendió hasta los 3000 kelvin, los electrones y los núcleos se unieron para formar los elementos. La luz podía desplazarse ahora libremente sin interaccionar con los electrones.

Del mismo modo que la luz del Sol alcanza el suelo al aclararse el cielo, cuando las nubes de electrones y núcleos del estado plasmático se despejaron, la luz pudo abrirse paso por el cosmos.

TEORÍA INFLACIONARIA

La **teoría inflacionaria** sostiene que en una fase muy primitiva del universo se produjo un episodio breve y repentino de expansión acelerada (inflación). Fue propuesta de manera independiente en 1980 por el cosmólogo estadounidense **Alan Guth** y el astrofísico japonés **Katsuhiko Sato**.

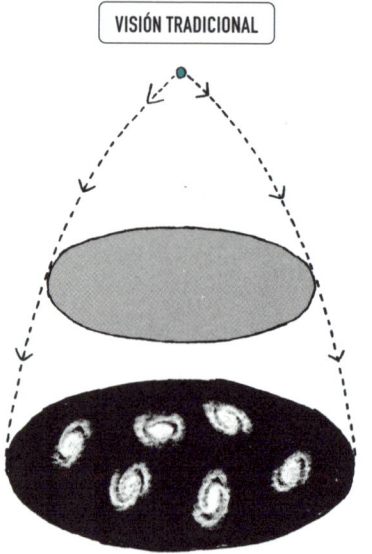

Expansión desacelerada suave del universo (el ritmo de expansión se ha ido frenando).

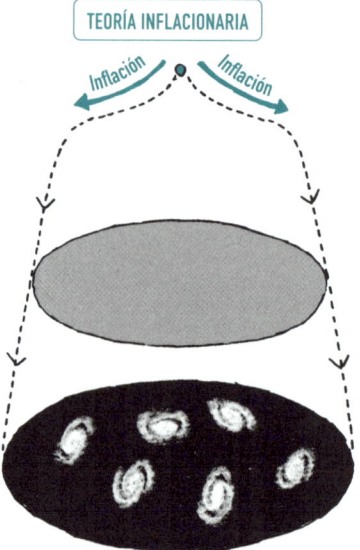

Inmediatamente después de su nacimiento, el universo tuvo una brusca expansión acelerada (breve período de expansión exponencial extremadamente rápida antes del período de desaceleración).

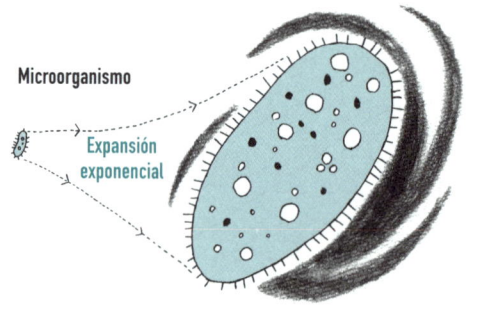

Antes de que se expandiera exponencialmente, el universo observable era mucho más pequeño que una partícula elemental. Se cree que con la inflación aumentó de tamaño hasta varias decenas de centímetros.

LA TEORÍA INFLACIONARIA RESOLVIÓ LAS DIFICULTADES

En sus inicios, el modelo cosmológico del Big Bang no pudo explicar algunas cuestiones, como el «problema de la planitud» (¿por qué la curvatura del universo (p. 250) es casi nula?) y el «problema del horizonte» (¿por qué regiones alejadas e incomunicadas del universo tienen las mismas propiedades?). La introducción de la teoría inflacionaria resolvió estas dificultades.

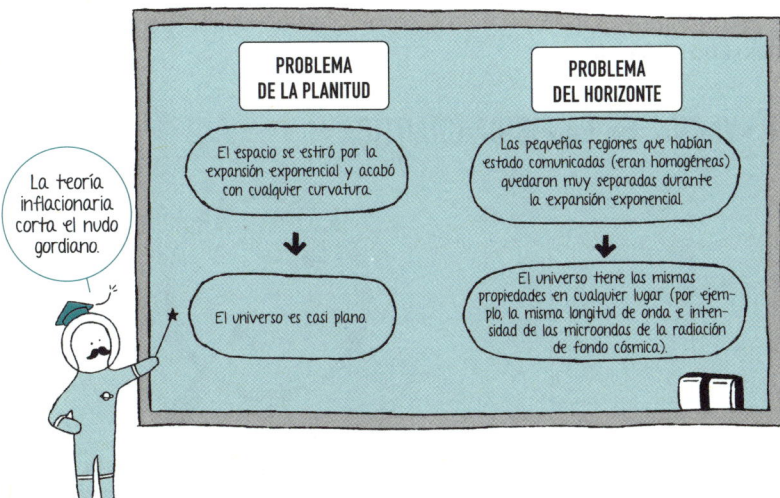

¡LA INFLACIÓN FUE EL ORIGEN DEL BIG BANG!

Se cree que, al terminar la inflación, el universo se encontraba a una temperatura altísima porque la energía de la expansión acelerada se había transformado en energía térmica. En otras palabras, la inflación (su final) provocó el Big Bang.

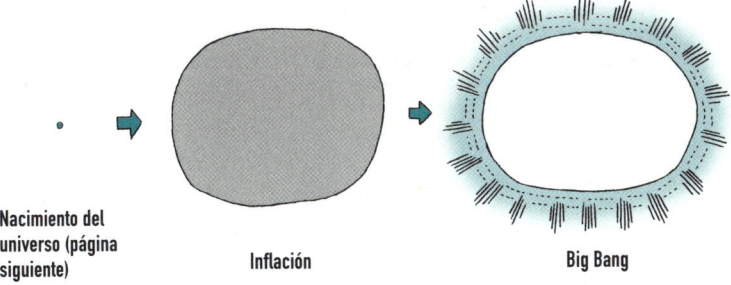

En ocasiones, Big Bang se usa como sinónimo de «principio del universo», pero en la cosmología actual se cree que la inflación se produjo inmediatamente después del nacimiento del universo y, al acabar esta, se calentó a una temperatura altísima (es decir, produjo el Big Bang).

CREACIÓN CUÁNTICA DEL UNIVERSO A PARTIR DE LA NADA

La **creación cuántica del universo a partir de la nada** es un modelo cosmológico según el cual el universo surgió espontáneamente a partir de un «vacío» cuántico (la física cuántica (p. 276) explica las extrañas leyes físicas que rigen el mundo subatómico). Fue propuesto en 1982 por el físico teórico y cosmólogo de origen ucraniano **Aleksander Vilenkin**.

EL «VACÍO» EN LA FÍSICA CUÁNTICA

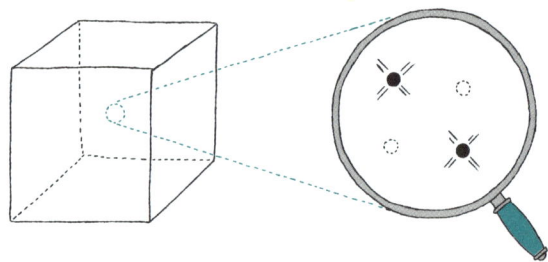

El «vacío» y la «nada» según nuestra concepción (en el mundo macroscópico) es la ausencia total de materia.

A nivel subatómico, las partículas virtuales se crean y se destruyen permanentemente (fluctuación entre el todo y la nada).

LA CREACIÓN DEL UNIVERSO SEGÚN ALEKSANDER VILENKIN

Energía potencial

Microuniversos que aparecen y desaparecen.

Un microuniverso experimenta un efecto túnel cuántico y «emerge» como un microuniverso «real».

Tamaño del universo

EFECTO TÚNEL
Fenómeno por el cual una partícula se salta una «barrera» que no puede traspasar.

Pasa la inflación y forma un universo de tamaño visible.

Es un poco complicado, pero conviene tenerlo presente.

PROPUESTA DE AUSENCIA DE CONTORNOS DE HARTLE-HAWKING

La **propuesta de ausencia de contornos de Hartle-Hawking** (universo sin fronteras espaciales ni temporales) es una hipótesis según la cual el universo no surgió de «un punto», sino a partir de una condición de «ausencia de contornos». Fue planteada en 1982 por el físico estadounidense **James Hartle** y el físico y cosmólogo británico **Stephen Hawking**.

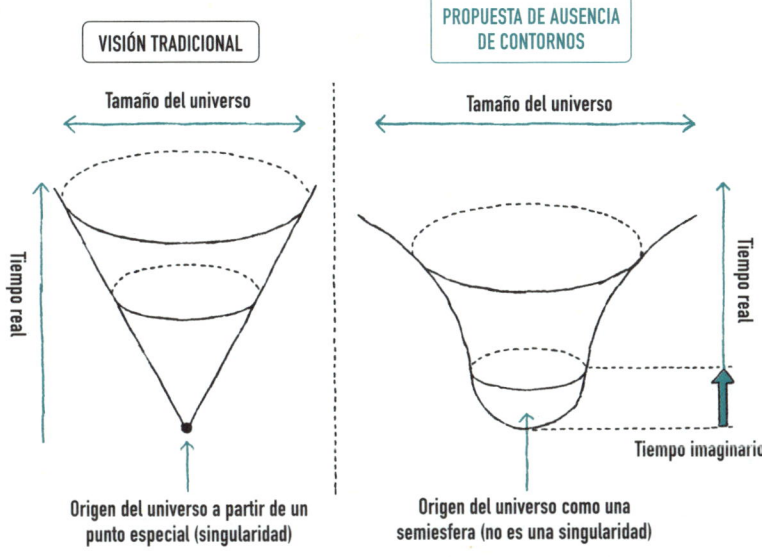

En una singularidad (p. 168) la temperatura y la densidad son infinitas y como las leyes físicas conocidas no son aplicables, es imposible que el universo surgiera de una singularidad.

Todavía hay muchas cosas que desconocemos sobre el origen del universo y muchos cosmólogos se están adentrando en sus misterios.

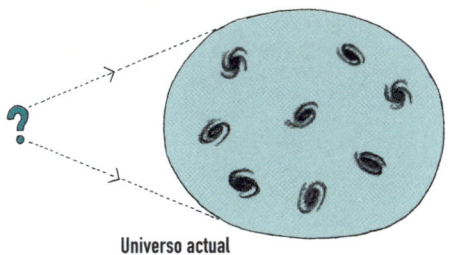

EXPANSIÓN ACELERADA DEL UNIVERSO

La **expansión acelerada del universo** se descubrió en 1998 e indica que el universo no solo se expande, sino que lo hace a un ritmo acelerado. Hasta entonces se pensaba que la atracción gravitatoria de la materia en las galaxias y otros objetos del universo frenaba su expansión, pero el descubrimiento de que se estaba acelerando fue algo sorprendente.

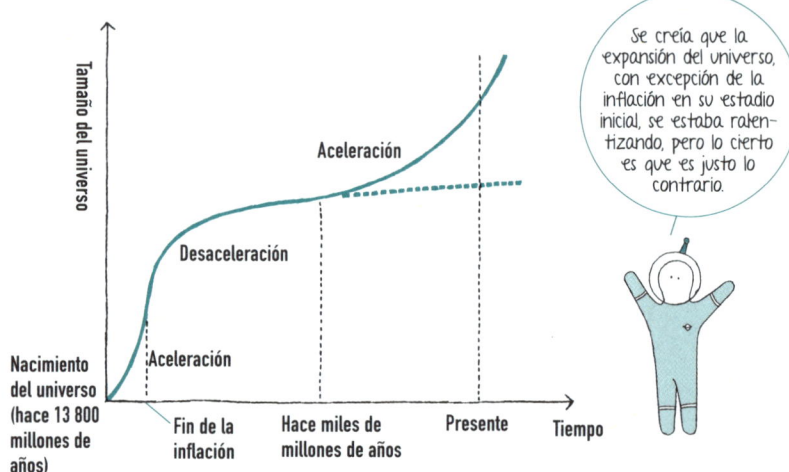

¿UNA PELOTA LANZADA AL AIRE SE ALEJA A UNA VELOCIDAD CADA VEZ MAYOR?

Si lanzáramos una pelota al aire y se alejara con una velocidad cada vez mayor en vez de caer al suelo, nos resultaría chocante. Pues con la expansión acelerada del universo pasa lo mismo: en vez de ralentizar su expansión, se acelera. Está ocurriendo algo totalmente increíble.

ENERGÍA OSCURA

La **energía oscura** es una forma de energía desconocida que ejerce un efecto repulsivo. Se considera la responsable de que el universo se esté expandiendo a un ritmo acelerado, pero no se conoce su naturaleza exacta.

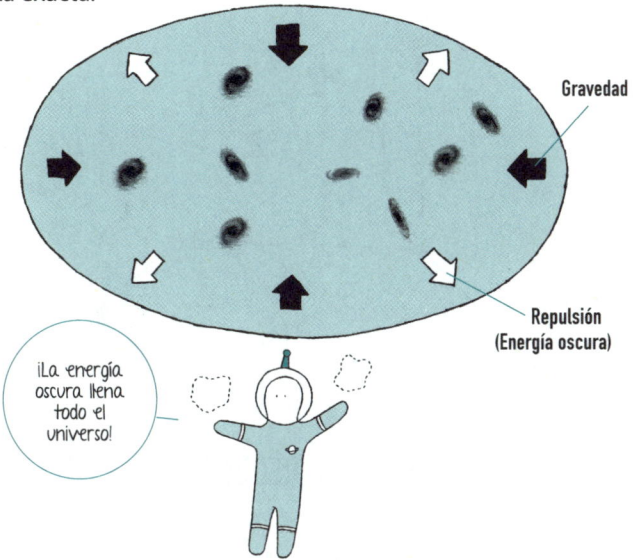

¡UN 95 % DEL UNIVERSO ES DESCONOCIDO!

Entre los componentes del universo, la materia formada por bariones (protones, neutrones y otras partículas subatómicas) solo supone un 5 % de la masa total. El resto está formado por las desconocidas materia oscura (p. 216) y energía oscura.

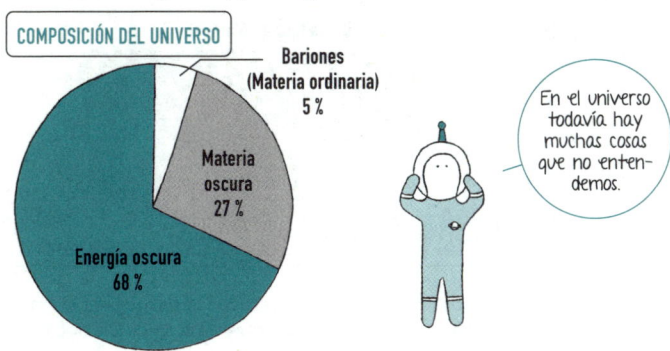

COSMOLOGÍA DE BRANAS

La **cosmología de branas** es un nuevo modelo cosmológico que postula que el universo en cuatro dimensiones que conocemos (tres dimensiones espaciales y una temporal) es una **brana** que se mueve en un espacio de más dimensiones.

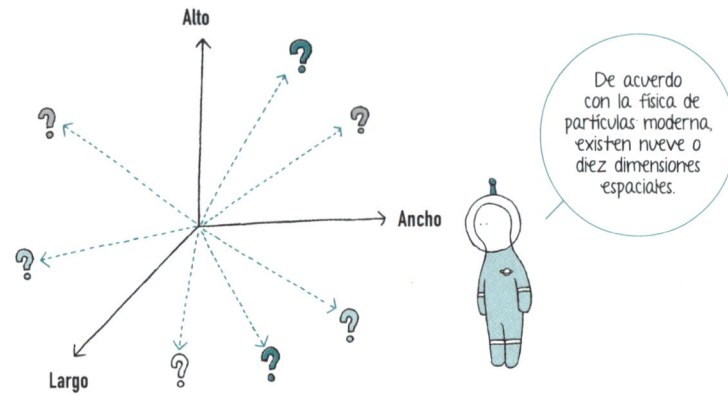

De acuerdo con la física de partículas moderna, existen nueve o diez dimensiones espaciales.

¿POR QUÉ SOLO PODEMOS RECONOCER UN ESPACIO TRIDIMENSIONAL?

Los personajes de los cómics están encerrados en un mundo bidimensional.

Del mismo modo, nosotros, las galaxias y el universo entero estamos encerrados en una «brana» tridimensional.

Brana deriva de «membrana» y hace referencia a objetos de tres dimensiones que se comportan como superficies planas dentro de un espacio multidimensional.

¿SOLO LA GRAVEDAD PUEDE ESCAPAR DE LAS BRANAS?

Aunque podemos desplazarnos dentro de una brana tridimensional, no podemos dejarla para movernos a esas otras dimensiones adicionales que no podemos ver (**dimensiones extra** o **extradimensiones**). Se considera que solo la gravedad puede dejar las branas y ejercer un influjo extradimensional.

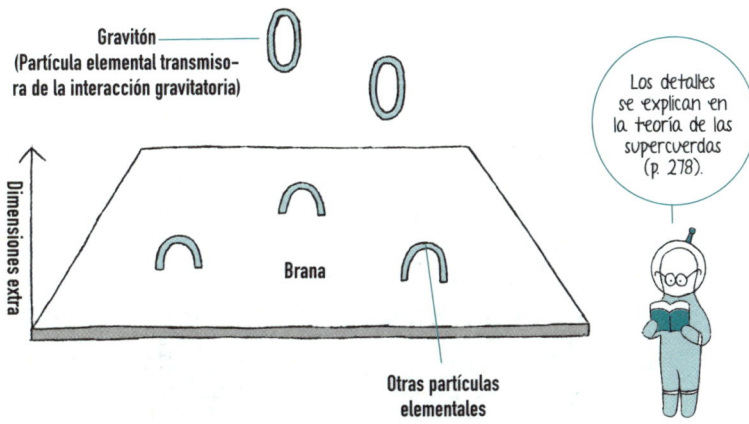

¿LAS «ONDAS GRAVITATORIAS» PUEDEN PROBAR LA EXISTENCIA DE DIMENSIONES ADICIONALES?

Cuando explota una supernova se producen ondas gravitatorias (perturbaciones que se desplazan por el espacio-tiempo, p. 288). Las ondas gravitatorias también se propagan extradimensionalmente, de modo que si se observaran bien, se podría probar la existencia de esas dimensiones extra.

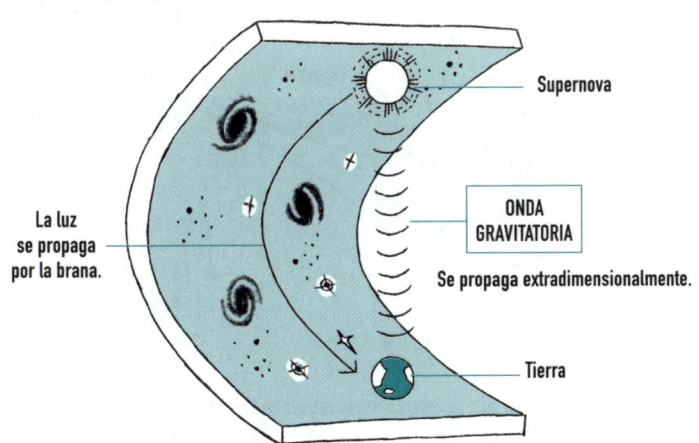

MULTIVERSO

Multiverso es un término que significa «universos múltiples». En tiempos recientes se está extendiendo entre los cosmólogos la novedosa idea de que el universo en el que vivimos es uno de los muchos que existen.

EL MULTIVERSO DESDE EL PUNTO DE VISTA DE LA COSMOLOGÍA DE BRANAS

Las dimensiones adicionales que no podemos ver son compactas y están enrolladas en un espacio multidimensional (variedad de **Calabi-Yau**) del que salen «gargantas» que se conectan con nuestro universo y otros universos brana.

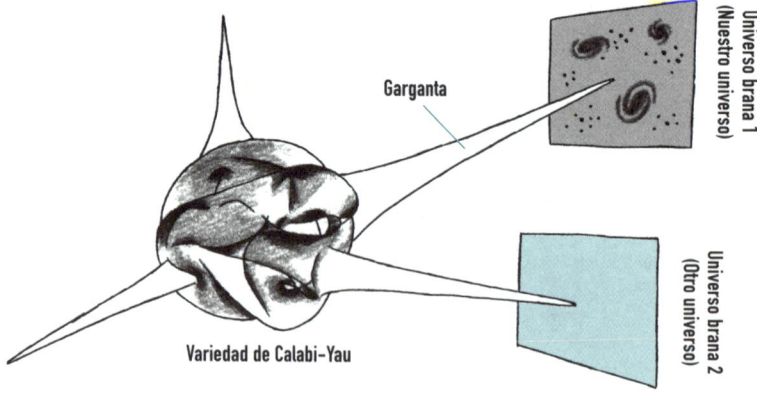

El concepto de multiverso no solo se aplica a la cosmología de branas, sino también a otras teorías (por ejemplo, la de «los universos paralelos» de la física cuántica).

UNIVERSO ECPIRÓTICO

El **universo ecpirótico** es un modelo cosmológico en el que múltiples universos brana unidos a una misma garganta colisionan, rebotan, se expanden y vuelven a colisionar en un ciclo. Fue propuesto por el físico teórico estadounidense **Paul Steinhardt**.

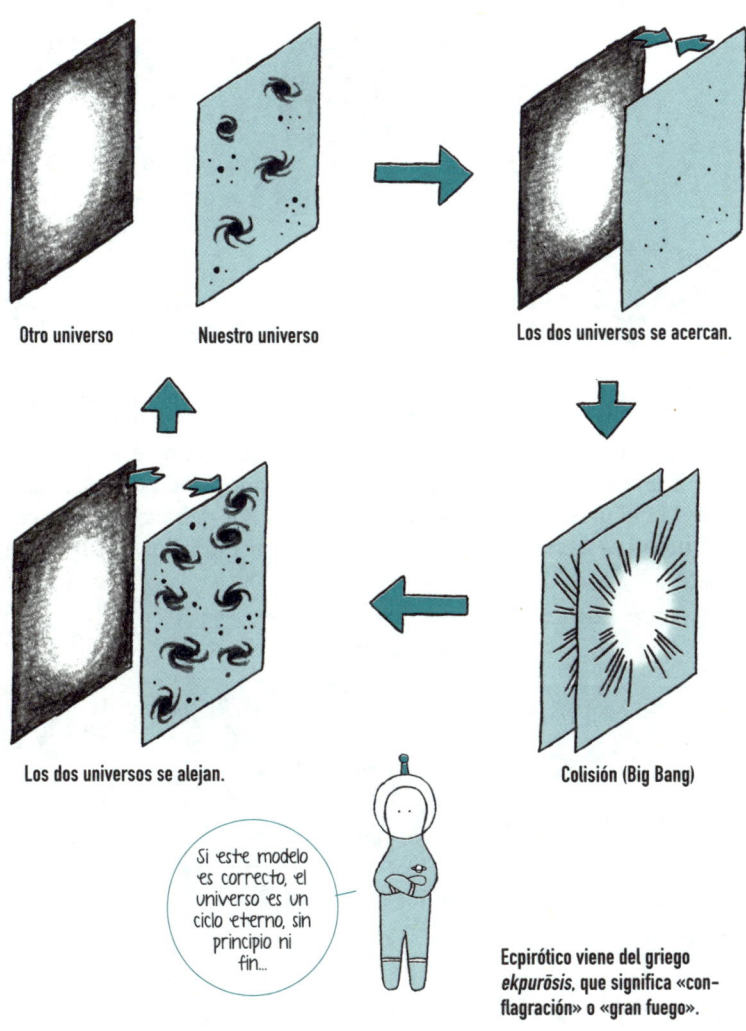

Otro universo — Nuestro universo

Los dos universos se acercan.

Los dos universos se alejan.

Colisión (Big Bang)

Si este modelo es correcto, el universo es un ciclo eterno, sin principio ni fin...

Ecpirótico viene del griego *ekpurōsis*, que significa «conflagración» o «gran fuego».

CURVATURA DEL UNIVERSO

La **curvatura del universo** es un parámetro que indica la «deformación» del universo (espacio-tiempo). Su valor da una idea de cuánta materia y energía hay en el universo.

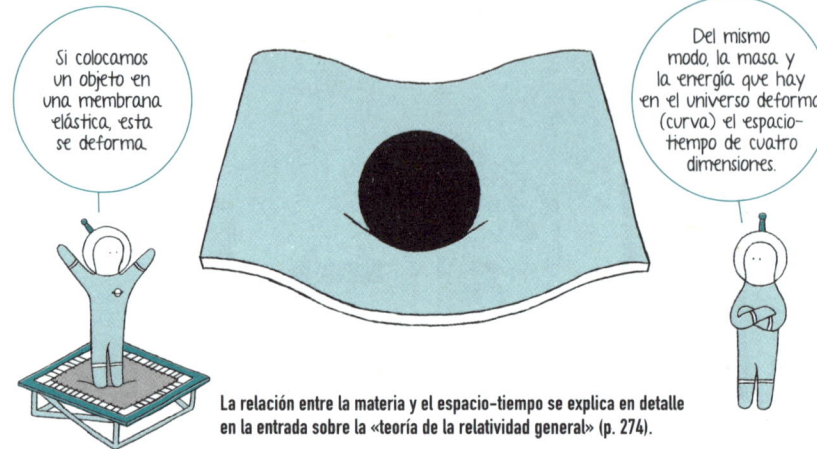

Si colocamos un objeto en una membrana elástica, esta se deforma.

Del mismo modo, la masa y la energía que hay en el universo deforma (curva) el espacio-tiempo de cuatro dimensiones.

La relación entre la materia y el espacio-tiempo se explica en detalle en la entrada sobre la «teoría de la relatividad general» (p. 274).

LA CURVATURA DEL UNIVERSO Y LA «DENSIDAD CRÍTICA»

Si la densidad de materia y energía que hay en el universo es superior a un determinado valor (denominado **densidad crítica**), la curvatura del universo tiene un valor positivo. Por debajo de ese valor la curvatura es negativa, y si es justo ese mismo valor, la curvatura es cero.

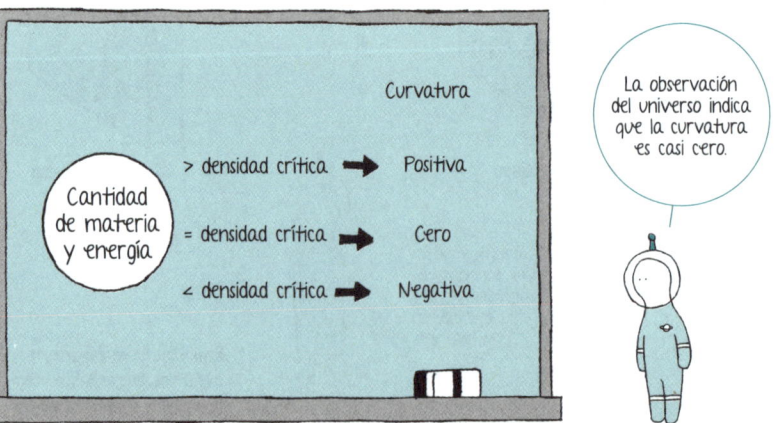

La observación del universo indica que la curvatura es casi cero.

LA GEOMETRÍA DEL UNIVERSO

Al universo con curvatura cero se le llama «universo plano». Si la curvatura es positiva, es un «universo cerrado»; y si es negativa, es un «universo abierto». Trasladado a las dos dimensiones, el primero sería una superficie plana, el segundo tendría una superficie esférica, y el tercero tendría forma de silla de montar.

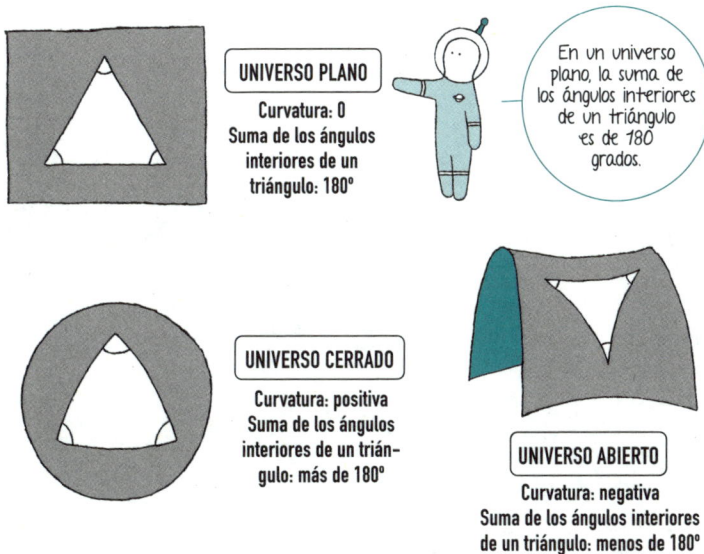

¿LA CURVATURA DEL UNIVERSO TIENE CONSECUENCIAS PARA SU FUTURO?

En un universo cerrado, la atracción gravitatoria de la masa y la energía detendría la expansión y empezaría a contraerse. Por otra parte, en un universo plano o abierto, la gravedad de la masa y la energía no detendría su expansión y esta continuaría.

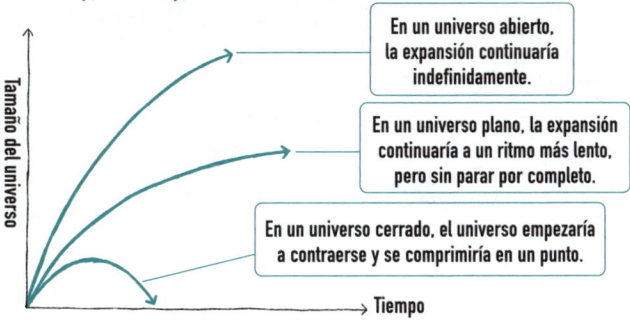

Este es un modelo simple que no tiene en cuenta la presencia de la energía oscura.

BIG CRUNCH

El **Big Crunch** («Gran Colapso» o «Gran Implosión») es una hipótesis sobre el destino final del universo. La expansión se detendría y empezaría a contraerse hasta colapsar en un punto.

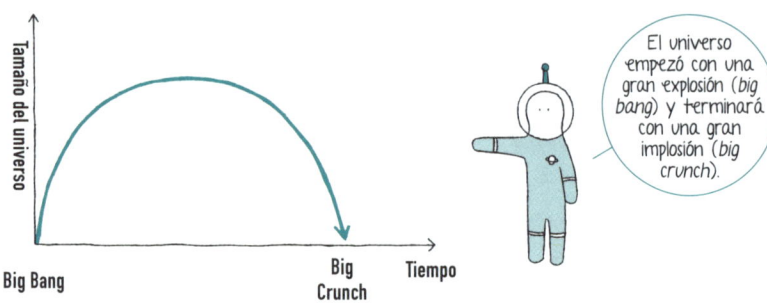

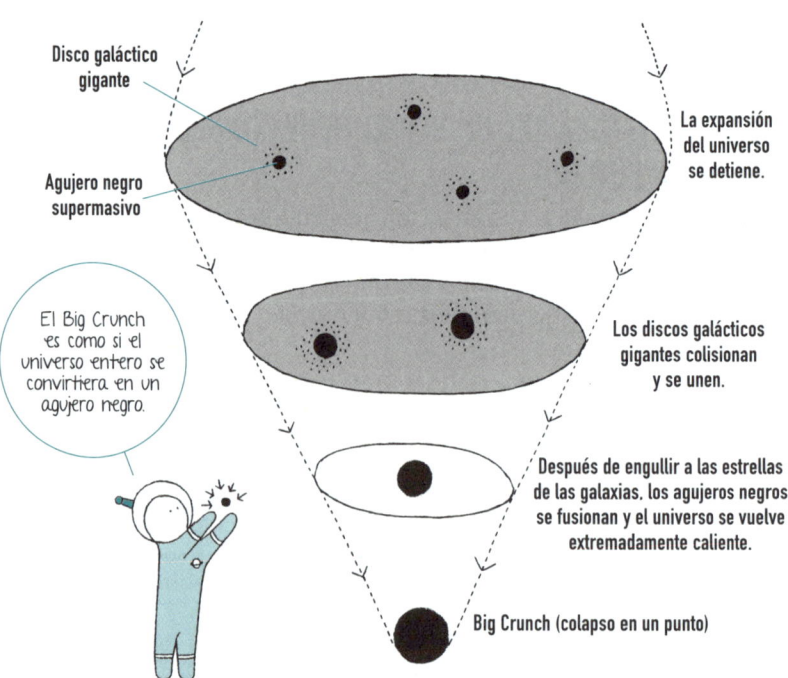

BIG RIP

El **Big Rip** («Gran Desgarro») es otra hipótesis sobre el destino final del universo. La expansión se aceleraría y toda la materia del universo (las galaxias, las estrellas y también nuestros cuerpos) se disgregaría y se convertiría en partículas elementales. Un final destructivo.

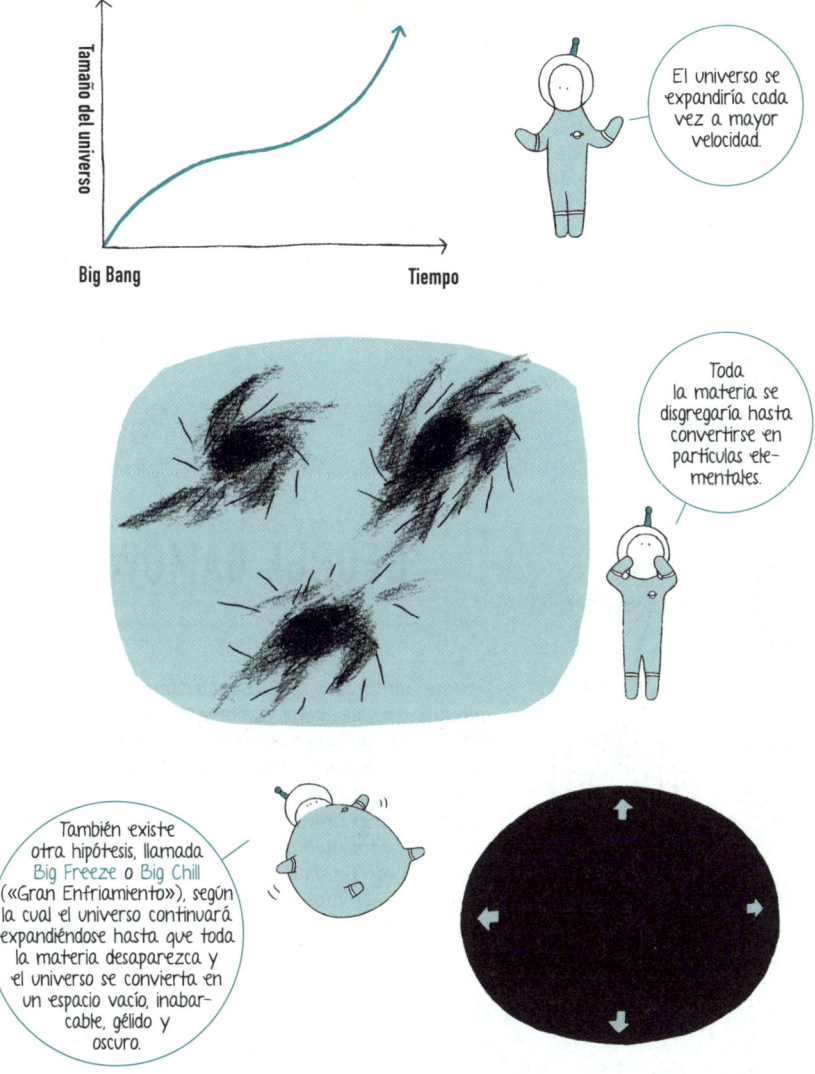

El universo se expandiría cada vez a mayor velocidad.

Toda la materia se disgregaría hasta convertirse en partículas elementales.

También existe otra hipótesis, llamada Big Freeze o Big Chill («Gran Enfriamiento»), según la cual el universo continuará expandiéndose hasta que toda la materia desaparezca y el universo se convierta en un espacio vacío, inabarcable, gélido y oscuro.

CIENTÍFICOS Y FILÓSOFOS RELACIONADOS CON EL UNIVERSO

11
EDWIN HUBBLE

1889-1953

Edwin Hubble fue un astrónomo estadounidense que observó Andrómeda (p. 209) con un telescopio reflector de 2,5 metros, el más potente de su tiempo, y dejó claro que no era una nebulosa de la Vía Láctea, sino otra galaxia. También calculó la distancia y el movimiento de otras galaxias y descubrió la ley que lleva su nombre (p. 234), la prueba de la expansión del universo (p. 232).

12
GEORGE GAMOW

1904-1968

George Gamow fue un físico estadounidense de origen ruso que, tras darle vueltas a la razón de la abundancia en el universo de elementos ligeros como el hidrógeno o el helio, llegó a la conclusión de que se habían formado por reacciones de fusión nuclear en un universo primigenio extremadamente denso y caliente, y formuló una teoría que después se conocería como teoría del Big Bang. También predijo la radiación de fondo de microondas (p. 238) y su descubrimiento demostró que la teoría del Big Bang era correcta.

CAPÍTULO 7
CONCEPTOS BÁSICOS RELACIONADOS CON EL UNIVERSO

ELEMENTO QUÍMICO

Estamos rodeados de multitud de sustancias que están compuestas por un puñado de «constituyentes fundamentales», llamados **elementos químicos**. Se conocen más de un centenar de ellos.

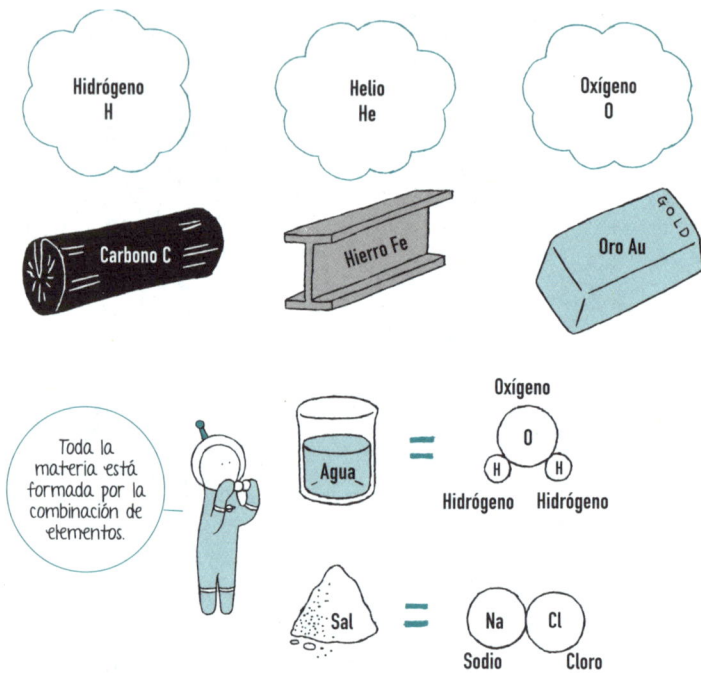

¿QUÉ ELEMENTOS SON LOS MÁS ABUNDANTES EN EL UNIVERSO?

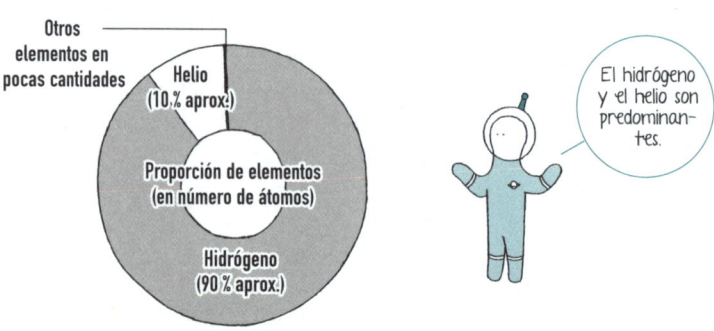

¿CÓMO SE FORMARON LOS ELEMENTOS?

El hidrógeno, el helio y una parte del litio, los tres elementos más ligeros, se formaron poco después del nacimiento del universo, cuando la temperatura era muy alta (p. 236). El resto del litio y los elementos hasta el hierro se formaron a partir de las reacciones de fusión nuclear en el interior de las estrellas (p. 162). Se pensaba que todos los elementos más pesados que el hierro se habían creado durante las explosiones de las supernovas, pero en los últimos años ha ido ganando terreno la hipótesis de que se formaron por unión de estrellas de neutrones (p. 24).

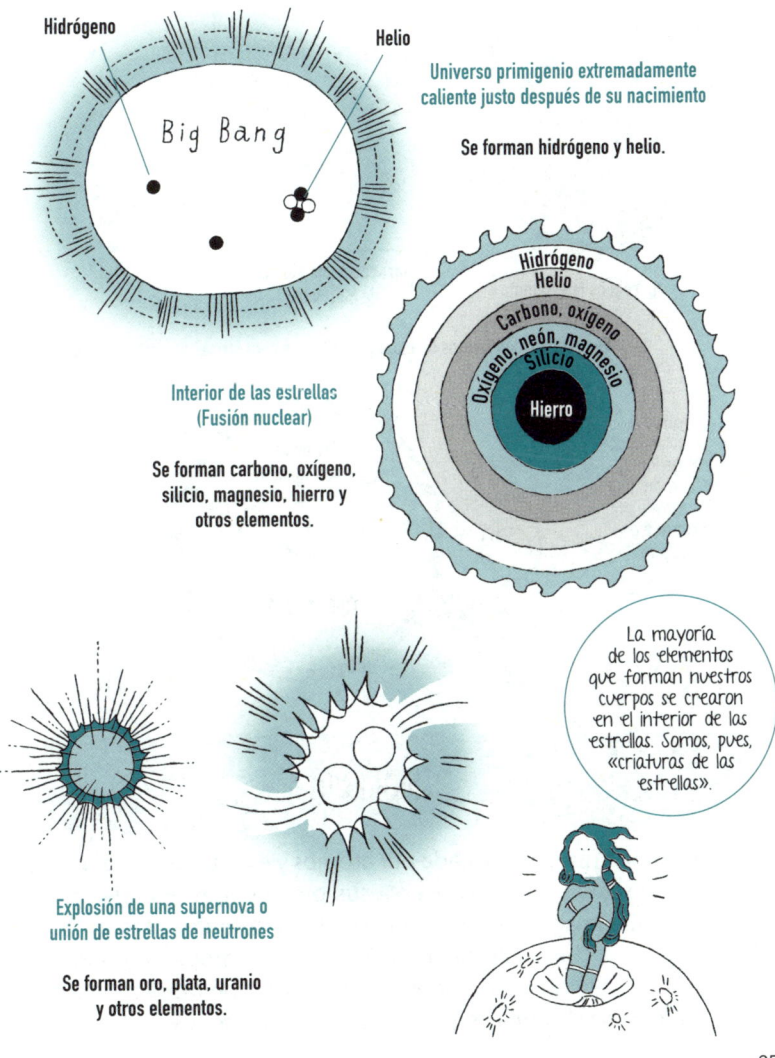

Hidrógeno · Helio · Big Bang

Universo primigenio extremadamente caliente justo después de su nacimiento

Se forman hidrógeno y helio.

Interior de las estrellas (Fusión nuclear)

Se forman carbono, oxígeno, silicio, magnesio, hierro y otros elementos.

Explosión de una supernova o unión de estrellas de neutrones

Se forman oro, plata, uranio y otros elementos.

La mayoría de los elementos que forman nuestros cuerpos se crearon en el interior de las estrellas. Somos, pues, «criaturas de las estrellas».

ÁTOMO

Un **átomo** es una partícula que constituye la «unidad menor» de la materia.

Los elementos son los «constituyentes fundamentales» de toda la materia, y están formados por átomos.

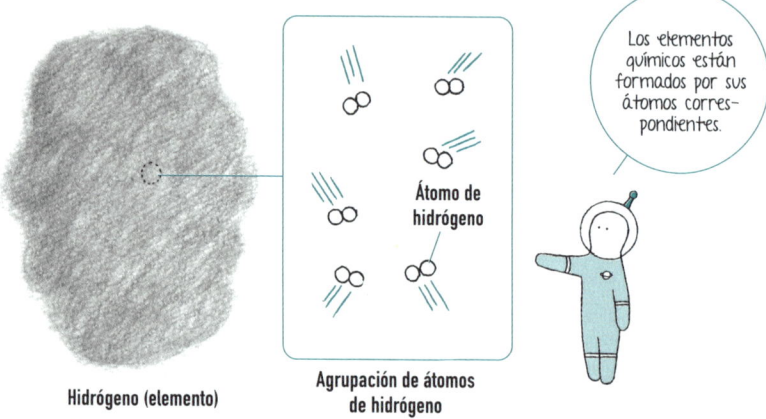

Hidrógeno (elemento) — Agrupación de átomos de hidrógeno

Los elementos químicos están formados por sus átomos correspondientes.

En realidad, dos átomos de hidrógeno se unen para formar una molécula de hidrógeno.

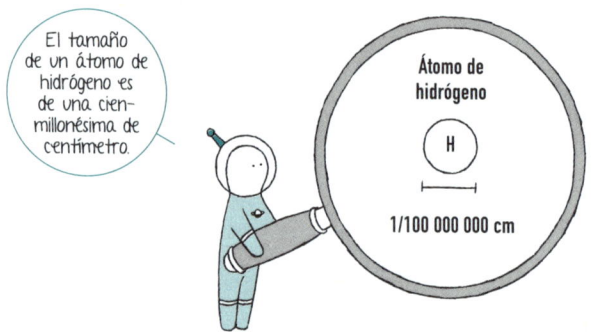

El tamaño de un átomo de hidrógeno es de una cienmillonésima de centímetro.

Átomo de hidrógeno
H
1/100 000 000 cm

MOLÉCULA

Una **molécula** está formada por átomos y es la unidad más pequeña de una sustancia que conserva sus propiedades. Por ejemplo, una molécula de agua está formada por un átomo de oxígeno y dos de hidrógeno. Una molécula de agua tiene las propiedades del agua, pero si se dividiera en oxígeno e hidrógeno, perdería su naturaleza. La molécula de agua es, pues, la unidad más pequeña del agua.

PROTÓN, NEUTRÓN Y ELECTRÓN

El átomo está formado por un **núcleo atómico**, que tiene carga positiva, alrededor del cual giran electrones, que tienen carga negativa. El núcleo, a su vez, está formado por **protones**, de carga positiva, y **neutrones**, que no tienen carga. Como el número de protones y de electrones es el mismo, el átomo es eléctricamente neutro.

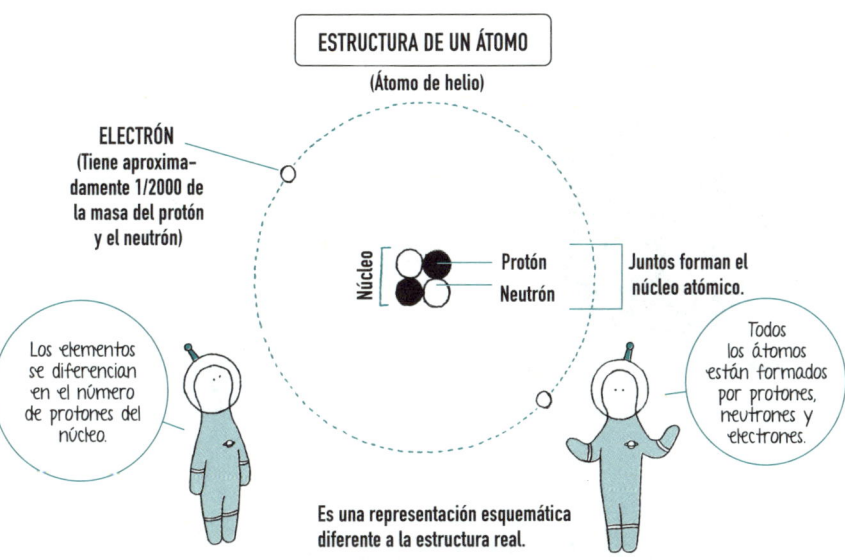

ISÓTOPO

Un **isótopo** es una forma de un elemento químico cuyos átomos tienen el mismo número de protones, pero distinto número de neutrones. Como el número de neutrones varía, su masa es diferente, aunque sus propiedades químicas se mantienen.

QUARK

Un quark es una partícula elemental (constituyente último de la materia).

Hay varios tipos de quarks. Por ejemplo, el protón está formado por dos quarks *up* y uno *down*; y el neutrón, por un quark *up* y dos *down*.

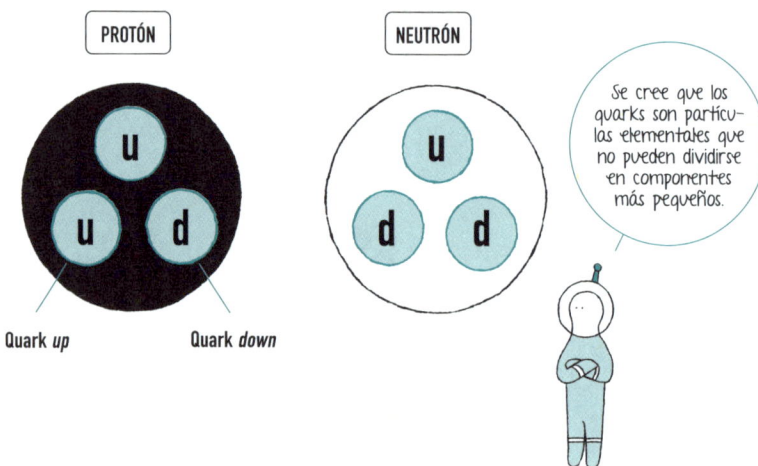

Se cree que los quarks son partículas elementales que no pueden dividirse en componentes más pequeños.

¿CUÁNTOS TIPOS DE QUARKS HAY?

Se conocen seis tipos de quarks. Se pueden clasificar en dos tipos (según su masa) y en tres generaciones.

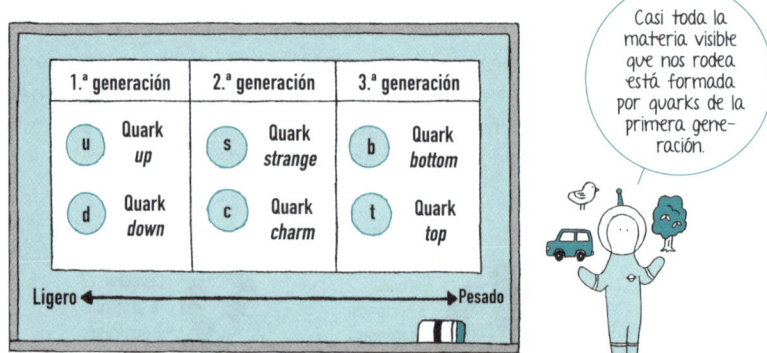

Casi toda la materia visible que nos rodea está formada por quarks de la primera generación.

NEUTRINO

Un **neutrino** es una partícula elemental que se llama así porque no tiene carga eléctrica (es neutro). Posee una masa extremadamente pequeña, y como no interactúa con la materia, es como una especie de partícula fantasma que puede atravesar cualquier cosa.

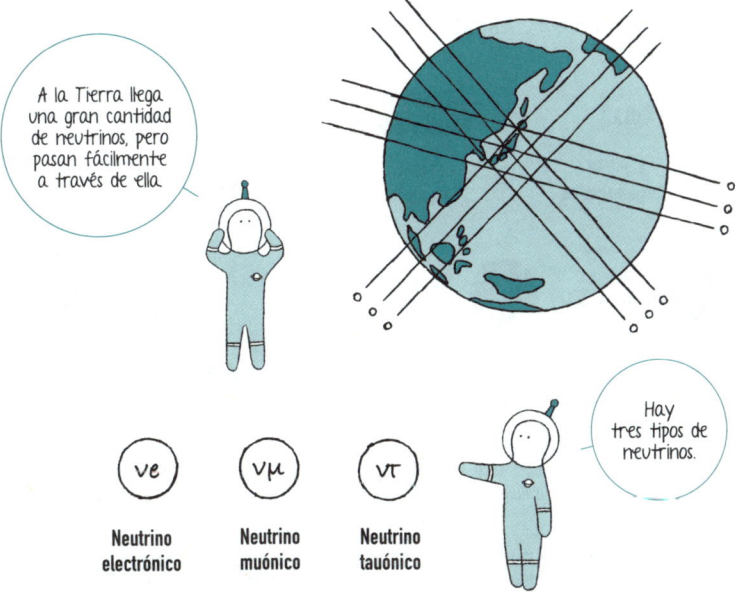

A la Tierra llega una gran cantidad de neutrinos, pero pasan fácilmente a través de ella.

Hay tres tipos de neutrinos.

Neutrino electrónico — Neutrino muónico — Neutrino tauónico

¿LOS NEUTRINOS «SE TRANSFORMAN»?

Al principio se consideraba que los neutrinos eran partículas elementales sin masa, pero un experimento realizado con el **Super-Kamiokande** (sucesor del Kamiokande, p. 167) demostró que sí tenían masa (un fenómeno conocido como **oscilación de neutrinos**), descubrimiento que dio un vuelco al conocimiento que se tenía de ellos.

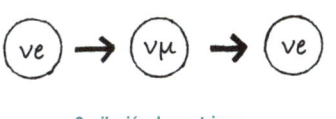

Oscilación de neutrinos
Fenómeno por el cual un neutrino cambia de tipo durante su propagación.

Takaaki Kajita, uno de los físicos japoneses que lideró el experimento, fue galardonado con el Premio Nobel de Física en 2015.

ANTIPARTÍCULA / ANTIMATERIA

Una **antipartícula** es una partícula elemental que tiene la misma masa que una partícula ordinaria, pero con carga eléctrica opuesta. Todas las partículas elementales tienen su correspondiente antipartícula. La materia formada por antipartículas se llama **antimateria**. Las antipartículas y la antimateria casi no existen a nuestro alrededor, pero se pueden crear artificialmente en los aceleradores de partículas (p. 270).

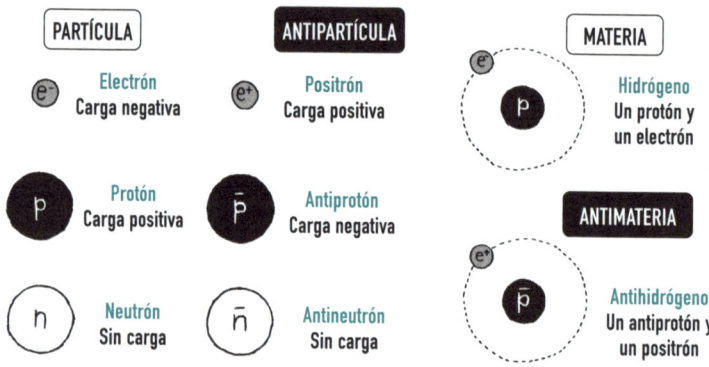

Los antiprotones y los antineutrones están formados por tres antiquarks (la antipartícula del quark). Los neutrones y los antineutrones no tienen carga, pero los antineutrones son antipartículas porque están formados por antiquarks.

¿QUÉ PASA CUANDO LA MATERIA Y LA ANTIMATERIA CHOCAN?

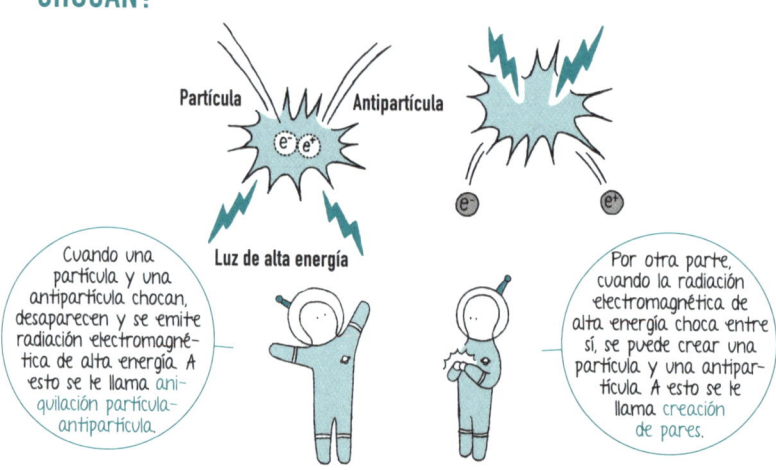

Cuando una partícula y una antipartícula chocan, desaparecen y se emite radiación electromagnética de alta energía. A esto se le llama aniquilación partícula-antipartícula.

Por otra parte, cuando la radiación electromagnética de alta energía choca entre sí, se puede crear una partícula y una antipartícula. A esto se le llama creación de pares.

¿ADÓNDE FUERON LAS ANTIPARTÍCULAS?

En el universo abrasador, justo después de su nacimiento, se cree que la radiación electromagnética de alta energía chocaba entre sí y formaba pares de partícula-antipartícula que se aniquilaban y emitían más radiación electromagnética de alta energía, que volvía a colisionar y a crear pares de partícula-antipartícula. Sin embargo, en el universo actual solo existe materia formada por partículas.

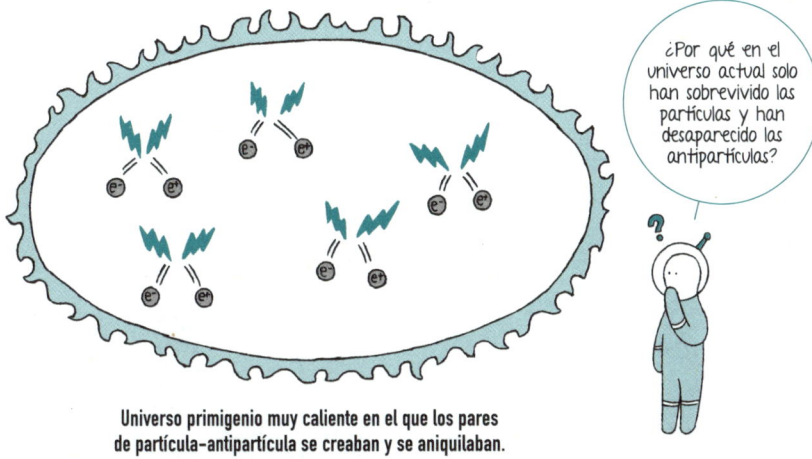

Universo primigenio muy caliente en el que los pares de partícula-antipartícula se creaban y se aniquilaban.

¿Por qué en el universo actual solo han sobrevivido las partículas y han desaparecido las antipartículas?

TEORÍA DE KOBAYASHI-MASKAWA

En 1973, los físicos japoneses **Makoto Kobayashi** y **Toshihide Maskawa** predijeron que los tres tipos de quarks que se conocían entonces debían ser seis en realidad y que, de ser así, en el universo inicial la cantidad de partículas excedería ligeramente la de antipartículas, de forma que solo sobrevivirían las primeras a la aniquilación. A esta interpretación de la asimetría entre la materia y la antimateria se le llama **teoría de Kobayashi-Maskawa**, y por ella recibieron el Premio Nobel de Física en 2008.

Toshihide Maskawa

Makoto Kobayashi

El misterio de la desaparición de las antipartículas no está resuelto del todo y la investigación prosigue en la actualidad.

LAS CUATRO FUERZAS FUNDAMENTALES

Las **cuatro fuerzas fundamentales** son las cuatro fuerzas básicas que rigen las interacciones entre las partículas elementales: **fuerza gravitatoria**, **fuerza electromagnética**, **interacción fuerte** e **interacción débil**. Todas las fuerzas de la naturaleza se pueden reducir a estas cuatro interacciones.

GRAVEDAD

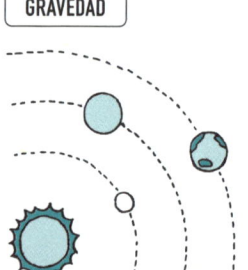

Fuerza de atracción que actúa sobre partículas con masa. El movimiento orbital de los planetas se debe a la atracción gravitatoria del Sol.

ELECTROMAGNETISMO

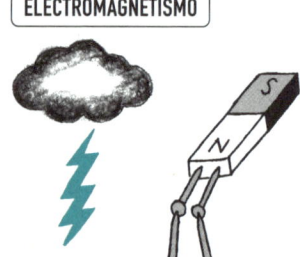

Fuerza que actúa sobre partículas con carga eléctrica. Las reacciones químicas se deben también a la fuerza electromagnética.

INTERACCIÓN FUERTE

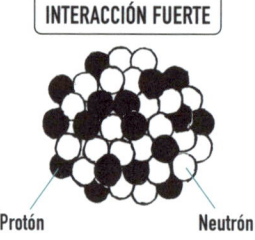

Protón   Neutrón

Fuerza que mantiene unidos a los protones y los neutrones en el núcleo atómico. Para ser más exactos, actúa sobre los quarks.

INTERACCIÓN DÉBIL

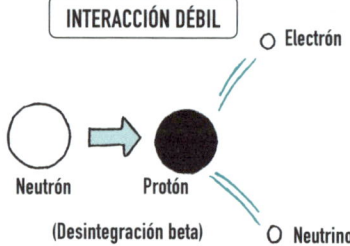

Neutrón   Protón

(Desintegración beta)   ○ Electrón   ○ Neutrino

Fuerza responsable de la desintegración de las partículas elementales en otras. Más concretamente, actúa sobre quarks y leptones (p. 266) y cambia sus tipos.

«Interacción fuerte» e «interacción débil»... ¡Qué nombres más raros!

Se llaman así porque de las fuerzas (interacciones) que actúan en los núcleos atómicos, la primera es mucho más intensa que la segunda.

¿TAMBIÉN HAY PARTÍCULAS ELEMENTALES QUE TRANSMITEN FUERZAS?

De acuerdo con la física de partículas, se cree que cuando actúa una fuerza entre las partículas, se intercambian partículas portadoras de fuerza (denominadas de forma genérica bosones). Hay cuatro tipos de bosones que se corresponden con cada una de las fuerzas fundamentales.

Fotón
Mediador de la fuerza electromagnética

Bosones débiles mediadores
Mediador de la fuerza nuclear débil

Gluones mediadores
Mediador de la fuerza nuclear fuerte

Gravitón
Mediador de la fuerza gravitatoria

El gravitón es la única partícula portadora de fuerza que no se ha descubierto todavía.

El fotón es la partícula elemental portadora de la luz (radiación electromagnética).
Hay tres tipos de bosones débiles: el bosón W+, el bosón W− y el bosón Z. Los bosones W+ y W− son uno la antipartícula del otro. En total hay ocho tipos de gluones, lo cual es consecuencia del hecho de que los quarks puedan tener distinto «color» (carga asociada a la interacción fuerte).

¿EN EL PRINCIPIO LAS CUATRO FUERZAS FUERON UNA?

Se cree que justo después del Big Bang, cuando la temperatura era extremadamente alta, las cuatro fuerzas fundamentales estaban unidas y estas se separaron con la expansión y el enfriamiento del universo.

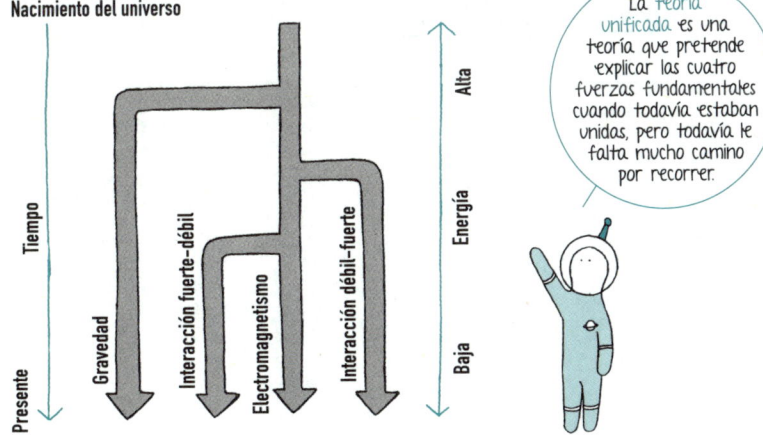

La teoría unificada es una teoría que pretende explicar las cuatro fuerzas fundamentales cuando todavía estaban unidas, pero todavía le falta mucho camino por recorrer.

MODELO ESTÁNDAR DE PARTÍCULAS

El **modelo estándar de partículas** es un marco de la física de partículas que en la actualidad se considera «esencialmente correcto». De acuerdo con este modelo, las partículas elementales están formadas por **fermiones**, los constituyentes básicos de la materia; bosones (p. 265), mediadores de las fuerzas; y el bosón de Higgs, responsable de conferir masa a la materia.

LAS PARTÍCULAS ELEMENTALES SEGÚN EL MODELO ESTÁNDAR

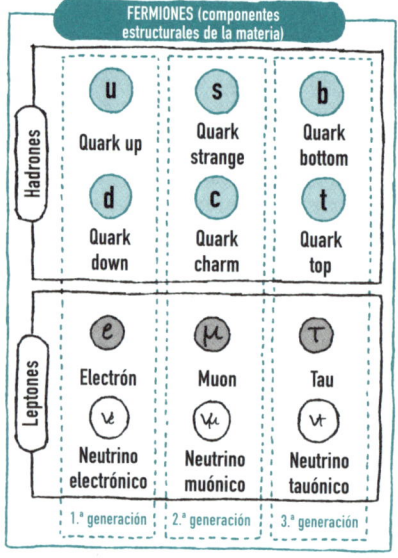

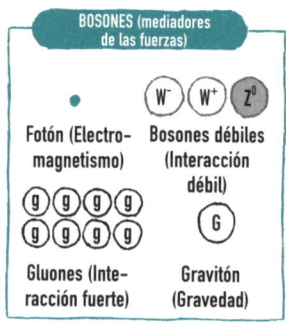

¿Puede decirse que con el modelo estándar lo sabemos todo sobre las partículas elementales?

El modelo estándar no explica bien la gravedad y tampoco sabemos de qué están compuestas la energía oscura y la materia oscura. Por eso los físicos están buscando una teoría que supere el modelo estándar.

BOSÓN DE HIGGS

Según el modelo estándar, las partículas elementales no tienen masa y el **bosón de Higgs** es la partícula que se la confiere. El físico británico Peter Higgs y el físico belga François Englert predijeron su existencia en 1964. Descubierta en 2012, ambos recibieron el Premio Nobel de Física al año siguiente.

MECANISMO POR EL CUAL LAS PARTÍCULAS ADQUIEREN MASA

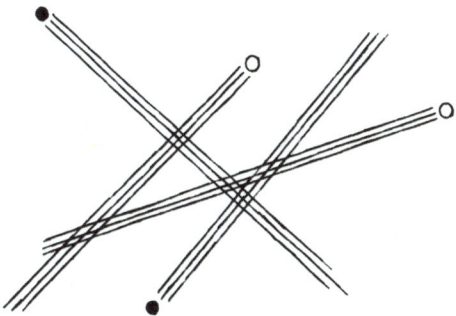

En el universo primigenio extremadamente caliente, los bosones de Higgs formaban una «nube» y todas las partículas elementales se movían a la velocidad de la luz.

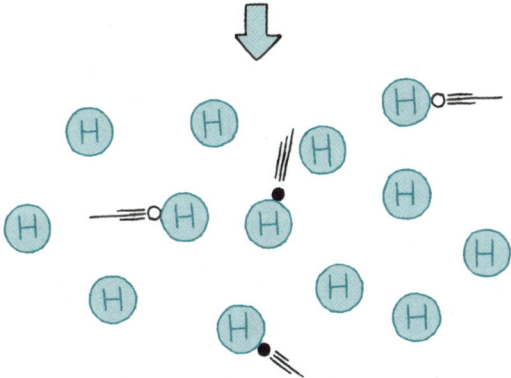

Cuando el universo se enfrió al expandirse, la naturaleza del espacio cambió (transición de fase de vacío) y los bosones de Higgs ocuparon el espacio. Las partículas elementales, sometidas ahora a la resistencia de los bosones de Higgs, se frenaron y adquirieron masa.

Según la relatividad especial (p. 272), las partículas con masa no se pueden desplazar a la velocidad de la luz; solo la luz (fotones), que no tiene masa, puede hacerlo. En otras palabras, cualquier partícula que se mueva por debajo de la velocidad de la luz tiene masa.

PARTÍCULA SUPERSIMÉTRICA

La **teoría de la supersimetría** (SUSY) predice que todas las partículas elementales tienen una «versión supersimétrica» (compañera supersimétrica o supercompañera): cada fermión tendría un bosón supersimétrico; cada bosón, un fermión supersimétrico. De confirmarse esta teoría, el modelo estándar (p. 266) se ampliaría. Sin embargo, todavía no se ha descubierto ninguna partícula supersimétrica.

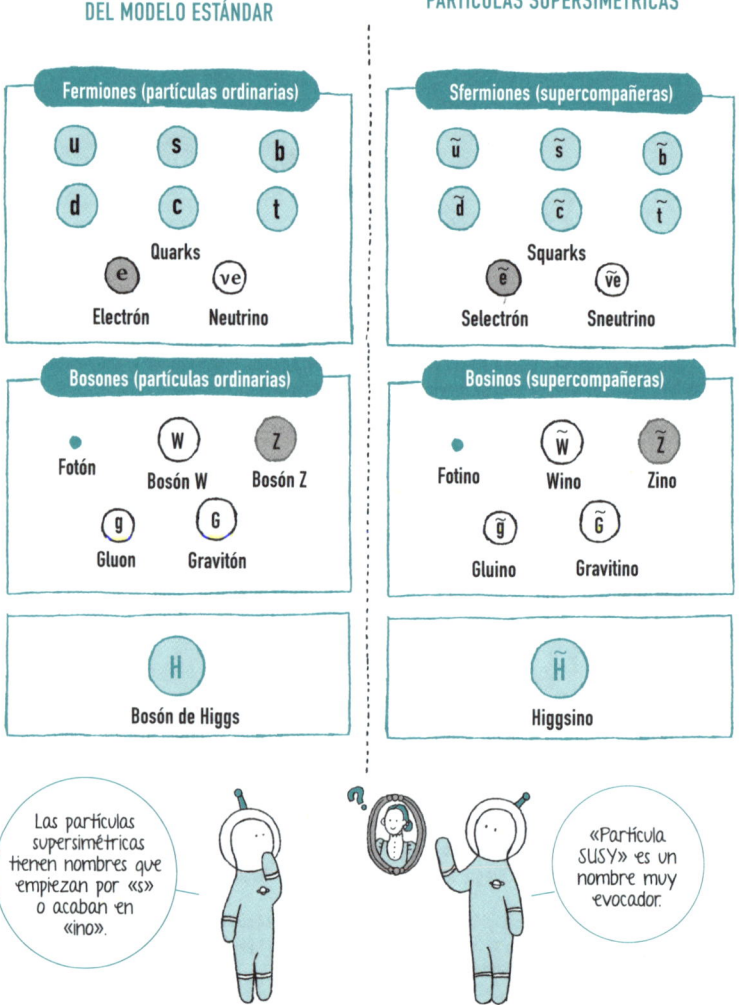

NEUTRALINO

El **neutralino** es una partícula supersimétrica, que existe como mezcla de un zino, un fotino y un higgsino. Esta partícula hipotética se considera una posible candidata de la materia oscura (p. 216), pero todavía no se ha descubierto.

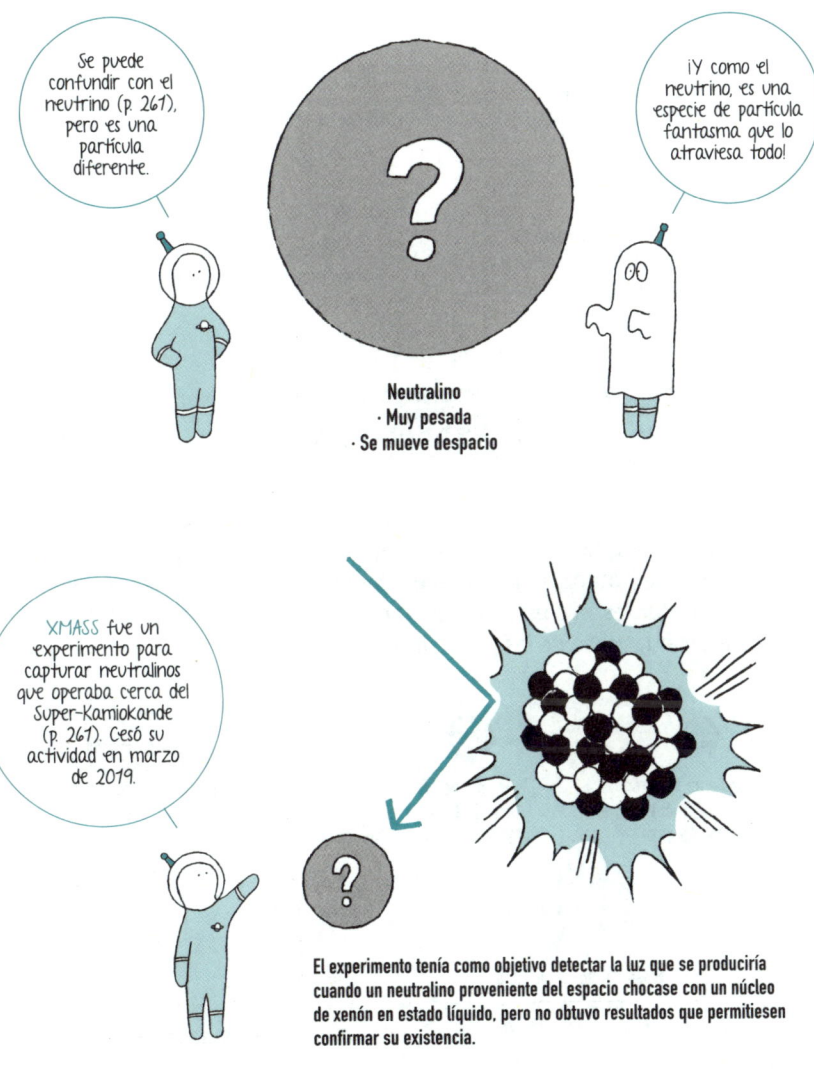

Se puede confundir con el neutrino (p. 261), pero es una partícula diferente.

¡Y como el neutrino, es una especie de partícula fantasma que lo atraviesa todo!

Neutralino
· Muy pesada
· Se mueve despacio

XMASS fue un experimento para capturar neutralinos que operaba cerca del Super-Kamiokande (p. 261). Cesó su actividad en marzo de 2019.

El experimento tenía como objetivo detectar la luz que se produciría cuando un neutralino proveniente del espacio chocase con un núcleo de xenón en estado líquido, pero no obtuvo resultados que permitiesen confirmar su existencia.

ACELERADOR DE PARTÍCULAS

Un **acelerador de partículas** es un dispositivo que confiere energía a protones, electrones y otras partículas cargadas y las acelera. Los aceleradores que se usan en los experimentos llevan las partículas hasta casi la velocidad de la luz, las hacen colisionar y analizan las partículas extrañas que se crean.

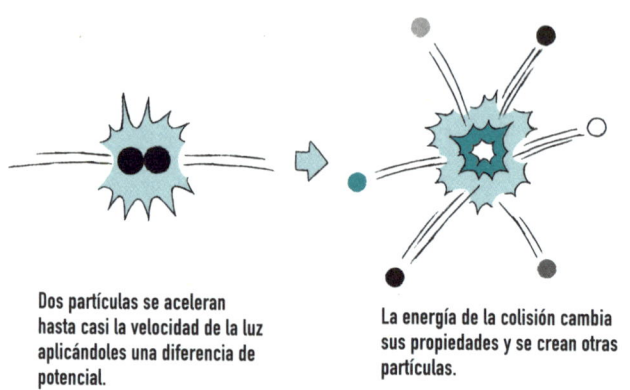

Dos partículas se aceleran hasta casi la velocidad de la luz aplicándoles una diferencia de potencial.

La energía de la colisión cambia sus propiedades y se crean otras partículas.

ELECTRONVOLTIO

Un **electronvoltio** (eV) es una unidad de energía que representa la energía que adquiere un electrón cuando se acelera al aplicarle una diferencia de potencial de un voltio. Dado que la masa y la energía son equivalentes, el electronvoltio también se emplea como unidad para indicar la masa de las partículas.

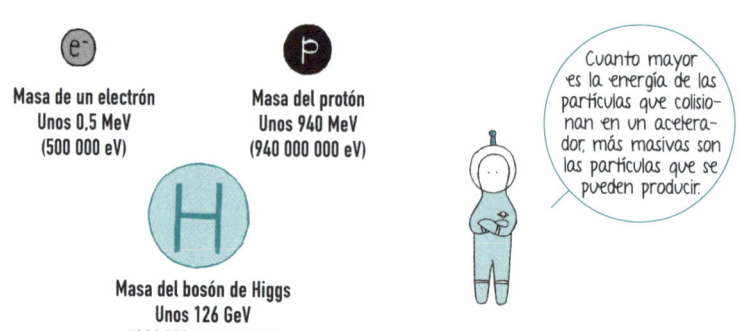

Masa de un electrón
Unos 0,5 MeV
(500 000 eV)

Masa del protón
Unos 940 MeV
(940 000 000 eV)

Masa del bosón de Higgs
Unos 126 GeV
(126 000 000 000 eV)

Cuanto mayor es la energía de las partículas que colisionan en un acelerador, más masivas son las partículas que se pueden producir.

Un eV son unos $1{,}8 \cdot 10^{-33}$ gramos.

LHC

El **LHC** (*Large Hadron Collider* o Gran Colisionador de Hadrones) es la denominación del acelerador colisionador circular de partículas más grande del mundo. Construido por el **CERN** (Organización Europea para la Investigación Nuclear), está realizando una importante contribución al conocimiento de la física de partículas y, entre sus logros, figura el descubrimiento del bosón de Higgs (p. 267).

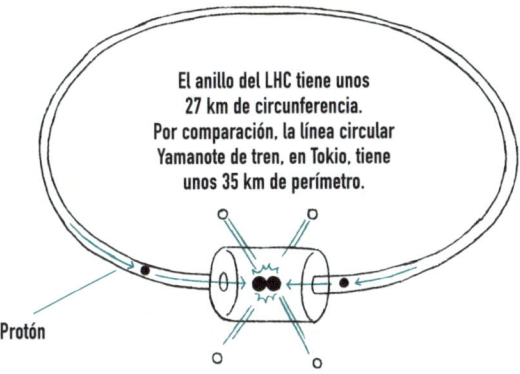

El anillo del LHC tiene unos 27 km de circunferencia. Por comparación, la línea circular Yamanote de tren, en Tokio, tiene unos 35 km de perímetro.

Protón

Construido bajo tierra en las afuera de Ginebra (Suiza), el LHC tiene un anillo de unos 27 kilómetros de circunferencia en el que se han instalado imanes superconductores que aceleran y hacen colisionar protones a velocidades próximas a la de la luz para crear partículas desconocidas.

Después de descubrir el bosón de Higgs, el LHC va detrás de las esquivas partículas supersimétricas (p. 268).

Con una potencia máxima de 14 teraelectronvoltios (14 billones de electronvoltios), las colisiones superenergéticas del LHC permiten reproducir las condiciones físicas existentes en el momento del Big Bang.

¡Big Bang!

TEORÍA DE LA RELATIVIDAD ESPECIAL

La **teoría de la relatividad** de Einstein tiene dos versiones. La primera, la **teoría de la relatividad especial**, describe cómo el movimiento cambia la escala del tiempo y el espacio (dilatación del tiempo y contracción de las longitudes), un principio que revolucionó el conocimiento físico de aquella época.

La teoría de la relatividad es una teoría física que reveló la naturaleza del tiempo y el espacio.

Albert Einstein

¿REALIZAR UN VIAJE ESPACIAL A GRAN VELOCIDAD NO ENVEJECE?

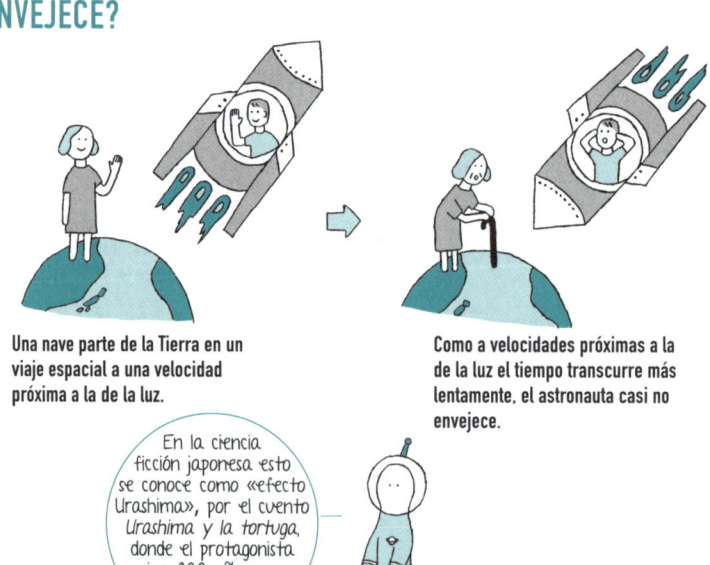

Una nave parte de la Tierra en un viaje espacial a una velocidad próxima a la de la luz.

Como a velocidades próximas a la de la luz el tiempo transcurre más lentamente, el astronauta casi no envejece.

En la ciencia ficción japonesa esto se conoce como «efecto Urashima», por el cuento Urashima y la tortuga, donde el protagonista vive 300 años como si fueran solo tres.

¿NO SE PUEDE SUPERAR LA VELOCIDAD DE LA LUZ?

La teoría de la relatividad especial se basa en el «principio de inmutabilidad de la velocidad de la luz», según el cual la velocidad de la luz es constante (unos 300 000 kilómetros por segundo) para cualquier observador, independientemente de la velocidad a la que se desplace. Y también en que ningún movimiento puede superar la velocidad de la luz.

La velocidad de la luz es constante para cualquier persona, independientemente de la velocidad a la que se mueva.

No se puede acelerar a una velocidad que supere la de la luz.

¿Un cohete no podría almacenar una gran cantidad de combustible para ir acelerando hasta superar la velocidad de la luz?

¿LA ENERGÍA SE CONVIERTE EN MASA?

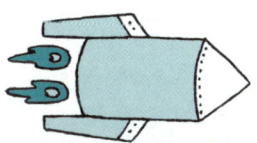 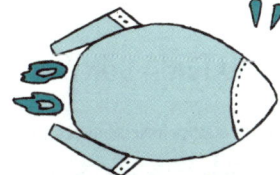

Un cohete que se desplaza a una velocidad próxima a la de la luz inyecta más combustible (da energía) a los motores para aumentar aún más su velocidad.

La velocidad casi no aumenta y la masa del cohete se hace mayor (la energía se convierte en masa). Por eso no puede superar la velocidad de la luz.

$$E = m \times c^2$$

Energía que tiene la materia

Masa de la materia

Velocidad de la luz al cuadrado

La materia esconde una gran cantidad de energía.

TEORÍA DE LA RELATIVIDAD GENERAL

La **teoría de la relatividad general** reformuló la teoría de la gravedad (gravedad newtoniana) para adecuarla a la relatividad especial. La relatividad general puso de manifiesto que la materia deforma el espacio-tiempo (combinación del espacio y el tiempo en una única entidad) y que la gravedad es la consecuencia de la curvatura del espacio-tiempo.

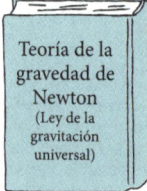

La fuerza de la gravedad se transmite instantáneamente (es decir, tiene una velocidad infinita).

Nada puede desplazarse a mayor velocidad que la luz.

¿LA MATERIA CURVA EL ESPACIO-TIEMPO?

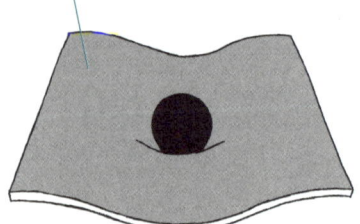

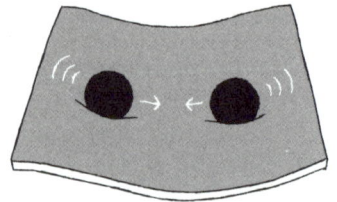

Al colocar un objeto (materia) en una membrana elástica (espacio-tiempo), esta se curva.

Cuando se colocan dos objetos separados, estos se acercan a lo largo de la curvatura de la membrana elástica.

Este es el mecanismo de la gravedad.

La curvatura (p. 250) es una medida de la deformación del espacio-tiempo.

¿EL TIEMPO TRANSCURRE MÁS DESPACIO CUANDO LA GRAVEDAD ES MAYOR?

De acuerdo con la relatividad general, el tiempo transcurre más lentamente en un sitio donde la gravedad es mayor. Como la gravedad de la Tierra se debilita cuanto más lejos estemos de ella, un reloj en el cielo marcará el tiempo más rápido que uno en la superficie terrestre.

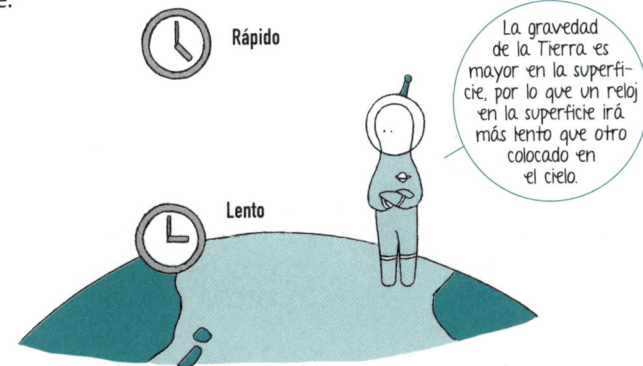

¿EL GPS USA LA TEORÍA DE LA RELATIVIDAD PARA LA SINCRONIZACIÓN?

El GPS (*Global Positioning System* o Sistema de Posicionamiento Global) es un sistema para determinar la posición basado en la recepción de señales de los satélites GPS que orbitan la Tierra a 20 000 kilómetros de altura y a 4 kilómetros por segundo. Estos satélites incorporan un reloj atómico (reloj extremadamente preciso) que se sincroniza con los de tierra basándose en la teoría de la relatividad.

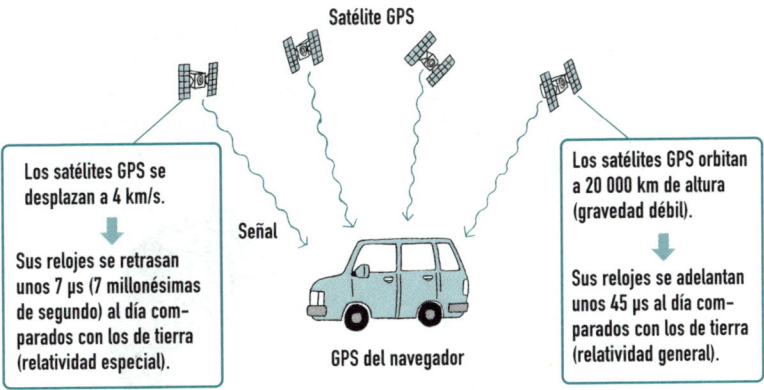

Combinando ambos efectos, los relojes atómicos de los satélites GPS se adelantan 38 microsegundos al día y hay que sincronizarlos para que mantengan la misma hora que los de tierra.

FÍSICA CUÁNTICA

La **física cuántica** describe las leyes físicas del mundo subatómico. El mundo subatómico (el mundo más pequeño que el átomo) es diferente al mundo macroscópico que conocemos y se rige por unas leyes extrañas. Estas leyes son el ámbito de la física cuántica.

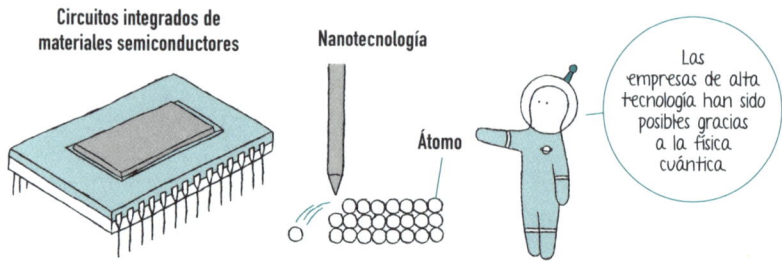

Circuitos integrados de materiales semiconductores

Nanotecnología

Átomo

Las empresas de alta tecnología han sido posibles gracias a la física cuántica.

La teoría de la relatividad fue obra casi exclusiva de Albert Einstein, pero detrás de la física cuántica están diversos físicos como Niels Bohr, Louis-Victor de Broglie, Werner Heisenberg, Erwin Schrödinger o Max Born.

¿LA MATERIA A ESCALA SUBATÓMICA ES UNA PARTÍCULA O UNA ONDA?

Electrón

Electrón (onda)

Cuando se observa, la materia subatómica (por ejemplo, un electrón) aparece en un lugar como una «partícula».

Cuando no se observa, la materia subatómica se manifiesta como una «onda» que está en «varios sitios».

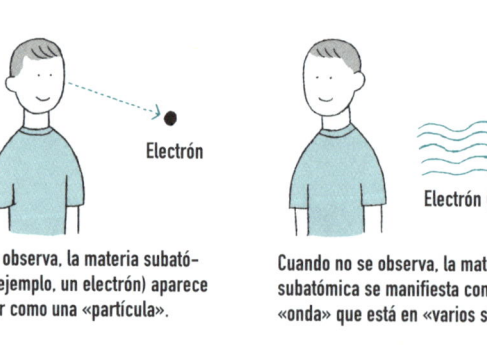

La materia subatómica es una materia extraña que puede comportarse como una onda o como una partícula.

Onda

Partícula

¿EL FUTURO DE LA MATERIA SUBATÓMICA SE DECIDE JUGANDO A LOS DADOS?

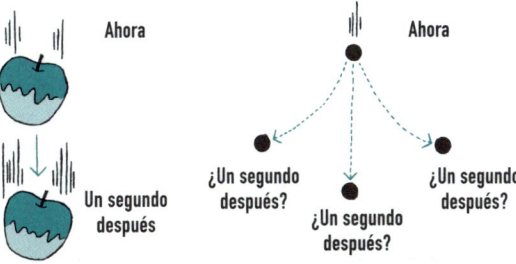

El futuro de la materia macroscópica lo determinan las leyes físicas y solo hay uno posible.

El futuro de la materia subatómica lo determina la probabilidad.

Se decide al azar, como si se lanzara un dado.

¿EN EL MUNDO SUBATÓMICO TODO SE MUEVE?

La materia subatómica está en constante movimiento y su posición y su velocidad (cantidad de movimiento) no pueden determinarse al mismo tiempo con completa precisión.

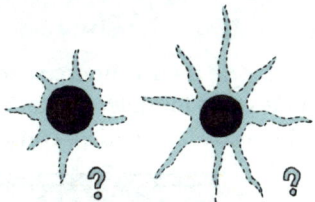

La energía de la materia subatómica también está en movimiento y no tiene un valor bien definido.

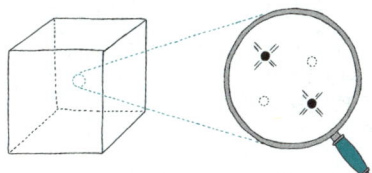

El «vacío» no es un «estado en el que no hay nada» (nula energía), sino una fluctuación entre el todo y la nada (p. 242).

TEORÍA CUÁNTICA DE LA GRAVEDAD

La **teoría cuántica de la gravedad** es una teoría que integra la relatividad general con la física cuántica. Puede decirse que es una «adaptación de la física cuántica a la gravedad» o una «teoría cuántica del espacio-tiempo». Si se quiere entender el origen del universo es imprescindible disponer de una teoría cuántica de la gravedad.

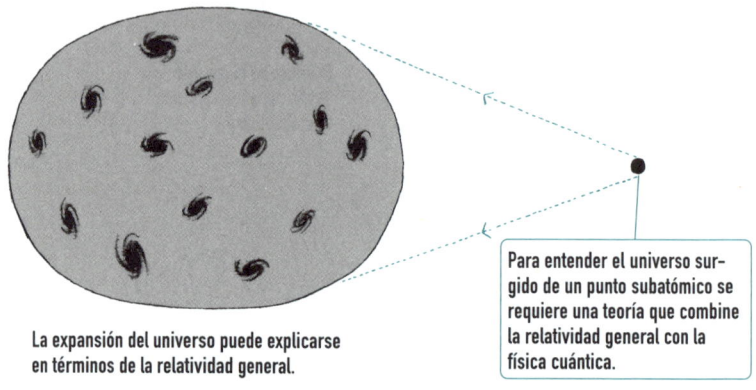

La expansión del universo puede explicarse en términos de la relatividad general.

Para entender el universo surgido de un punto subatómico se requiere una teoría que combine la relatividad general con la física cuántica.

TEORÍA DE LAS SUPERCUERDAS

La **teoría de las supercuerdas** es una de las mejores teorías candidatas para formular una teoría cuántica de la gravedad, y combina la «teoría de las cuerdas» con la «supersimetría» (p. 268).

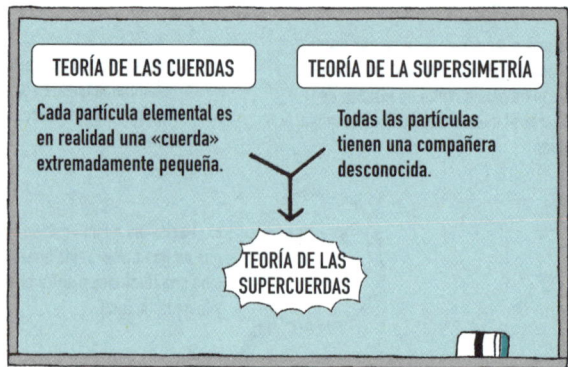

¿LOS CONSTITUYENTES MÁS PEQUEÑOS SON LAS «CUERDAS»?

La teoría de las cuerdas postula que los componentes estructurales más pequeños de la materia no son partículas con forma de punto y cero dimensiones, sino filamentos de una dimensión y de longitud minúscula: las «cuerdas». Al vibrar en diferentes direcciones (dimensiones), se transforman en los diversos tipos de partículas. Para que se conviertan en la decena de partículas elementales que conocemos, se necesitan entre nueve y diez dimensiones espaciales (p. 246).

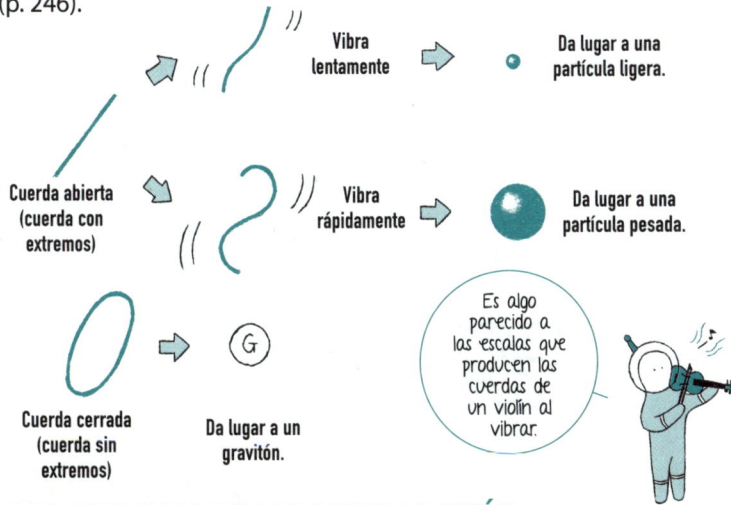

¿LOS EXTREMOS DE LAS CUERDAS ESTÁN UNIDOS A «BRANAS»?

Los extremos de las cuerdas están unidos a unos objetos llamados branas (p. 246), de forma que una cuerda abierta no puede separarse de la brana. Sin embargo, sí pueden hacerlo las cuerdas cerradas. Como el gravitón se crea a partir de una cuerda cerrada, solo la gravedad puede dejar la brana y propagarse.

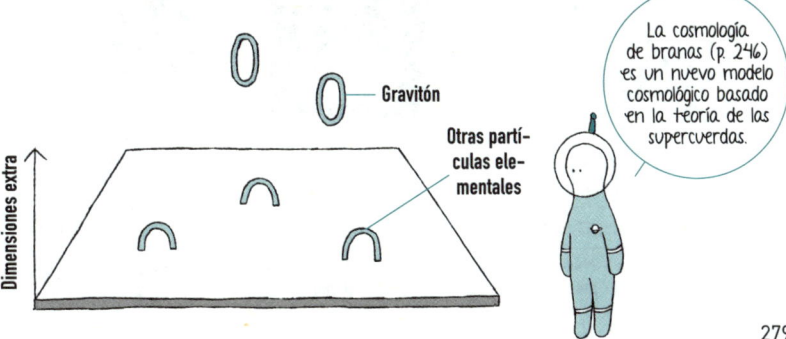

ONDA ELECTROMAGNÉTICA

Una **onda electromagnética** es una perturbación que se transmite por el espacio. Cuando se produce una onda eléctrica, también se produce simultáneamente una onda magnética, y el conjunto de las dos recibe el nombre de onda electromagnética. Las ondas electromagnéticas se clasifican por su longitud de onda (la distancia entre dos crestas de la onda); y el espectro electromagnético comprende, por orden de longitud de onda decreciente, las ondas de radio, la radiación infrarroja, la luz visible, la radiación ultravioleta, los rayos X y los rayos gamma.

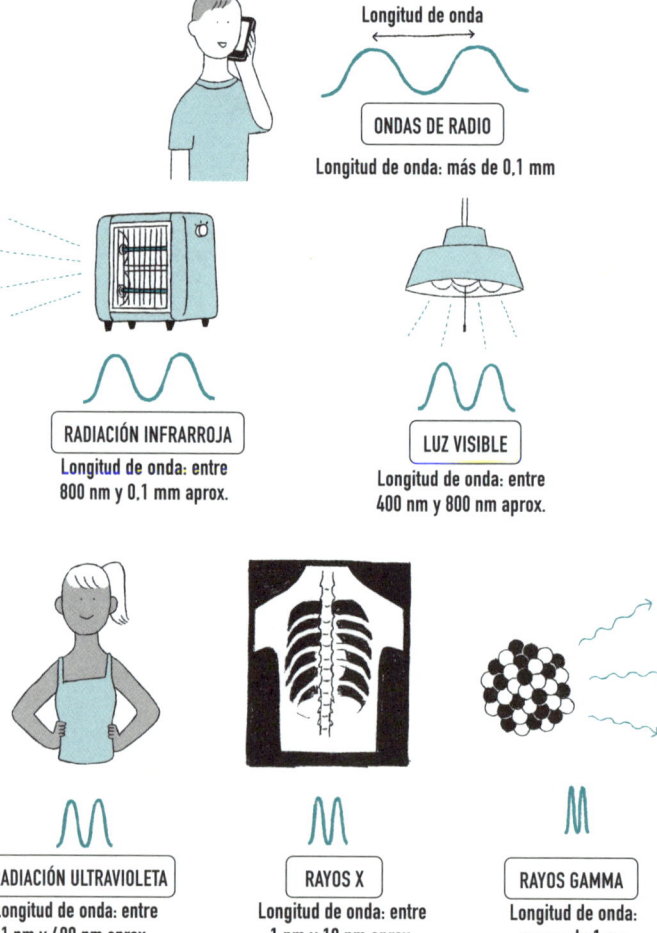

ONDAS DE RADIO
Longitud de onda: más de 0,1 mm

RADIACIÓN INFRARROJA
Longitud de onda: entre 800 nm y 0,1 mm aprox.

LUZ VISIBLE
Longitud de onda: entre 400 nm y 800 nm aprox.

RADIACIÓN ULTRAVIOLETA
Longitud de onda: entre 1 nm y 400 nm aprox.

RAYOS X
Longitud de onda: entre 1 pm y 10 nm aprox.

RAYOS GAMMA
Longitud de onda: menos de 1 pm

El rango de longitudes de onda para cada radiación electromagnética no es fijo y se superpone. La longitud de onda para cada radiación en los dibujos superiores no está a escala. Un nanómetro (nm) es la milmillonésima parte de un milímetro (mm), y un picómetro (pm) es la milmillonésima parte de un milímetro.

LUZ VISIBLE

La **luz visible** (o, simplemente, luz) es la parte de la radiación electromagnética comprendida aproximadamente entre los 400 y los 800 nanómetros, visible al ojo humano. Se cree que los seres humanos y la mayoría de los animales perciben la luz visible porque evolucionaron adaptándose al espectro del Sol (p. 182).

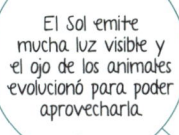

El Sol emite mucha luz visible y el ojo de los animales evolucionó para poder aprovecharla.

¿QUÉ SE VE AL OBSERVAR EL UNIVERSO EN LUZ VISIBLE?

La mayoría de las estrellas son muy brillantes en el rango de longitudes de onda de la luz visible. Por ello, la luz visible es perfecta para observar las estrellas, la estructura de las galaxias que forman y también la distribución de galaxias en el universo.

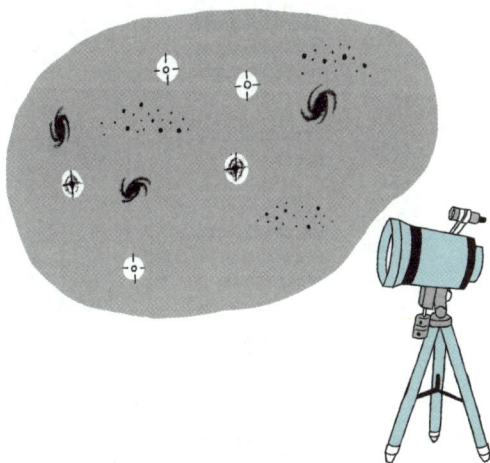

Los terrícolas habéis observado el universo desde tiempos antiguos a simple vista y con telescopios (ópticos).

ONDAS DE RADIO

Las **ondas de radio** tienen una longitud de onda superior a los 0,1 milímetros. Al igual que la luz visible, se propagan por el espacio a la velocidad de la luz y son imprescindibles en la sociedad actual como medio de comunicación inalámbrica en satélites de comunicaciones, radio, televisión y teléfonos móviles.

TIPOS DE ONDAS DE RADIO Y SUS APLICACIONES

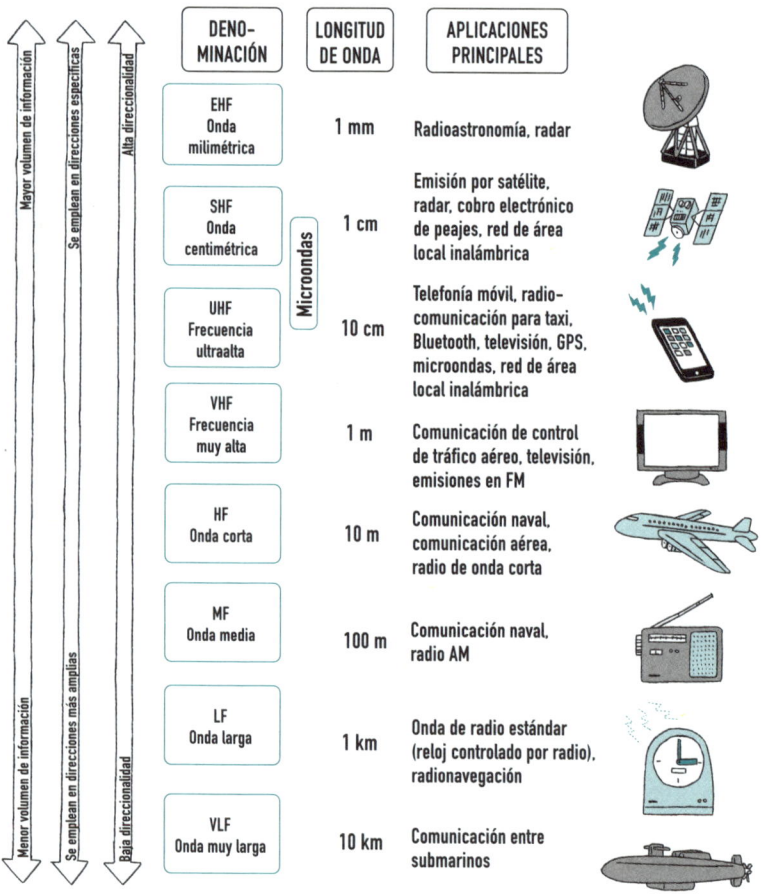

DENOMINACIÓN	LONGITUD DE ONDA	APLICACIONES PRINCIPALES
EHF — Onda milimétrica	1 mm	Radioastronomía, radar
SHF — Onda centimétrica	1 cm	Emisión por satélite, radar, cobro electrónico de peajes, red de área local inalámbrica
UHF — Frecuencia ultraalta	10 cm	Telefonía móvil, radiocomunicación para taxi, Bluetooth, televisión, GPS, microondas, red de área local inalámbrica
VHF — Frecuencia muy alta	1 m	Comunicación de control de tráfico aéreo, televisión, emisiones en FM
HF — Onda corta	10 m	Comunicación naval, comunicación aérea, radio de onda corta
MF — Onda media	100 m	Comunicación naval, radio AM
LF — Onda larga	1 km	Onda de radio estándar (reloj controlado por radio), radionavegación
VLF — Onda muy larga	10 km	Comunicación entre submarinos

(SHF y UHF agrupadas como **Microondas**.)

Flechas laterales: Mayor volumen de información / Se emplean en direcciones específicas / Alta direccionalidad (arriba) — Menor volumen de información / Se emplean en direcciones más amplias / Baja direccionalidad (abajo).

Las microondas no tienen una longitud de onda definida y el rango solo se aplica a la frecuencia ultraalta y a la onda centimétrica (longitud de onda entre 1 y 30 centímetros), aunque a veces también se incluye la onda milimétrica.

¿LAS ONDAS DE RADIO PROCEDEN DEL CENTRO DE LA VÍA LÁCTEA?

Las ondas de radio de procedencia extraterrestre se clasifican en dos tipos, de acuerdo con su mecanismo de producción. El primero son las ondas de radio que se producen en fenómenos astronómicos de extrema violencia. Por ejemplo, las ondas de radio que vienen desde la constelación de Sagitario (p. 202). El núcleo de la Vía Láctea es muy activo energéticamente y genera ondas de radio.

Ondas de radio del centro de la Vía Láctea

Cuando se producen fulguraciones (p. 38) en la superficie del Sol, se emiten ondas de radio por el mismo mecanismo.

Ondas de radio durante las fulguraciones solares

¿LAS ONDAS DE RADIO TAMBIÉN PROCEDEN DE REGIONES FRÍAS DEL UNIVERSO?

Las ondas de radio también vienen de zonas del universo frías y muy tranquilas. Cuanto más caliente está un objeto astronómico, más corta es la longitud de onda en la que emite la radiación electromagnética. Los que emiten radiación de longitud de onda larga son objetos muy fríos. Por ejemplo, las nebulosas oscuras (p. 142), donde nacen nuevas estrellas, son muy frías (su temperatura está alrededor de los 260 grados bajo cero) y producen ondas de radio. Por ello, observar el universo en ondas de radio permite investigar regiones de formación estelar.

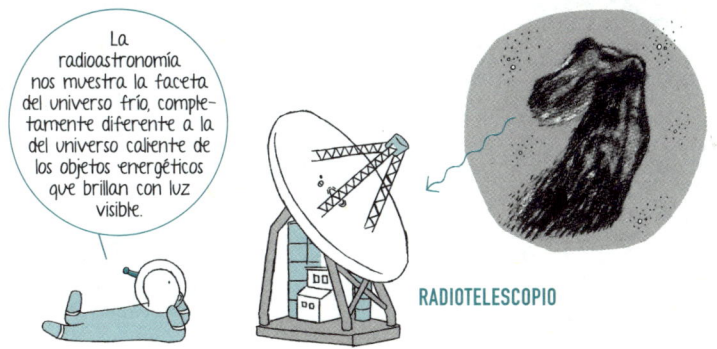

La radioastronomía nos muestra la faceta del universo frío, completamente diferente a la del universo caliente de los objetos energéticos que brillan con luz visible.

RADIOTELESCOPIO

RADIACIÓN INFRARROJA

La **radiación infrarroja** son ondas electromagnéticas de longitud de onda menor (menos de 0,1 milímetros) que las ondas de radio, y mayor (unos 800 nanómetros) que la de la luz visible. Cuando un objeto absorbe radiación infrarroja se calienta, por lo que a este tipo de radiación también se la denomina radiación térmica o radiación calorífica.

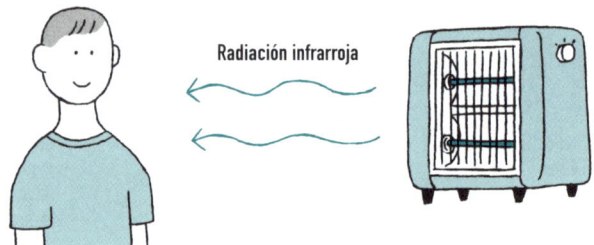

¿QUÉ SE VE AL OBSERVAR EL UNIVERSO EN INFRARROJO?

La radiación infrarroja es adecuada para la observación de objetos de temperatura relativamente baja, como protoestrellas (p. 147) y polvo calentado por estrellas. Además, como la radiación infrarroja atraviesa el polvo, se puede observar directamente el centro de la Vía Láctea, oculto por nubes de polvo. Asimismo, las galaxias lejanas también se observan en el infrarrojo porque la longitud de onda de su luz se ha alargado hasta la región infrarroja debido al desplazamiento al rojo (p. 226).

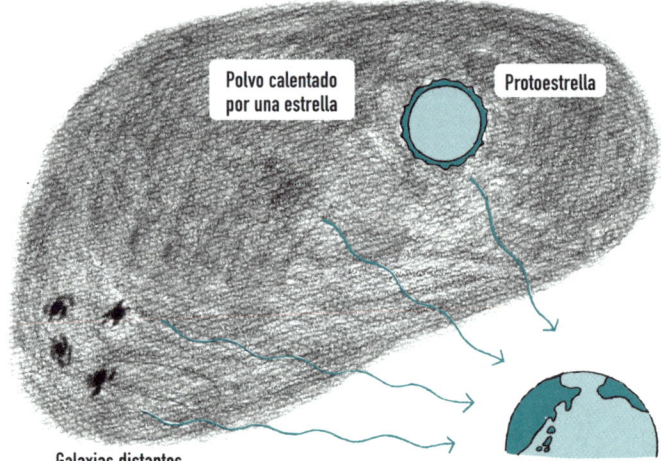

RADIACIÓN ULTRAVIOLETA

La **radiación ultravioleta** tiene una longitud de onda menor (menos de 400 nanómetros) que la luz visible y mayor (más de 1 nanómetro) que los rayos X. La radiación ultravioleta activa las reacciones químicas del cuerpo que la absorbe; el bronceado de la piel se debe a esta característica.

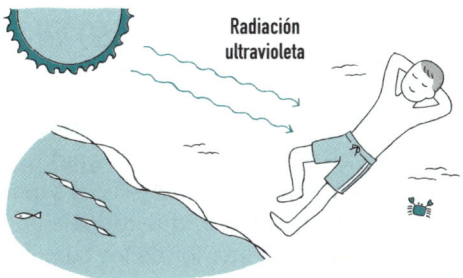

¿QUÉ SE VE AL OBSERVAR EL UNIVERSO EN ULTRAVIOLETA?

La radiación ultravioleta es indicada para observar objetos muy calientes. Las estrellas jóvenes y muy masivas que surgen en los brotes estelares (p. 213) y las enanas blancas (p. 159) de las fases finales de estrellas viejas alcanzan temperaturas de entre varias decenas de miles y cien mil grados, por lo que son fuentes de emisión de radiación ultravioleta y se ven en ese rango. De igual modo, la observación de la corona solar (p. 36), que alcanza varios millones de grados, también se realiza en el ultravioleta.

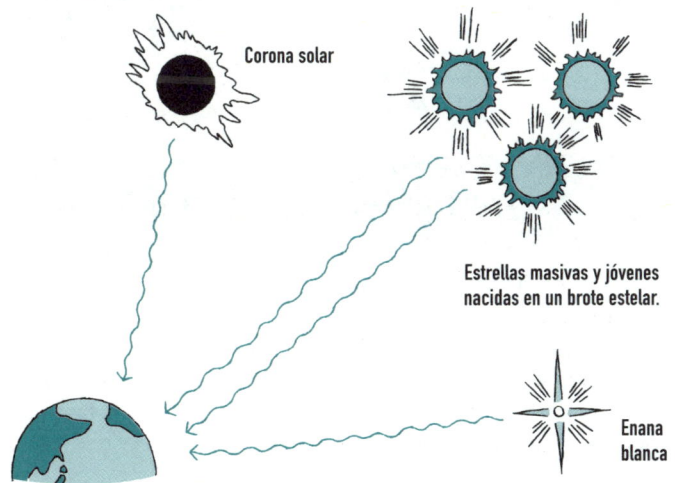

RAYOS X Y RAYOS GAMMA

Los **rayos X** tienen una longitud de onda menor (aproximadamente entre 1 picómetro y 10 nanómetros) que la radiación ultravioleta, y la de los **rayos gamma** es aún menor (del orden de menos de 1 picómetro). Ambas reciben también el nombre de radiación ionizante porque son capaces de atravesar la materia y disociar a su paso los electrones de las moléculas y los átomos.

¿QUÉ SE VE AL OBSERVAR EL UNIVERSO EN RAYOS X Y RAYOS GAMMA?

Los rayos X se emiten cuando se alcanzan temperaturas entre varios millones y varios cientos de millones de grados. Las estrellas de neutrones (p. 24), cuya temperatura superficial supera el millón de grados, el disco de acreción (p.169) que rodea a un agujero negro o el plasma supercaliente del interior de los cúmulos galácticos se observan en rayos X. Al igual que estos, los rayos gamma también los emiten objetos que están a temperaturas muy altas.

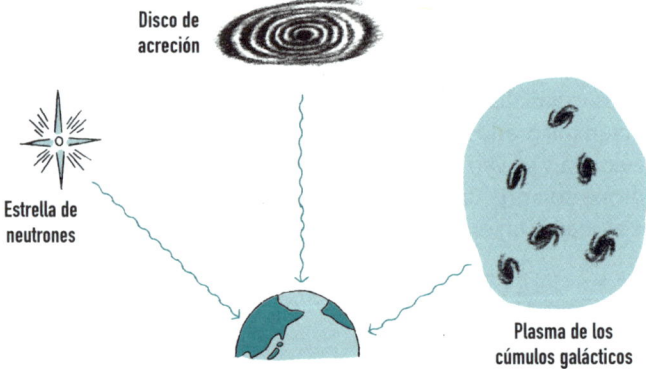

Disco de acreción

Estrella de neutrones

Plasma de los cúmulos galácticos

EXPLOSIÓN DE RAYOS GAMMA

Una **explosión de rayos gamma** es una emisión de rayos gamma en un fuerte estallido que dura entre 0,01 segundos y varios minutos. Son los sucesos explosivos más potentes del universo. Aunque es un fenómeno que no se comprende muy bien, se cree que se produce cuando una estrella extremadamente masiva alcanza la fase final de su vida y explota (**explosión de hipernova**).

VENTANA ATMOSFÉRICA

Se llama **ventana atmosférica** a la franja de longitudes de onda de la radiación electromagnética que puede atravesar la atmósfera terrestre. El Sol y otros cuerpos distantes del universo emiten diversos tipos de radiación electromagnética, pero la atmósfera de la Tierra es «opaca» a casi toda la radiación y solo la atraviesa una franja muy estrecha de longitudes de onda.

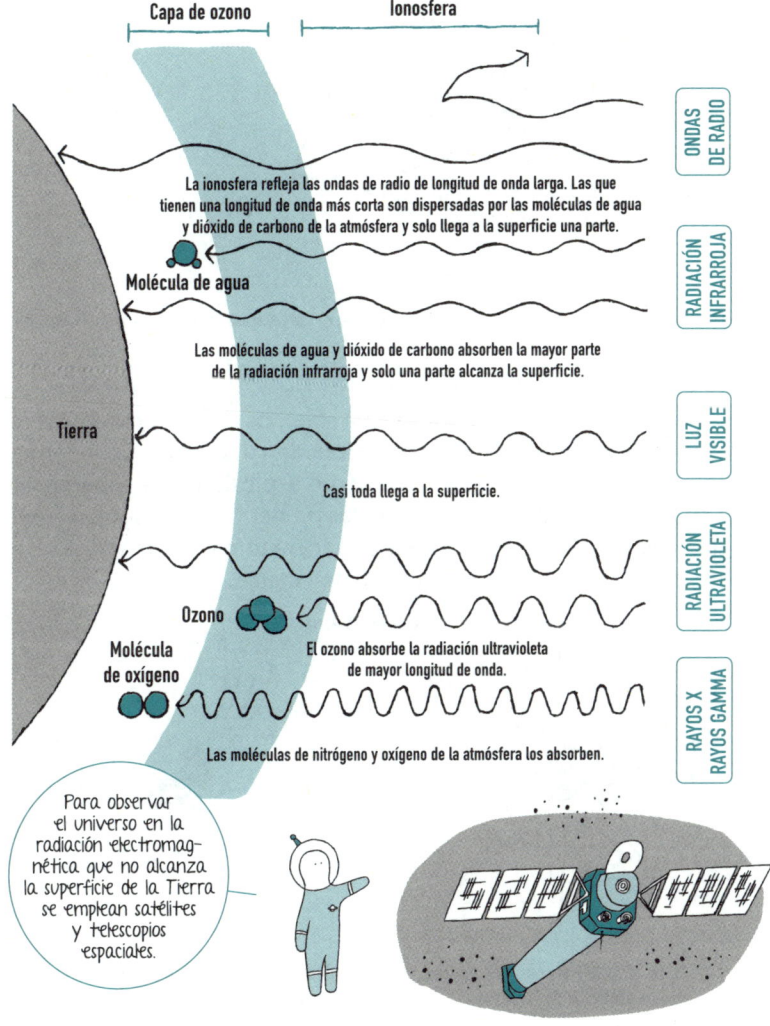

Capa de ozono | Ionosfera

ONDAS DE RADIO — La ionosfera refleja las ondas de radio de longitud de onda larga. Las que tienen una longitud de onda más corta son dispersadas por las moléculas de agua y dióxido de carbono de la atmósfera y solo llega a la superficie una parte.

Molécula de agua

RADIACIÓN INFRARROJA — Las moléculas de agua y dióxido de carbono absorben la mayor parte de la radiación infrarroja y solo una parte alcanza la superficie.

Tierra

LUZ VISIBLE — Casi toda llega a la superficie.

RADIACIÓN ULTRAVIOLETA — El ozono absorbe la radiación ultravioleta de mayor longitud de onda.

Ozono
Molécula de oxígeno

RAYOS X RAYOS GAMMA — Las moléculas de nitrógeno y oxígeno de la atmósfera los absorben.

Para observar el universo en la radiación electromagnética que no alcanza la superficie de la Tierra se emplean satélites y telescopios espaciales.

ONDA GRAVITATORIA

Una **onda gravitatoria** es una distorsión del espacio-tiempo en forma de onda que se propaga a la velocidad de la luz. Su existencia fue predicha por Albert Einstein en 1916, de acuerdo con la teoría de la relatividad general.

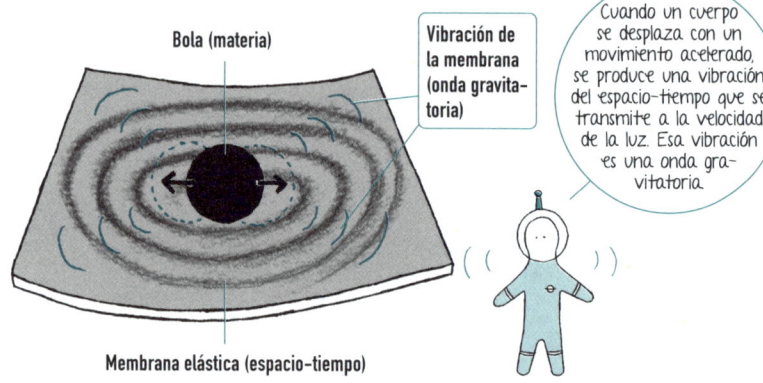

Cuando un cuerpo se desplaza con un movimiento acelerado, se produce una vibración del espacio-tiempo que se transmite a la velocidad de la luz. Esa vibración es una onda gravitatoria.

Un movimiento acelerado es un movimiento en el que la velocidad de un cuerpo cambia, ya sea en intensidad o en dirección.

¿CUÁNDO SE PRODUCEN LAS ONDAS GRAVITATORIAS?

Las ondas gravitatorias se producen solo por mover un brazo, pero en este caso son tan débiles que no pueden detectarse. En fenómenos astronómicos muy violentos, como explosiones de supernovas o colisiones y uniones entre estrellas de neutrones o agujeros negros, una parte de la energía que se genera toma la forma de potentes ondas gravitatorias que pueden detectarse.

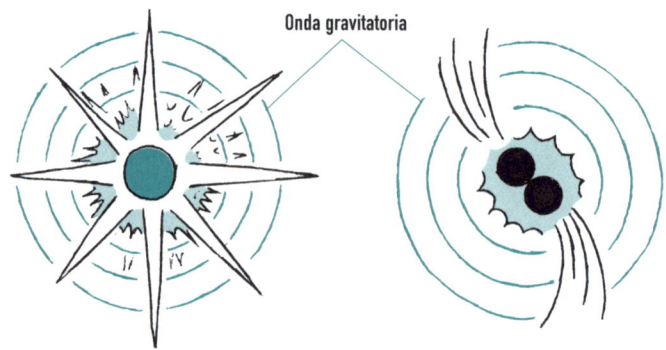

Ondas gravitatorias que se producen en una explosión de supernova.

Ondas gravitatorias que se producen durante la colisión y fusión de dos agujeros negros.

GW150914

GW150914 es la denominación de la primera señal de ondas gravitatorias que se pudo detectar directamente. El 14 de septiembre de 2015 el observatorio de ondas gravitatorias estadounidense **LIGO** (*Laser Interferometer Gravitational-Wave Observatory*) detectó una sutil deformación del espacio-tiempo. Un cuidadoso análisis confirmó que eran ondas gravitatorias y el descubrimiento se hizo público en febrero de 2016.

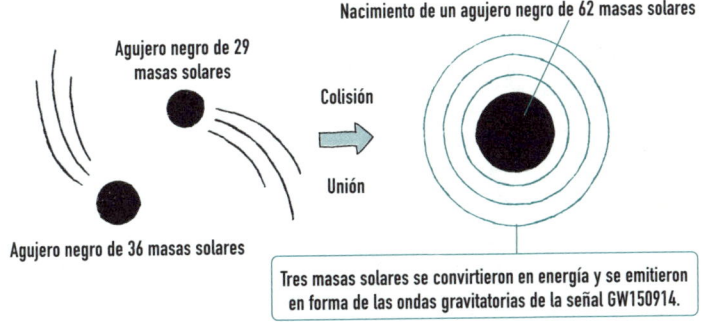

Tres masas solares se convirtieron en energía y se emitieron en forma de las ondas gravitatorias de la señal GW150914.

¿CÓMO SON LOS OBSERVATORIOS DE ONDAS GRAVITATORIAS?

Cuando llega una onda gravitatoria, se produce una leve deformación del espacio-tiempo. El mecanismo de un observatorio de ondas gravitatorias se basa en la detección de esa perturbación por la diferencia de tiempo en que tardan en llegar dos haces láser que viajan a lo largo de dos «brazos» perpendiculares. Aparte de LIGO, hay otros observatorios de ondas gravitatorias, como el japonés **KAGRA** (*Kamioka Gravitational Wave Detector*) o el europeo Virgo, que forman una red internacional.

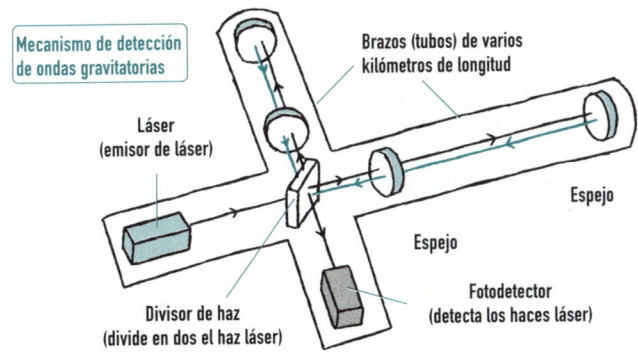

ONDAS GRAVITATORIAS PRIMORDIALES

Las **ondas gravitatorias primordiales** son las ondas gravitatorias creadas durante la inflación (p. 240), la expansión breve y repentina del universo que se produjo inmediatamente después de su nacimiento. Se cree que la «deformación del espacio-tiempo» que se produjo en el universo subatómico justo después de su nacimiento fue amplificada por la inflación y se convirtió en ondas gravitatorias que llenan el universo actual.

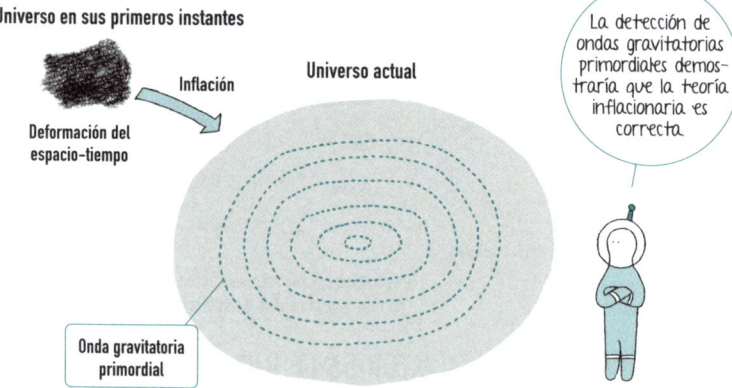

La detección de ondas gravitatorias primordiales demostraría que la teoría inflacionaria es correcta.

¿CÓMO SE PUEDEN DETECTAR LAS ONDAS GRAVITATORIAS PRIMORDIALES?

Las ondas gravitatorias primordiales son muy débiles (tienen una frecuencia muy baja), por lo que observatorios como LIGO o KAGRA no pueden detectarlas. Lo ideal sería lanzar satélites detectores de ondas gravitatorias para hacerlo desde el espacio. Por otra parte, existen métodos indirectos para detectar este tipo de ondas a partir de la radiación de fondo de microondas (p. 238), y muchos países están avanzando proyectos de observación.

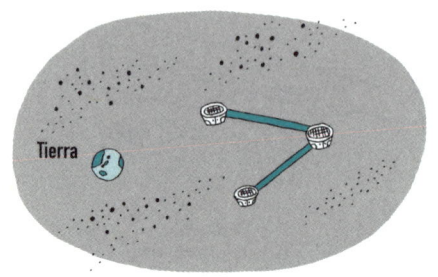

Detector de ondas gravitatorias en el espacio

Las ondas gravitatorias primordiales se pueden detectar a partir de la diferencia del tiempo de llegada de los haces láser que emiten los satélites.

CUERDA CÓSMICA

Las **cuerdas cósmicas** son objetos con forma de hilo extremadamente fino y denso que, teóricamente, se originaron durante la transición de fase de vacío (p. 267) en los primeros instantes del universo. Sin embargo, en el universo actual todavía no se ha detectado ninguna.

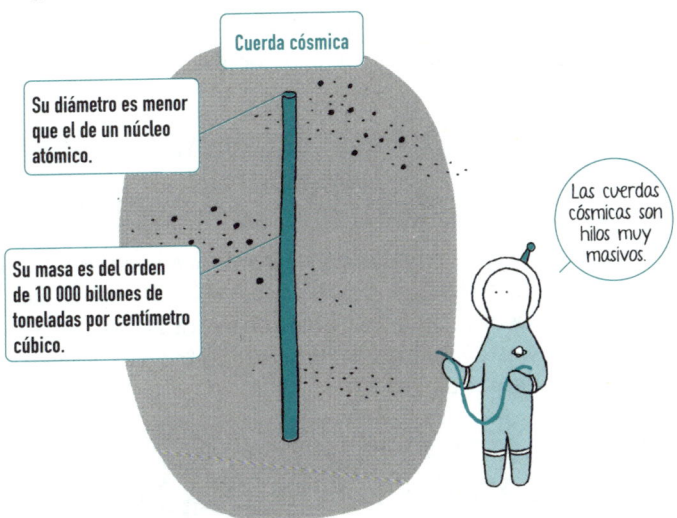

¿UNA CUERDA CÓSMICA QUE FORMA UN ANILLO PRODUCE ONDAS GRAVITATORIAS?

Se cree que una «cuerda cósmica cerrada», que forma un anillo, produce ondas gravitatorias que se van desvaneciendo. Si se pudieran observar esas ondas gravitatorias, se podría demostrar la existencia de las cuerdas cósmicas.

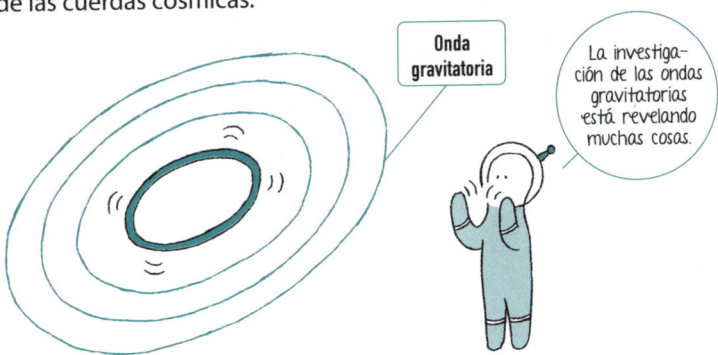

JAXA

La **JAXA** (*Japan Aerospace eXploration Agency* o Agencia Japonesa de Exploración Aeroespacial) es la organización que se encarga de la investigación y el desarrollo aeroespacial en Japón. Se creó en octubre de 2003 a partir de la fusión de otros tres organismos: ISAS (*Institute of Space and Astronautical Science* o Instituto de Ciencia Espacial y Astronáutica), NAL (*National Aerospace Laboratory of Japan* o Laboratorio Nacional Aeroespacial de Japón) y NASDA (*National Space Development Agency of Japan* o Agencia Nacional de Desarrollo Espacial de Japón).

NASA

LA **NASA** (*National Aeronautics and Space Administration* o Administración Nacional de Aeronáutica y el Espacio) es la organización estadounidense dedicada a la investigación y el desarrollo espacial. Se creó en 1958 y estuvo detrás del Proyecto Apolo y el programa del transbordador espacial.

ESA

La **ESA** (*European Space Agency* o Agencia Espacial Europea) es una organización de investigación y desarrollo espacial fundada por varios países europeos, que tiene su sede en París. Cada país europeo también tiene su propio organismo autónomo (INTA en España, CNES en Francia, DRL en Alemania, CIRA en Italia, etc.).

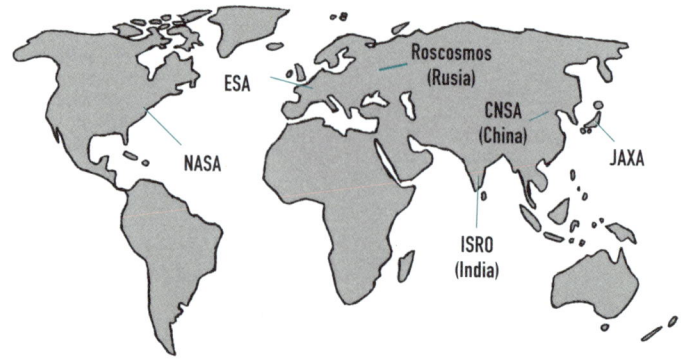

PRINCIPALES AGENCIAS ESPACIALES DEL MUNDO

ESTACIÓN ESPACIAL INTERNACIONAL

La **Estación Espacial Internacional** (o ISS, *International Space Station*) es una estación espacial en la órbita terrestre baja en la que colaboran Estados Unidos, Rusia, Japón, Canadá y la ESA. En ella se llevan a cabo experimentos e investigaciones en condiciones espaciales (microgravedad, gran vacío, temperaturas extremas) y observaciones de la Tierra y el universo.

La aportación japonesa es el módulo de experimentos «**Kibō**» («esperanza») y su abastecimiento se realiza con el vehículo de transferencia H-II, apodado «**Kōnotori**» («cigüeña oriental»).

El final de su vida útil está previsto, en principio, para 2024 y su futuro a partir de esa fecha es una incógnita.

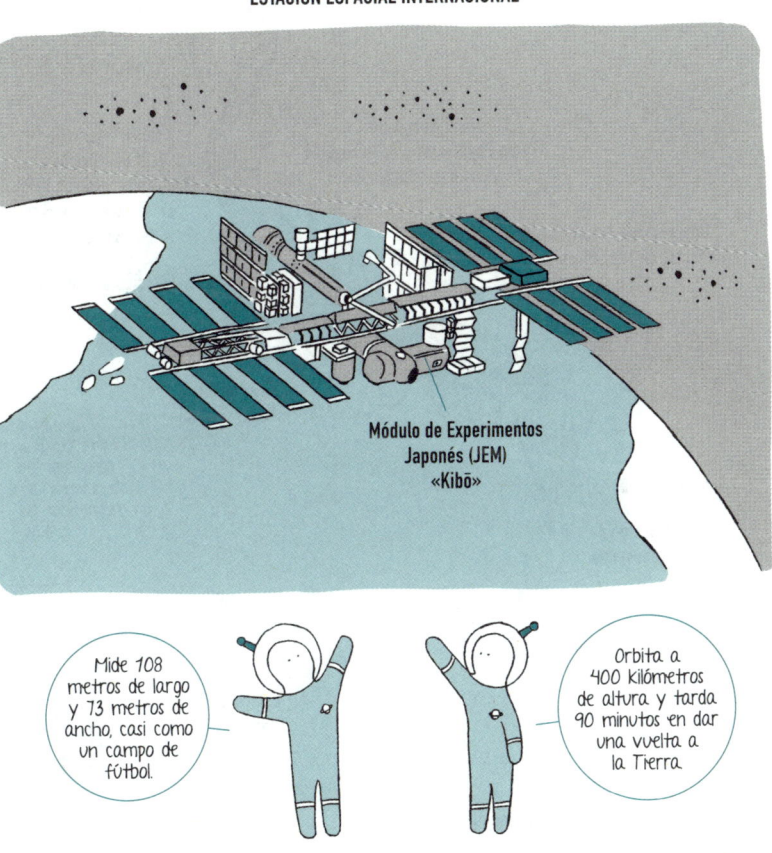

ESTACIÓN ESPACIAL INTERNACIONAL

Módulo de Experimentos Japonés (JEM) «Kibō»

Mide 108 metros de largo y 73 metros de ancho, casi como un campo de fútbol.

Orbita a 400 kilómetros de altura y tarda 90 minutos en dar una vuelta a la Tierra.

OBSERVATORIO ASTRONÓMICO NACIONAL DE JAPÓN

El **Observatorio Astronómico Nacional de Japón** (NAOJ, *National Astronomical Observatory of Japan*) es el centro nacional dedicado a las observaciones e investigaciones astronómicas, y está formado por los Institutos Nacionales de Ciencias Naturales y el Organismo de Investigación Interuniversitaria. Se creó en 1988 por la fusión del Observatorio Astronómico de Tokio de la Universidad de Tokio, el Observatorio de Latitud de Mizusawa y una parte del Instituto de Investigaciones Atmosféricas de la Universidad de Nagoya.

CENTROS PRINCIPALES DEL OBSERVATORIO ASTRONÓMICO NACIONAL EN JAPÓN

- NAOJ Nobeyama (Radio Observatorio de Nobeyama y otras instalaciones)
- Observatorio de VLBI de Mizusawa (Incluye la Estación VERA de Mizusawa y otras instalaciones)
- Observatorio Astrofísico de Okayama (Reflector de 188 cm y otras instalaciones)
- Estación de Ibaraki
- Estación de Yamaguchi
- NAOJ Mikata (Oficina central)
- Estación de Iriki
- Estación de Kagoshima
- Estación de Ogasawara
- Observatorio Astronómico de Ishigakijima

Aparte de estos centros, hay alrededor de 400 observatorios públicos repartidos por todo el país.

TELESCOPIO SUBARU

El **telescopio Subaru** es un telescopio óptico infrarrojo de 8,2 metros de diámetro del Observatorio Astronómico Nacional de Japón situado en la cima del monte Maunakea, a 4200 metros de altitud, en la isla de Hawái. Es un gran telescopio que incorpora los últimos avances de la ciencia y la tecnología japonesa.

Desde que se iniciaron las primeras observaciones en 1999, ha estado contribuyendo a las investigaciones astronómicas más avanzadas del mundo con la observación de galaxias lejanas (es decir, las del universo temprano), el nacimiento de estrellas y planetas, objetos de brillo débil en los confines del sistema solar e investigaciones encaminadas a resolver el misterio de la energía y la materia oscura.

TELESCOPIO DE TREINTA METROS

El **telescopio de Treinta Metros** (TMT, *Thirty Meter Telescope*) es un gran telescopio de nueva generación en el que colaboran Canadá, China, Estados Unidos, India y Japón, que se está construyendo en el monte Maunakea. Con un diámetro de 30 metros, está formado por 492 espejos compuestos y está previsto que entre en servicio en 2027. Entre sus objetivos figuran el descubrimiento de exoplanetas (p. 184) con condiciones aptas para la vida mediante la observación directa de sus superficies y la composición de sus atmósferas, y el estudio de la estructura a gran escala del universo (p. 222) a través de la observación de las estrellas y galaxias que se formaron primero.

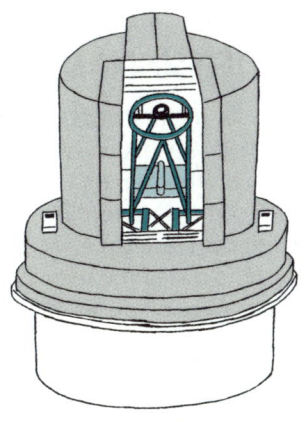

Telescopio Subaru

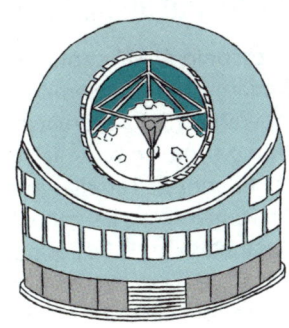

Telescopio de Treinta Metros
(diseño definitivo)

TELESCOPIO ALMA

El **telescopio ALMA** está situado en el desierto de Atacama (Chile), a 5000 metros de altitud, y es el mayor radiotelescopio del mundo. Entró en servicio en 2013 como un proyecto internacional en el que colaboran Canadá, Corea del Sur, Estados Unidos, Europa, Japón, Taiwán y Chile. Sus 66 antenas funcionan coordinadas como si fueran un único radiotelescopio gigante (**interferometría**). Tiene 10 veces más resolución que el telescopio Subaru y el telescopio espacial Hubble, y 6000 veces más agudeza visual que el ojo humano.

TELESCOPIO ALMA

ALMA es el acrónimo de Atacama Large Millimeter/submillimeter Array o Gran Conjunto Milimétrico/submilimétrico de Atacama. En Atacama se hacen observaciones astronómicas con «alma».

¿QUÉ SE PUEDE OBSERVAR CON EL TELESCOPIO ALMA?

El Telescopio ALMA capta las **ondas de radio milimétricas** (p. 282) y **submilimétricas** que emiten las galaxias lejanas y el universo a baja temperatura. Sus observaciones permiten profundizar en cómo surgieron y evolucionaron las galaxias y en cómo nacieron los planetas alrededor de estrellas jóvenes, y sirven para resolver el «misterio del nacimiento de las galaxias» y el «misterio de la formación de los exoplanetas» (p. 115). Por otra parte, la observación de las ondas de radio que emiten los átomos y las moléculas en el espacio también hace posible encontrar aminoácidos y otros compuestos relacionados con la vida, que ayudarán a entender el «misterio del nacimiento de la vida».

TELESCOPIO ESPACIAL HUBBLE

El **telescopio espacial Hubble** fue lanzado por la NASA en 1990 y orbita la Tierra a 600 kilómetros de altura. Puede realizar observaciones en una amplia franja de longitudes de onda que comprende la luz visible, el infrarrojo y el ultravioleta. Tiene un diámetro de 2,4 metros, que no es demasiado grande para un telescopio, pero al ser un «observatorio volante» libre de las interferencias de la atmósfera terrestre, sus espectaculares imágenes en los más de 30 años que lleva de servicio activo han contribuido a revolucionar la imagen que tenemos del universo.

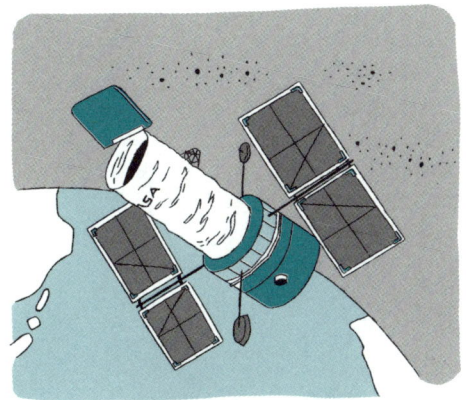
Telescopio espacial Hubble

TELESCOPIO ESPACIAL JAMES WEBB

El **telescopio espacial James Webb** es el sucesor del telescopio espacial Hubble, y es un proyecto conjunto entre las agencias espaciales de Estados Unidos, Europa y Canadá. Se situará en un punto a un millón y medio de kilómetros de la Tierra, y con su espejo de 6,5 metros realizará observaciones en el infrarrojo, lo que le permitirá ver las primeras estrellas y galaxias que se formaron en el universo, y también llevará a cabo un estudio de exoplanetas.

Telescopio espacial James Webb (diseño definitivo)

ÍNDICE ANALÍTICO

A

Aberración anual 181
Aberración de la luz 181
Acelerador de partículas 270
Afelio 55
Agujero negro supermasivo 203
Agujero negro 25, 168
Agujero vertical (Luna) 47
Akatsuki 83
Albireo 176
Aldebarán 137, 157
Alfa Centauri 119, 120, 138
Algol 172
Altair 135
Anillo de Einstein 219
Anillos (Júpiter) 89
Anillos (Saturno) 93
Aniquilación partícula-antipartícula .. 262
Anortosita 46
Antares 135
Antenas 212
Antihidrógeno 262
Antimateria 262
Antineutrón 262
Antipartícula 262
Antiprotón 262
Año luz 118
Aristarco 32
Aristóteles 32
Arturo 134
Asteroide 68, 100
Asteroides troyanos 101
Astrobiología 192
Astrología 131
Átomo 258
Aurora 38, 41

B

Basalto 46
BepiColombo 79
Betelgeuse 124, 137, 164
Big Crunch 252
Big Chill 253
Big Freeze 253
Big Rip 253
Binaria cercana 178
Binaria de contacto 178
Binaria eclipsante 172
Binaria semiseparada 178
Binaria separada 178
Biomarcador 191
Bola de fuego 29
Bólido de Tunguska 105
Bólido 29
Borde rojo 191
Bosón de Higgs 267
Bosón débil 265
Bosón 265
Brana 246, 279
Brazo de Orión 201
Brazo espiral 201
Breakthrough Starshot 121
Brote estelar 213
Bulbo galáctico 200

C

Calisto 90
Camino de Santiago 198
Cara oculta de la Luna 48
Cara visible de la Luna 45
Carro, El 128, 134
Cartografiado digital del cielo Sloan .. 223
Casquetes polares (Marte) 84
Cassini-Huygens 94
Cástor 177
Catálogo Henry Draper 125
Catálogo Messier 141
Ceres 102, 107
CERN 271
Cinturón de asteroides 101
Cinturón de Edgeworth-Kuiper 108
Cinturón de Kuiper 108
Cola (cometa) 28
Cola de polvo 28
Cola gaseosa 28
Colapso gravitatorio 162
Coma 28
Cometa de período corto 99
Cometa de período largo 99
Cometa Encke 98
Cometa Hale-Bopp 98
Cometa Halley 69, 98
Cometa ISON 98
Cometa no periódico 99
Cometa PANSTARRS 98
Cometa periódico 99
Cometa Tempel-Tuttle 99
Cometa 28, 68
Conjunción inferior 73
Conjunción superior 73
Conjunción 73, 74
Constante de Hubble 235
Constelación 132
Constelaciones chinas 139
Constelaciones de Ptolomeo 132
Constelaciones oscuras de los incas .. 139
Constelaciones zodiacales 131

299

Copérnico, Nicolás ... 66
Cor Caroli ... 134
Corona ... 36, 42
Corteza terrestre ... 52
Cosmología de branas ... 46
Cosmología ... 230
Cráter (de impacto) ... 47
Creación cuántica del universo a partir de la nada ... 242
Creación de pares ... 262
Cromosfera ... 36
Cruz de Einstein ... 219
Cruz del Sur ... 138
Cuadrado de Otoño ... 136
Cuadrado de Pegaso ... 136
Cuadrántidas ... 99
Cuadratura este (oriental) ... 74
Cuadratura oeste (occidental) ... 74
Cuadratura ... 74
Cuarto creciente ... 50
Cuarto menguante ... 50
Cuatro fuerzas fundamentales, Las ... 264
Cuenca Aitken-Polo Sur ... 48
Cuerda cósmica ... 291
Culminación ... 58
Cúmulo abierto ... 27, 151, 204
Cúmulo de Virgo ... 119, 214
Cúmulo estelar ... 27
Cúmulo galáctico ... 31
Cúmulo globular ... 27, 204
Curiosity ... 86
Curvatura del universo ... 250
Cygnus X-1 ... 169
Choque de terminación ... 111

D

Dawn ... 102
Deimos ... 87
Deneb ... 135
Denébola ... 134
Denominación de Bayer ... 125
Densidad crítica ... 250
Descomposición de la luz ... 182
Desplazamiento al rojo ... 226
Diagrama de Hertzsprung-Russell ... 154
Diagrama HR ... 154
Dimensión extra ... 247
Disco de acreción ... 169
Disco galáctico ... 200
Disco protoplanetario ... 148
Disco protosolar ... 61,112
División de Cassini ... 93
División de Encke ... 93
Doce constelaciones de la eclíptica, Las ... 131
Drake, Frank ... 193,194
Duración del día ... 53

E

Eclipse anular ... 43
Eclipse lunar total ... 51
Eclipse lunar ... 51
Eclipse parcial de Luna ... 51
Eclipse parcial de Sol ... 42
Eclipse solar total ... 42
Eclipse solar ... 42
Eclíptica ... 56
Eco luminoso ... 179
Ecuación de Drake ... 193
Ecuador celeste ... 56
Efecto túnel ... 242
Einstein, Albert ... 228, 233, 272
Eje terrestre ... 53
Electromagnetismo ... 264
Electrón ... 259
Electronvoltio ... 270
Elemento químico ... 256
Enana blanca ... 20, 154, 159
Enana marrón ... 20,149
Enana negra ... 159
Enana roja ... 20, 153
Encélado ... 94
Energía oscura ... 245
Equinoccio de otoño ... 57
Equinoccio de primavera ... 57
Eris ... 107
ESA ... 292
Escala de distancias cósmicas ... 225
Esfera celeste ... 56
Esfera de Dyson ... 175
Espectro ... 182
Espectroscopia Doppler ... 186
Espuma cósmica ... 222
Estación Espacial Internacional ... 293
Estrella (fija) ... 16
Estrella binaria ... 176
Estrella circumpolar ... 127
Estrella compañera ... 176
Estrella de la rama asintótica de las gigantes ... 158
Estrella de la secuencia principal ... 148, 150, 154
Estrella de magnitud 1 ... 122
Estrella de magnitud 6 ... 122
Estrella de neutrones ... 24, 163
Estrella de primera magnitud ... 122
Estrella de sexta magnitud ... 122
Estrella doble óptica ... 177
Estrella doble ... 177
Estrella enana ... 20
Estrella fugaz ... 29
Estrella gigante ... 21
Estrella Polar ... 119, 127, 128
Estrella principal ... 176
Estrella RAG ... 158

Estrella T Tauri 61, 112, 148
Estrella triple 177
Estrella variable 172
Estructura a gran escala
del universo 222
Europa Clipper 91
Europa 90
Exoplaneta 184
Expansión acelerada del universo 244
Explosión de hipernova 286
Explosión de rayos gamma 286
Explosión solar 38
Extradimensión 247

F

Fase lunar 50
Fermión 266
Física cuántica 242, 276
Flujo bipolar 60
Fobos 87
Fomalhaut 136
Fondo de radiación cósmica de
microondas 238
Fotón 265
Fotosfera 36
Fuerza de marea 49
Fuerza electromagnética 64
Fuerza gravitatoria 264
Fuerza nuclear débil 264
Fuerza nuclear fuerte 264
Fulguración solar 38
Fulguración 36, 38
Fusión nuclear 40

G

Galaxia 17, 30
Galaxia de Andrómeda 119, 209
Galaxia de la Rueda de Carro 212
Galaxia de la Vía Láctea 30, 199
Galaxia del Triángulo 210
Galaxia elíptica 30, 206
Galaxia enana 207
Galaxia espiral barrada 30, 206
Galaxia espiral 30, 206
Galaxia irregular 207
Galaxia lenticular 207
Galaxia satélite 208
Galaxias de las Antenas 212
Galilei, Galileo 116
Gamow, George 236, 254
Ganímedes 44, 090
Gas interestelar 140
Gaspra 100
Gateway (estación orbital lunar) 65
Gemínidas 99
Gigante (estrella) 21

Gigante azul 21
Gigante blanca 21
Gigante gaseoso (planeta) 71
Gigante helado (planeta) 71
Gigante roja 21, 154, 156
Gluon 265
Google Lunar X PRIZE 65
GPS 275
Gran curva de primavera 134
Gran impacto 62
Gran Mancha Roja 89
Gran Muralla 223
Gran Nube de Magallanes 208
Gránulo solar 36
Gravedad 264
Gravitón 265
Grupo de galaxias 31
Grupo Local 210
Guth, Alan 240
GW150914 289

H

Halo galáctico 205
Halley, Edmond 196
Hartle, James 243
Haumea 107
Hawking, Stephen 243
Hayabusa 103
Hayabusa 2 103
Heliopausa 111
Heliosfera 111
Herschel, William 228
Hexágono invernal 137
Hiparco 122
Hipergigante 21
Hipótesis del gran viraje 114
Horizonte de sucesos 168
Hoyle, Fred 237
Hubble, Edwin 234, 254
Huygens 94

I

Ida 100
Interacción débil 264
Interacción fuerte 264
Interferometría 296
Ío 90
Isótopo 259
Itokawa 103

J

Jansky, Karl 202
JAXA 292
Júpiter caliente 188
Júpiter 69, 88

K

KAGRA ... 289
Kaguya ... 64
Kajita, Takaaki ... 261
Kamiokande ... 167
Kepler, Johannes ... 76, 116
Kibō ... 293
KIC 8462852 ... 175
KIC 9832227 ... 179
Kobayashi, Makoto ... 263
Kōnotori ... 293

L

Lactómeda ... 211
Lente gravitatoria ... 218
Leónidas ... 99
Ley de Hubble-Lemaître ... 234
Leyes de Kepler ... 76
LHC ... 271
Libración ... 45
LIGO ... 289
Línea de absorción ... 183
Línea de emisión ... 183
Líneas de Fraunhofer ... 183
LOD ... 53
Lucero matutino ... 81
Lucero vespertino ... 81
Luna (satélite de la Tierra) ... 44
Luna (satélite) ... 19
Luna llena ... 50
Luna nueva ... 50
Luz cenicienta ... 50
Luz visible ... 280, 281

LL

Lluvia de estrellas ... 29, 99
Lluvia de meteoros ... 29, 99

M

M78 ... 145
M87 ... 214
Magnitud absoluta ... 123
Magnitud ... 122
Makemake ... 107
Mancha solar ... 36, 37
Manto ... 52
Mar de la Tranquilidad ... 46
Mares lunares ... 46
Marte ... 68, 84
Maskawa, Toshihide ... 263
Materia oscura ... 216
Mathilde ... 100

Máxima elongación este (oriental) ... 73
Máxima elongación oeste (occidental) ... 73
Máxima elongación ... 73
Máxima luminosidad (Venus) ... 81
Máximo acercamiento (Marte) ... 85
Mayor acercamiento (Marte) ... 85
Medio interestelar ... 26, 140
Menor acercamiento (Marte) ... 85
Mercurio ... 68, 78
Meteorito antártico ... 104
Meteorito de Cheliábinsk ... 105
Meteorito ... 104
Meteoro ... 29
Método de la imagen directa ... 187
Método de tránsito ... 186
Método de velocidad radial ... 186
Microlente gravitatoria ... 189
Mira ... 173
MMO ... 79
MMX ... 87
Modelo estándar de partículas ... 266
Molécula ... 258
Movimiento anual ... 130
Movimiento de precesión ... 129
Movimiento directo ... 75
Movimiento diurno ... 126
Movimiento propio ... 180
Movimiento retrógrado ... 75
MPO ... 79
Multiverso ... 248

N

NASA ... 292
Nebulosa ... 26
Nebulosa de emisión ... 26, 144
Nebulosa de la Cabeza de Caballo ... 142, 145
Nebulosa de la Mariposa ... 160
Nebulosa de Orión ... 119, 145
Nebulosa de reflexión ... 144
Nebulosa del Anillo ... 160
Nebulosa del Cangrejo ... 165
Nebulosa del Saco de Carbón ... 143
Nebulosa difusa ... 26, 144
Nebulosa Ojo de Gato ... 160
Nebulosa oscura ... 26, 142
Nebulosa planetaria ... 160
NEO ... 105
Neptuno ... 69, 97
Neutralino ... 269
Neutrino ... 167, 261
Neutrón ... 259
New Horizons ... 106
Newton, Isaac ... 196
Nombre propio ... 124
Nova roja luminosa ... 179
Nova ... 23, 161

Noveno planeta del sistema solar 110
Nube de Oort 109
Nube interestelar 141
Nube molecular 146
Núcleo (cometa) 28
Núcleo (Sol) 40
Núcleo (Tierra) 52
Núcleo atómico 259
Núcleo de galaxia activa 27
Núcleo de nube molecular 61, 146
Núcleo galáctico 200
Número de Flamsteed 125

O

Objeto Messier 141
Objeto próximo a la Tierra 105
Objeto transneptuniano 69, 108
Observatorio Astronómico Nacional de Japón 294
Observatorio de ondas gravitatorias 289
Océano interno 91
Océano subsuperficial 91
Olympus Mons 84
Onda de radio 280, 282
Onda electromagnética 280
Onda gravitatoria 247, 288
Onda milimétrica 282, 296
Onda submilimétrica 296
Ondas gravitatorias primordiales 290
Oposición 74
Orión 124
Oscilación de neutrinos 261
OSIRIS-REx 103

P

Paradoja de Olbers 231
Paralaje anual 170
Parsec 171
Partícula elemental 260
Partícula supersimétrica 268
Partícula SUSY 268
Penzias, Arno 238
Pequeña Nube de Magallanes 208
Perihelio 55
Período de rotación 53
Perlas de Baily 42
Perseidas 99
Pilares de la Creación, Los 143
Planeta 18, 68
Planeta 9 110
Planeta con forma de ojo 189
Planeta enano 68, 107
Planeta excéntrico 188
Planeta extrasolar 184
Planeta globo ocular 189
Planeta habitable 190
Planeta inferior 70
Planeta interestelar 189
Planeta joviano 71
Planeta rocoso 71
Planeta superior 70
Planeta terrestre 71
Planeta uraniano 71
Planetesimal 100, 112
Platón 32
Pléyades 151
Plutón 69, 106
Población estelar 205
Polaris 128, 129, 134
Pólux 177
Polvo interestelar 140
Positrón 262
Primer punto de Aries 57
Primer punto de Libra 57
Procíon 137
Propuesta de ausencia de contornos de Hartle-Hawking 243
Protoestrella 147
Protón 259
Protosol 60
Protuberancia solar 36
Proxima Centauri 120
Ptolomeo, Claudio 66
Pulsación 173
Púlsar 166

Q

Quark 260
Quásar 227

R

R Coronae Borealis 172
Radiación de fondo de microondas cósmicas 238
Radiación infrarroja 280, 284
Radiación ultravioleta 280, 285
Radio de Schwarzschild 168
Radioastronomía 202, 283
Radiotelescopio 283
Rayos gamma 280, 286
Rayos X 280, 286
Recombinación 239
Relación de Tully-Fisher 225
Relación período-luminosidad 174
Remanente de supernova 165
Revolución 35, 54
Rigel 124
Rotación 53
Ryugu 103

S

Sagitario A* ... 202
Satélite artificial ... 19
Satélite helado ... 91
Satélite retrógrado ... 97
Satélite ... 19, 68
Satélites galileanos ... 90
Sato, Katsuhiko ... 240
Saturno ... 69, 92
Segundo bisiesto ... 53
Señal Wow! ... 194
Servicio meteorológico del espacio ... 39
SETI ... 194
Singularidad ... 68
Sirio ... 137, 159
Sistema binario ... 176
Sistema solar ... 68
Sistema triple ... 177
SLIM ... 65
SN 1987A ... 167
Sol ... 34
Solsticio de invierno ... 59
Solsticio de verano ... 59
Spica ... 134
Steinhardt, Paul ... 249
Supercúmulo ... 220
Supercúmulo de Laniakea ... 221
Supercúmulo de Virgo ... 220
Supercúmulo Local ... 220
Superfulguración ... 39
Supergigante azul ... 21
Supergigante blanca ... 21
Supergigante roja ... 21, 157
Super-Kamiokande ... 261
Superluna ... 45
Supernova de tipo Ia ... 224
Supernova ... 22, 163
Superrotación ... 82

T

Telescopio ALMA ... 296
Telescopio de Treinta Metros ... 295
Telescopio espacial Hubble ... 297
Telescopio espacial James Webb ... 297
Telescopio espacial Kepler ... 187
Telescopio Subaru ... 295
Teoría cuántica de la gravedad ... 278
Teoría de Kobayashi-Maskawa ... 263
Teoría de la captura ... 62
Teoría de la fisión lunar ... 62
Teoría de la formación conjunta ... 62
Teoría de la relatividad especial ... 272
Teoría de la relatividad general ... 274
Teoría de la relatividad ... 272
Teoría de las supercuerdas ... 278
Teoría de la supersimetría ... 268
Teoría del Big Bang ... 236
Teoría del estado estacionario ... 237

Teoría inflacionaria ... 240
Teoría unificada ... 265
Tercer planeta del sistema solar ... 18, 52
Tierra ... 52, 68
Tierras altas (Luna) ... 46
Tipo espectral ... 152
Titán ... 95
TMT ... 295
Tormenta magnética ... 38
Transición de fase de vacío ... 267
Traslación ... 35, 54
Tres grandes lluvias de meteoros, Las ... 99
Triángulo de invierno ... 137
Triángulo de primavera ... 134
Triángulo estival ... 135
Tritón ... 97

U

ua ... 72
Unidad astronómica ... 35, 72
Universo abierto ... 251
Universo cerrado ... 251
Universo ecpirótico ... 249
Universo en expansión ... 232
Universo estático de Einstein ... 233
Universo plano ... 251
Urano ... 69, 96
UY Scuti ... 157

V

V838 Monocerotis ... 179
Vacíos ... 221, 222
Valles Marineris ... 84
Variable cataclísmica ... 173
Variable cefeida ... 174
Variable eruptiva ... 172
Variable pulsante ... 173
Variedad de Calabi-Yau ... 248
Vega ... 135
Ventana atmosférica ... 287
Venus ... 68, 80
Vía Láctea ... 135, 198
Viento solar ... 41
Viking ... 86
Vilenkin, Aleksander ... 242
Voyager 1 ... 111

W

Wilson, Robert ... 238

X

XMASS ... 269

Z

Zona conectiva 40
Zona de habitabilidad 190
Zona habitable 190
Zona radiactiva 40

51 Pegasi b 185

88 constelaciones 133